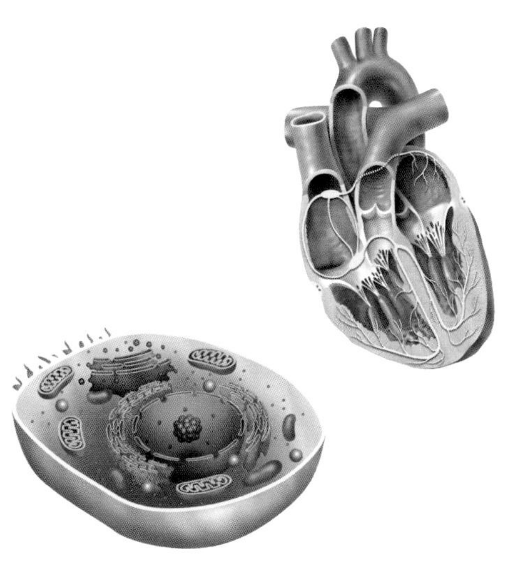

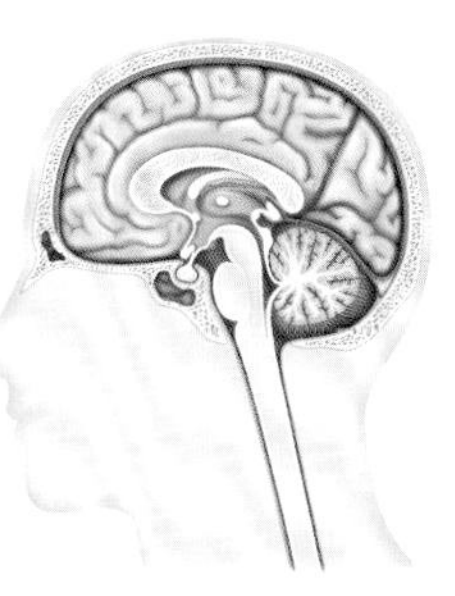

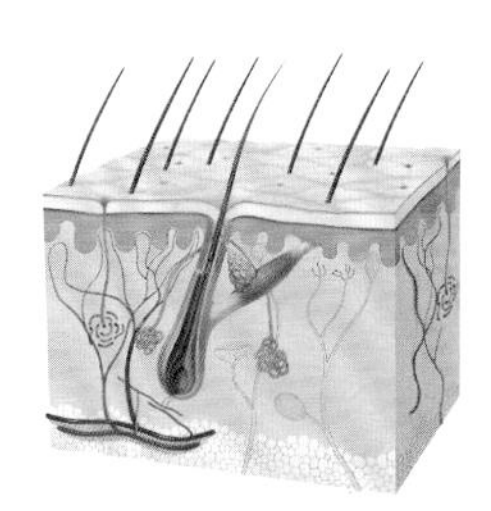

超圖解

解剖學

完整了解身體構造與各器官功能

日本杏林大學教授

松村讓兒／監修

童小芳／譯

前言

人體是由各式各樣的部位構成。無論是微小的細胞，或是由其所組成的胞器，皆有固定的名稱與功能，若要一個個進行解說，本書的厚度將堪比百科全書。有多項資格必須具備解剖學的知識，不過應該事先了解的「必要事項」大致是相通的。從事醫療或運動相關的從業人員或是以此為目標的人，必須確實掌握的是這些「必知事項」，而非鉅細靡遺地了解人體的構造。與其花時間背誦瑣碎的項目，不如把那些時間拿來投注在其他的學習項目更為明智。

出於這樣的考量，在編輯本書時均盡可能以高效掌握解剖學的概要為目的。書中所探討的內容都是從「希望至少先了解這些事項」中精選而出，可謂「基礎中的基礎」，以便大家取得醫療、運動及其相關領域的資格。先掌握本書中的解剖學基礎，再因應需求進一步深入學習——依此方式循序漸進是比較有效率的學習法。

此外，近年來健康意識高漲，一般人也開始渴求解剖學的知識，這類知識在市民運動訓練等方面派上用場的例子也時有耳聞。因此，本書在內容編排上也把易讀性列入考慮，除了豐富的圖解之外，還加入各式各樣的主題專欄，想必大家都能讀得津津有味。

無論是志在取得醫療、運動及其相關領域之資格的人、熱愛運動的人，或是關心自身健康的人，由衷希望本書能對大家有所助益。

松村讓兒

目錄

第3章 肌肉系統……55

第4章 消化系統……79

第5章 呼吸系統……101

第6章 循環系統……123

第9章 皮膚與感覺系統……197

第10章 內分泌系統……219

本書使用方法

重點
學習內容的重點皆彙整於此處。

考試重點名詞
精選與解剖學相關的各種檢定考試中出現機率相當高的名詞。

關鍵字
解說內文中重要或艱深的用語。

筆記
進一步詳細解說內文中的用語。

2種類型的專欄

COLUMN
介紹學習內容的附加資訊，加深對內文的理解。

Athletics Column
深入介紹解剖學中與運動相關的知識。

解剖學與人體的基礎

神經組織

重點
- 神經組織是構成中樞神經與末梢神經的組織。
- 神經組織的基本構造是由神經細胞與支持細胞所組成。
- 支持細胞又可區分為神經膠細胞與許旺細胞。

形成神經的特殊組織

一如字面上所示，神經組織即構成神經的組織，與其他組織最大的差異在於，神經組織是由型態與功能各異的細胞組合而成。基本上是由神經細胞與支持細胞組成一個單位，彼此連結起來便形成組織。

神經細胞又稱為神經元（neuron），有著如樹枝般的樹突，以及與其他神經細胞連接的細長狀軸突。神經細胞經由樹突所接收到的刺激訊息，會透過軸突傳遞至其他神經細胞。與其他神經細胞的連結部位則稱為突觸（synapse）。

支持細胞為附屬細胞，負責補足神經細胞的功能。中樞神經中的神經膠細胞（glial cell）與末梢神經中圍繞軸突的許旺細胞（schwann cell）即屬此類。中樞神經中的神經膠細胞還可細分成3類，分別為連接血管以提供營養給神經細胞的星狀膠細胞、圍繞軸突的寡樹突膠細胞，以及吞噬異物來守護神經組織的微膠細胞。包覆腦室與脊髓中央管內面的室管膜細胞亦為神經膠細胞的一種。

圍繞軸突的構造（中樞神經與末梢神經中的這種構造分別由寡樹突膠細胞與許旺細胞所形成）稱為髓鞘。

考試重點名詞
神經膠細胞與許旺細胞
支持細胞是用來補足神經細胞的功能，中樞神經中的神經膠細胞即屬此類，還可細分為星狀膠細胞、寡樹突膠細胞與微膠細胞。末梢神經中的許旺細胞亦屬此類。

關鍵字
樹突
呈樹狀分支的突起構造，會將接收到的刺激傳遞至神經細胞。

軸突
呈細長狀的突起構造，會將刺激訊息傳遞至其他的神經細胞。

筆記
神經細胞的型態
神經組織的主體神經細胞又稱為神經元（neuron），具有呈樹狀分支的樹突與呈細長狀的軸突。

COLUMN
高爾基與卡哈爾

19世紀末，神經組織的網狀構造已為人所知，但是對細胞的結構所知甚少。義大利的高爾基所提倡的理論為「細胞是由多個細胞融合而成的合胞體」，而西班牙的卡哈爾卻提出「神經元理論」，主張「細胞是由多個細胞連結而成」。當時沒有辦法判斷何者正確，兩人同時獲得諾貝爾生理學或醫學獎（1906年）。後來電子顯微鏡登場，才證實神經元理論是正確的。

26

彩色圖解插畫
以寫實細膩的插畫來解說人體的部位與結構。

部位解說
進一步詳細解說插畫中所標示的部位。

插畫解說
放大並進一步詳細解說人體的部位與結構。

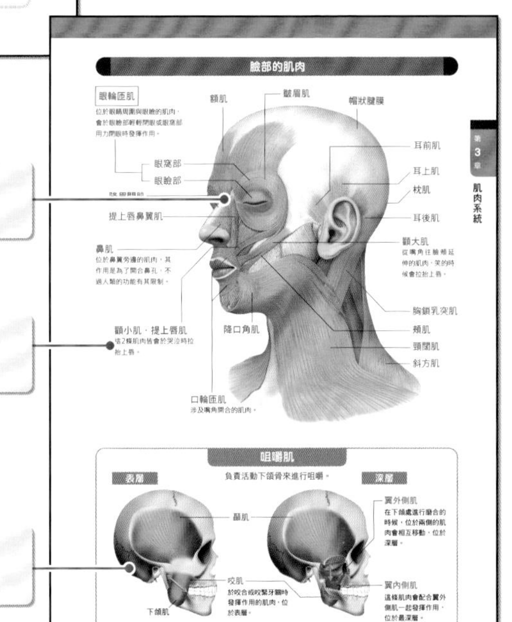

第1章

解剖學與人體的基礎

解剖學概要

人體的區分

細胞的種類

細胞的構造

細胞分裂

上皮組織

肌肉組織

支持組織（結締組織）

神經組織

體液

器官與器官系統

解剖學概要

- 解剖學是一門研究生物體構造的學問。
- 文藝復興時期的維薩里醫生為近代解剖學的創始者。
- 杉田玄白等人合譯的《解體新書》是日本第一本解剖學書。

解剖學是一門研究人體「構造」的學問

解剖學是一門研究生物之形態與內部構造的學問。漢字的「解」與「剖」字皆為「切開」的意思，解剖學的英文Anatomy源自古希臘語，同樣為「切碎」之意。以廣義來說，解剖學的對象含括所有生物，但是在醫學、生理學及其相關領域中，當然僅限於人體。

解剖學依其探究方式，可大致分為2種類型。即從宏觀角度進行研究的**大體解剖學**，以及從微觀角度進行研究的**顯微解剖學**。前者的對象以肉眼或放大鏡即可確認，後者的範圍則較小。

維薩里為近代解剖學之鼻祖

首先將對知識的好奇心轉向人體內部的是古希臘人。享有「醫學之父」美譽的**希波克拉底**（Hippocrates）所寫的解剖學書也流傳至今，但是並無確鑿的證據顯示他曾實際進行人體解剖。一般認為第一位進行醫學解剖的人是**赫洛菲洛斯**（Herophilos）。歐洲從基督教廣為傳播之前便認為人體是神聖的，而視解剖為一種禁忌。到了文藝復興時期，人們開始對人體內部產生興趣，**達文西**（Leonardo da Vinci）等人從藝術的觀點進行了人體解剖。不僅如此，**維薩里**（Andreas Vesalius）醫生於1543年出版了第一本正統的解剖學著作《人體的構造》（De Humani Corporis Fabrica），此書被視為近代解剖學之濫觴。

眾所周知，日本的解剖學起源於**杉田玄白**與**前野良澤**等人所提出的死刑犯解剖見證（1771年），以及後來出版的解剖學譯作《解體新書》（1774年）。

希波克拉底
約西元前460年～約西元前370年。古希臘醫生，享有「醫學之父」的美譽，但當時的希臘尚未允許進行人體解剖。

赫洛菲洛斯
西元前335年～西元前280年。古希臘醫生，據說曾進行多次人體解剖。

李奧納多．達文西
1452～1519年。義大利藝術家，為了從美術觀點來探究人體而參與人體解剖，並製作出詳細的解剖圖。

維薩里
1514～1564年。比利時出身的醫生，義大利帕多瓦大學的教授。曾進行多次人體解剖，證實了自古以來人們深信不疑的人體構造有所偏誤。

杉田玄白
1733～1817年。日本福井縣出身的西醫。在《解體新書》的翻譯企劃中擔任主導要角。

前野良澤
1723～1803年。日本大分縣出身的西醫。在《解體新書》的翻譯實務中發揮了核心作用。

解剖學發展史

一般認為近代解剖學始於文藝復興時期，由維薩里所開創；日本則是起源於杉田玄白與前野良澤等人合譯的《解體新書》。

●約西元前460年～約西元前370年

享有「醫學之父」的美譽

希波克拉底

●西元前335年～西元前280年

進行人類首次的醫學解剖

赫洛菲洛斯

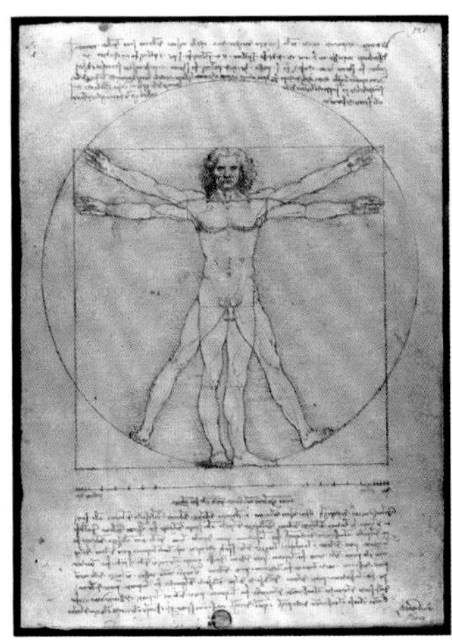

●1452～1519年

探究人體的藝術之美

李奧納多・達文西

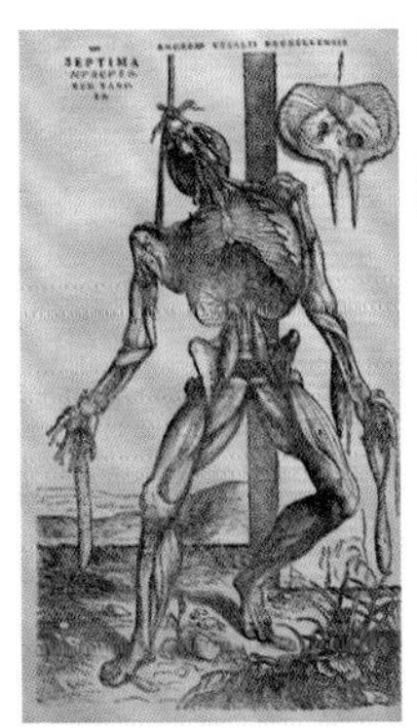

●1514～1564年

出版解剖學書

維薩里

●1733～1817年

杉田玄白

●1723～1803年

前野良澤

翻譯《解體新書》

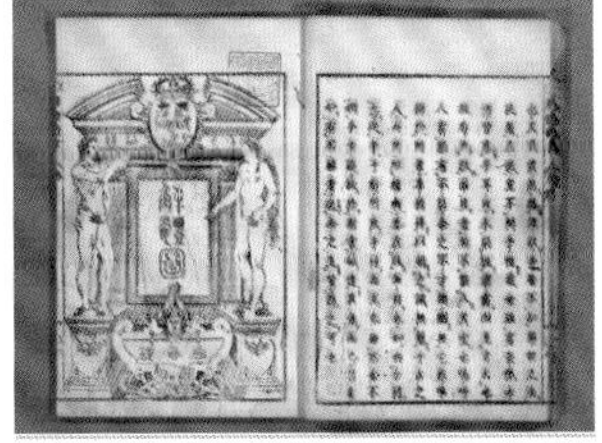

人體的區分

- 人體可分為頭頸部、軀幹、上肢與下肢4大部分。
- 軀幹又分為胸部（背部）與腹部（腰部）2大部分。
- 解剖學中有所謂的「基礎姿勢」，稱為解剖學的正位。

人體可分成4大部分

解剖學把人體劃分為頭頸部、軀幹、上肢與下肢4大部分。頭頸部是指頸部（脖子）以上的部位，軀幹則是脖子以下的部位。軀幹又進一步區分為**胸部**與**腹部**，故又稱為**胸腹部**。然而準確來說，胸部與腹部是身體正面的叫法，背面稱為**背部**與**腰部**。胸部（背部）與腹部（腰部）的體表分界位於胸廓的最下方（肋弓），體內的分界則位於橫膈膜。此外，體內骨盆所在的部位又特稱為**骨盆部**。

上肢是指從軀幹延伸出來的左右手臂與手部，下肢則是左右腳與足部，合稱為**上下肢**。上肢又可進一步細分為**肩膀**、**手肘**、**手指**等，下肢則細分為**大腿**、**膝蓋**、**小腿（脛部）**等，屁股（**臀部**）則歸為下肢。

人體可以採取各式各樣的姿勢，而「**手掌（掌心）朝前的直立姿勢**」是解剖學中的基礎姿勢，即所謂的**解剖學的正位**。以此為基礎來稱呼前、後、上、下等方向，或是**正中面（正中矢狀面）**、**額狀面（冠狀面）**與**水平面（橫截面）**等截面。

考試重點名詞

解剖學的正位
掌心朝前的直立姿勢，為解剖學的人體基礎姿勢。

關鍵字

頭頸部
頸部（脖子）與頭的部位。

軀幹
頸部（脖子）以下的部位。還可進一步區分，正面為胸部與腹部，背面則為背部與腰部，又稱為胸腹部。

上肢與下肢
由手臂與手部所組成的部位為上肢，而由腳（臀部至腳踝）與足部所構成的部位為下肢。上肢與下肢又合稱為上下肢。

COLUMN

矢狀面的語源

將人體劃分為左右兩邊的截面稱為矢狀面。英文稱為「sagittal plane」，源自於拉丁語的「sagitta」，意指「箭」。據說是在拉弓射箭時，拉開的弓弦剛好形成一條將臉部分為左右兩邊的正中線，故以此稱之。順帶一提，星座的「射手座」在英文中稱為「Sagittarius」（弓箭手）。

人體的區分與名稱

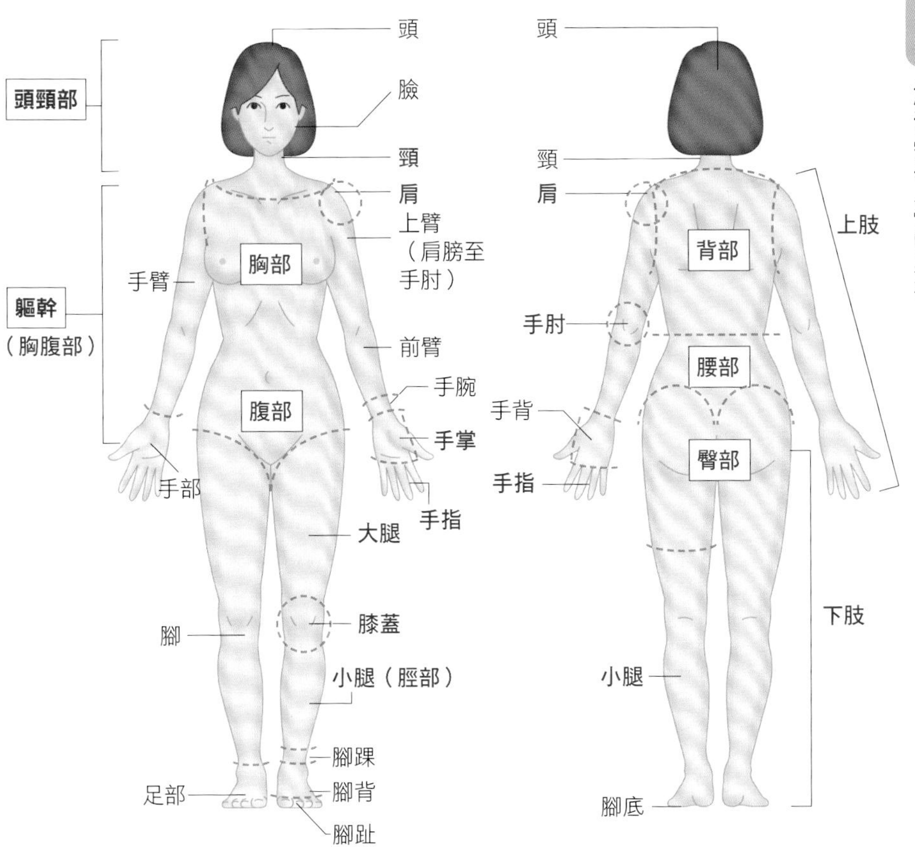

截面的名稱

所謂的正中面（矢狀面）是指沿著正中線縱切人體時所形成的截面；額狀面（冠狀面）是與正中面垂直縱切時所形成的截面；水平面（橫截面）則是往水平方向分割人體時所形成的截面。

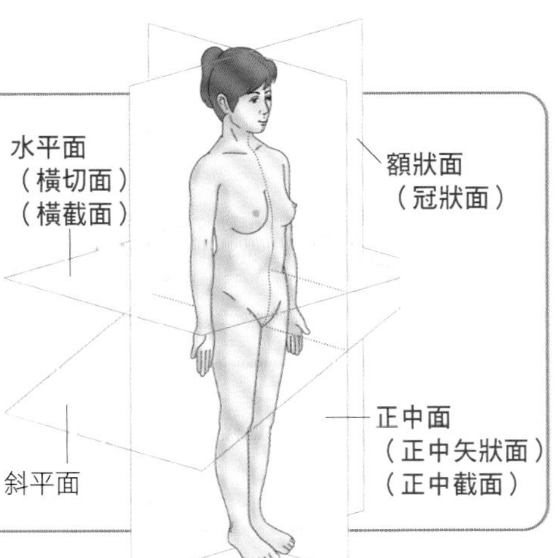

細胞的種類

重點

- 細胞為構成生物體的基本單位。人類擁有約200種、多達60兆個細胞。
- 細胞可大致區分為體細胞與生殖細胞。
- 同類型的細胞集結形成組織，成為構成各個器官的單位。

細胞可分為2大類

細胞是構成生物身體的最小單位。身體是由單一細胞組成的生物稱為**單細胞生物**，由多個細胞組成的生物則為**多細胞生物**。人類當然是多細胞生物。構成多細胞生物身體的細胞有各種不同的型態與功能，以人類來說，共有約200種、多達60兆個細胞。

種類多樣的細胞亦可依其基本性質區分為2種類型。一種是**體細胞**，構成身體的所有細胞即屬於此類。皮膚細胞與腦細胞的外觀與功能有所不同，但依照組成人體的這一點來看，同樣歸為體細胞。另一方面，**生殖細胞**則是專門負責把個體所擁有的性質（遺傳訊息）傳給下一代，精子與卵子即屬於此類。

體細胞並非單獨發揮作用，而是由同性質的細胞組成一個群體來運作。這種集合體即稱為**組織**，根據其性質與功能又可分為**上皮組織**、**肌肉組織**、**支持組織**與**神經組織**4大類。這些組織透過多種組合來形成具備特定功能的部位，即稱為**器官**。

關鍵字

細胞
構成生物體的最小單位，主要由細胞核與原生質等所組成（參照P.16）。

體細胞
構成身體的細胞，有已分化的細胞與幹細胞之分（參照P.18）。

生殖細胞
以傳遞遺傳訊息為目的的細胞，指精子與卵子（又稱為配子或胚細胞）。

組織
具備相同性質的細胞的集合體，為構成身體各部位之要素。又可區分為上皮組織、肌肉組織、支持組織與神經組織。

器官
由細胞組織所組成，為身體之主要構成要素。具備特定的功能。

COLUMN

是誰發現了細胞？

英文的「cell（細胞）」原為「小房間」之意。17世紀的英國科學家羅伯特．虎克（Robert Hooke）取其來為細胞命名。一般認定虎克是「細胞的發現者」，但是他在顯微鏡下確認到的是軟木切片的格子狀構造，以嚴格的定義來說，他或許稱不上是「細胞的發現者」。據說同時期的義大利科學家馬爾切洛．馬爾皮吉（Marcello Malpighi）證實了動物的組織也是由細胞所組成。

各式各樣的細胞

構成人體的細胞可大致分為體細胞與生殖細胞。每個細胞的型態與功能各異。

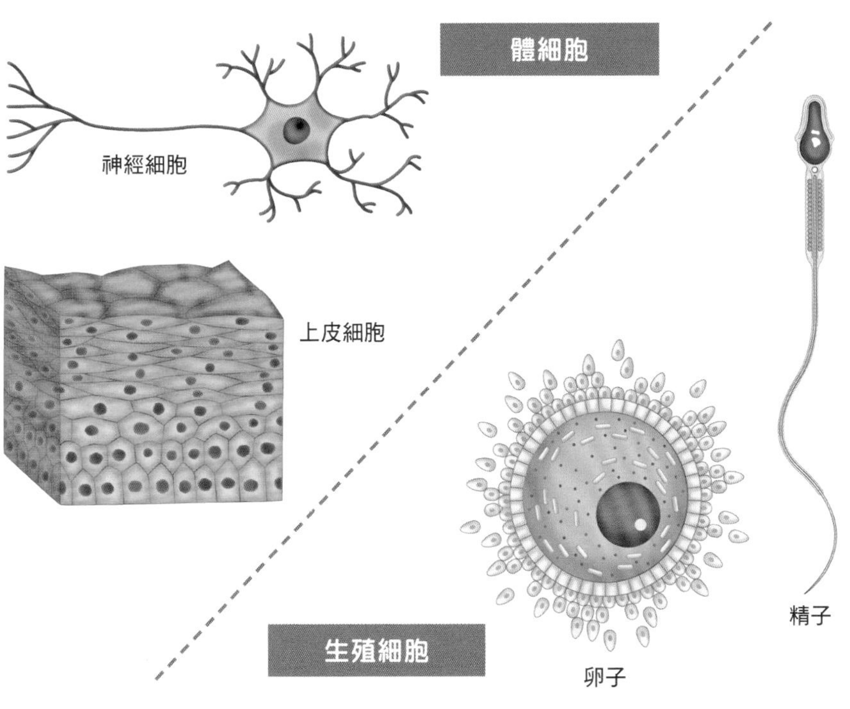

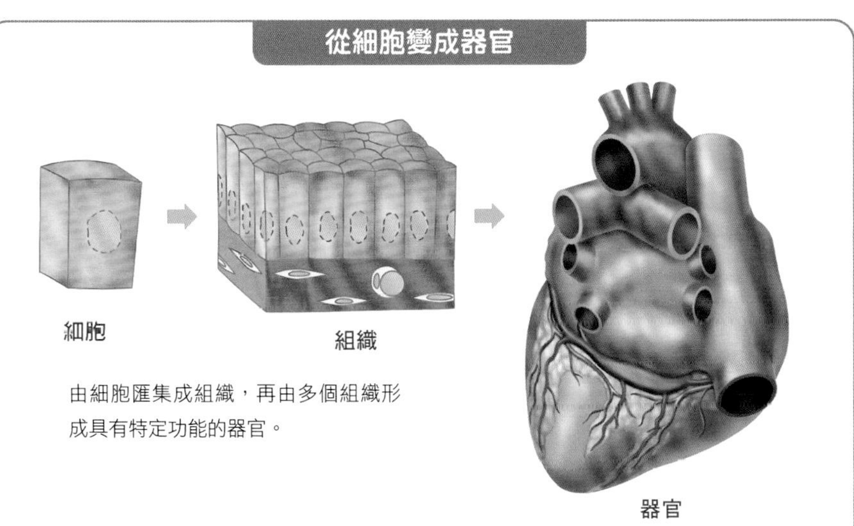

由細胞匯集成組織，再由多個組織形成具有特定功能的器官。

細胞的構造

重點

- 細胞主要是由細胞核與細胞質所組成。
- 細胞核中有染色體，基因便是儲存於此。
- 細胞質是由具備各種功能的胞器所構成。

細胞會產生蛋白質與能量

細胞的型態非常多樣，但是基本構造並無不同，主要是由**細胞核**與**細胞質**所構成。細胞核是位於接近細胞中心處的塊狀要素，內含**染色體**。染色體中儲存著帶有遺傳訊息的基因，主要用來合成構成人體的蛋白質。其本體是一種名為去氧核醣核酸的物質，取其英文首字母而稱為**DNA**。DNA是由醣類與磷酸交互結合而成的雙股螺旋結構，4種鹼基（腺嘌呤、鳥嘌呤、胞嘧啶、胸腺嘧啶）會兩兩成對地排列在螺旋結構上，其排列上的差異即成為蛋白質的「複製指令」，也就是遺傳訊息。

細胞質會根據DNA的訊息來合成蛋白質，由名為**原生質**的膠體狀部位與若干個**胞器**所組成。每個胞器分別肩負特定的功能，例如粒線體會利用醣類產生能量來源的三磷酸腺苷（ATP）。此外，**粗面內質網**與**核醣體**會參與蛋白質的合成，**高基氏體（高爾基體）**則是負責以蛋白質與醣類產生分泌物。

關鍵字

細胞核
位於接近細胞中心處的塊狀部位，內含染色體。

染色體
位於細胞核內部的「染色質（chromatin）」儲存著帶有遺傳訊息的基因，當其進行分裂的時候便可看到染色體。

DNA
構成基因的物質，為去氧核醣核酸（deoxyribonucleic acid）的縮寫。

細胞質
位於細胞內，占據細胞核以外的部分。由原生質與胞器所組成。

COLUMN

粒線體喚醒了人類的想像力

粒線體為胞器之一，因為身兼藥劑師的日本作家瀨名秀明的小說《寄生都市》（新潮社出版）而一躍成名。具有異於染色體的DNA這件事，似乎激發了人類的想像力。此外，另有一種「粒線體夏娃」的說法指出，粒線體的DNA是遺傳自母親，因此若追溯現存人類的母系祖先，便會連結至約20萬年前的一名非洲女性。

細胞的基本構造

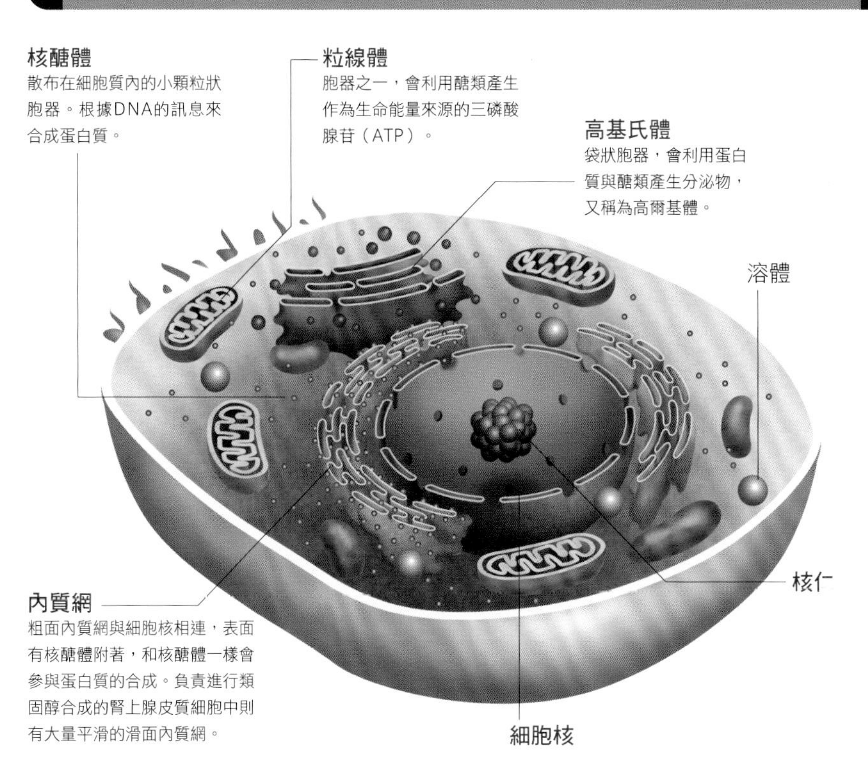

DNA雙股螺旋與染色體

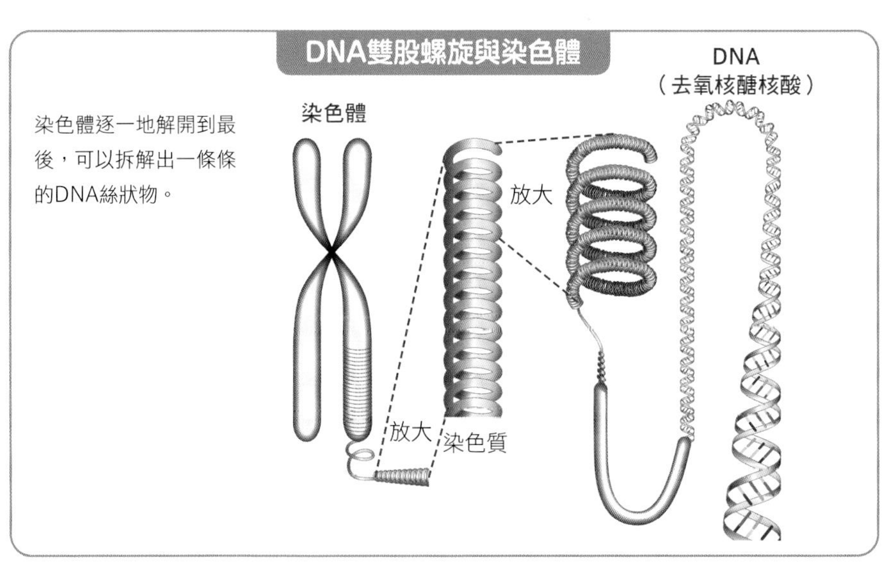

細胞分裂

重點

- 細胞會從1個分裂成2個，藉此逐漸增加。
- 體細胞會持續分化，直到具備各組織特有的功能為止。
- 尚未分化的細胞稱為幹細胞。

經由反覆分裂讓細胞從1個增加至60兆個

細胞會從1個分裂成2個，並以倍數逐漸增加。成人體內的細胞約有60兆個之多，但原本只是一顆受精卵。**體細胞分裂**說起來就是在複製細胞，所以分裂出來的細胞（**子細胞**）不管在型態、構造與性質方面，基本上無異於原本的細胞（**母細胞**）。細胞核內的染色體數量也相同（人類有44條**體染色體**與2條**性染色體**，合計共46條）。然而產生生殖細胞時，只會接收母細胞一半的染色體（**減數分裂**）。經由精子與卵子的結合（受精）來湊齊染色體數量，讓孩子繼承父母雙方的遺傳性狀。

受精卵會分裂多次來逐漸增加細胞的數量，並在此過程中轉化成具備特定功能的細胞，例如皮膚細胞或是神經細胞等，此即所謂的**分化**。尚未分化的細胞（可以轉化為任何細胞）稱為**幹細胞**。分化後的體細胞在反覆分裂的過程中，染色體內的**端粒**此一構造會隨之縮短並逐漸老化，但是幹細胞則無此現象，可以反覆分裂無數次。

考試重點名詞

端粒
保護染色體末端的突起狀構造。體細胞中的端粒會隨著分裂而縮短，變短至一定程度後便無法繼續分裂（細胞老化）。

關鍵字

體細胞分裂
1個細胞分裂成2個來進行增殖。母細胞與子細胞的性質並無不同。

減數分裂
透過細胞分裂來產生生殖細胞。母細胞會經過2個階段的分裂，在這個過程中，染色體數量會減少為母細胞的一半。

性染色體
可決定性別差異、2條成對的染色體，共分為X染色體與Y染色體2種類型。男性為XY成對，女性則是2條X成對。

COLUMN

iPS細胞與ES細胞

許多國家皆以夢幻的再生醫療為目標，持續進行以人工方式製造幹細胞的研究。一旦能夠實用化，或許就可以讓遭受重大損傷的器官恢復功能。「iPS細胞」是由獲得2012年諾貝爾生理學或醫學獎的日本京都大學教授山中伸彌所研發，這是一種將特定基因植入皮膚細胞並使之轉化為幹細胞的技術，一般譯為「誘導性多能幹細胞」。另外一種類似的技術則是從受精卵中打造出「ES 細胞」（胚胎幹細胞）。

細胞分裂的過程

細胞分裂的過程可分為「前期」、「中期」、「後期」與「末期」。分裂出來的子細胞最終會成為母細胞，並展開下一次的分裂，此循環即稱為「細胞週期」。

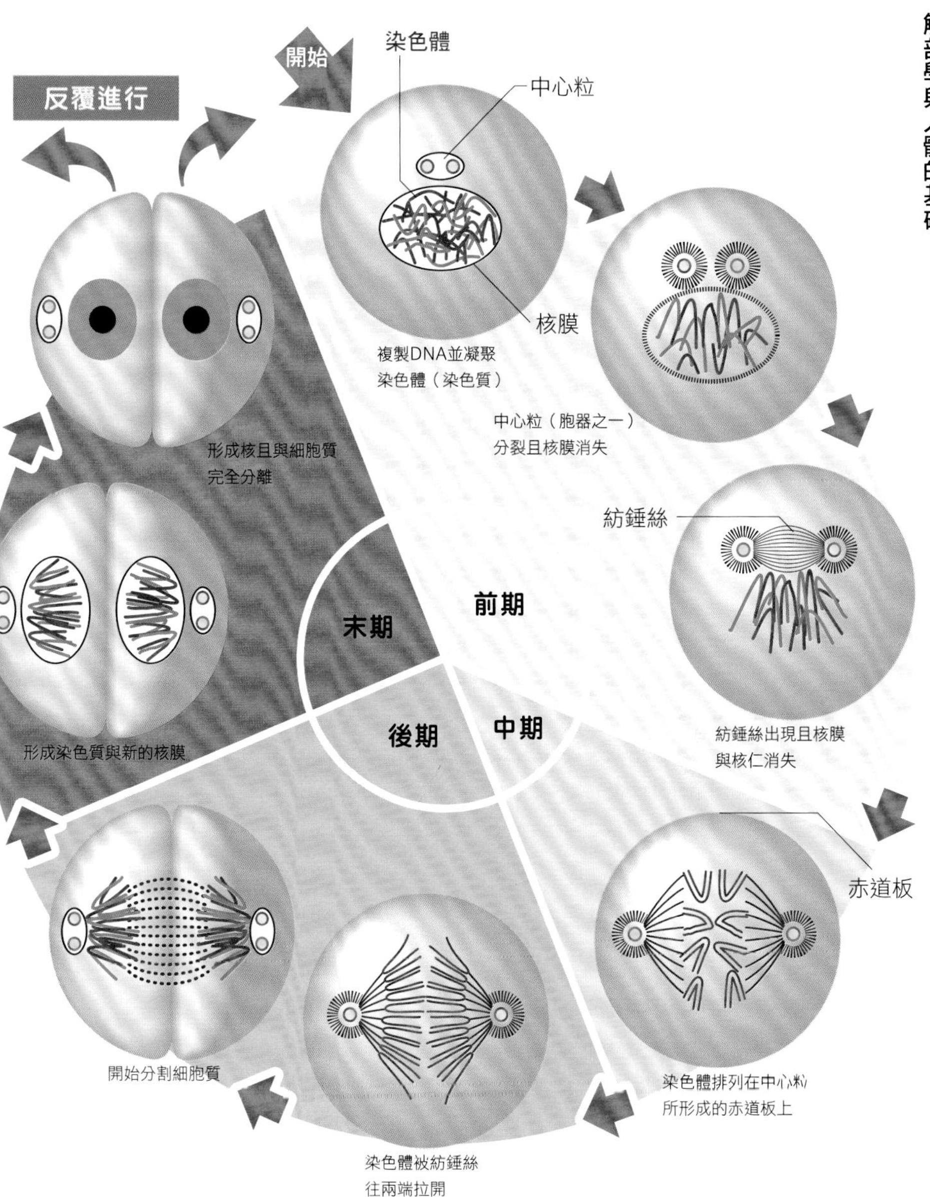

上皮組織

重點

- 覆蓋身體、器官表面與內部的組織稱為上皮組織。
- 上皮組織可大致區分為單層上皮與複層上皮。
- 另有一些是根據構成組織的細胞形狀或有無毛髮來分類。

上皮組織是指覆蓋表面的組織

無論是人體內部還是外部，只要是覆蓋表面的組織皆稱為**上皮組織**。不過雖然統稱為「人體表面」，但正如皮膚與黏膜有所不同，上皮組織亦可細分成若干種類型。

首先，根據構成組織的細胞是否堆疊成層，又可大致區分為**單層上皮**與**複層上皮**。前者只由一層細胞所組成，後者則是由多層細胞疊合而成的組織。還可進一步依照細胞的形狀來分類。單層上皮又細分為由板狀細胞組成的**單層鱗狀上皮**、由狀似立方體的細胞組成的**單層立方上皮**、由圓柱狀細胞並排而成的**單層柱狀上皮**，以及由高度各異的細胞並排而成的**偽複層上皮**。而複層上皮又可依上層細胞的形狀分為**複層鱗狀上皮**（板狀細胞並排）與**複層柱狀上皮**（圓柱狀細胞並排）。另有高度會隨著細胞伸縮而變化的**移形上皮**，以及表面有細毛的**纖毛上皮**等分類。

會釋出汗水或荷爾蒙等分泌物的**腺體**也是上皮組織的一大特徵。此外，上皮組織下方有支持組織，邊界處則由**基底膜**明確區隔開來。

考試重點名詞

偽複層纖毛上皮
氣管與輸卵管的黏膜上皮有用來運送某些物質的纖毛，稱為「偽複層纖毛上皮」。

關鍵字

單層鱗狀上皮
由板狀細胞相連而成的單層上皮。

單層立方上皮
由狀似立方體的細胞相連而成的單層上皮。

單層柱狀上皮
由圓柱狀細胞相連而成的單層上皮。

複層鱗狀上皮
上層由板狀細胞組成的複層上皮。

複層柱狀上皮
上層由圓柱狀細胞組成的複層上皮。

COLUMN

上皮組織所需要的維生素

維生素A是上皮組織必備的首要營養素，有益於所有的組織，尤其對皮膚與黏膜這類上皮組織的形成與維持更是不可或缺。缺乏維生素A時，角膜與視網膜會遭受極為嚴重的損傷，最糟糕的情況甚至會導致失明。眾所周知，維生素B_2也有保護皮膚與黏膜的作用。典型的維生素B_2缺乏症有口腔炎、口角炎、舌炎與皮膚炎，一般會使用維生素B_2製劑來進行治療。

上皮組織的構造

上皮組織的形狀與性質會依身體部位而異。大致區分為單層上皮與複層上皮，還可進一步根據構成細胞的形狀來分類。

複層鱗狀上皮

口腔、食道、肛門的黏膜上皮等。

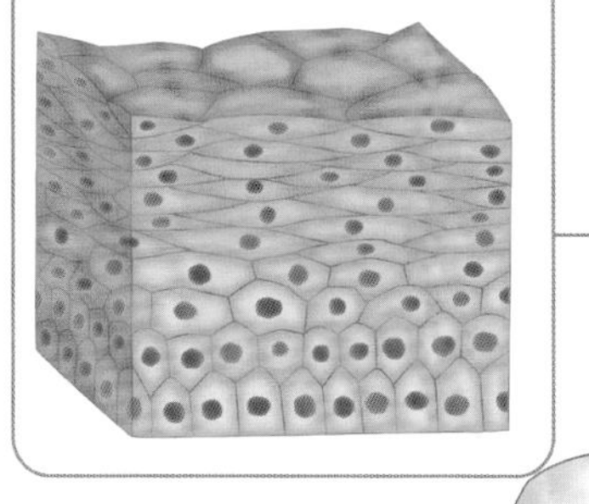

偽複層纖毛柱狀上皮（呼吸道的黏膜上皮）

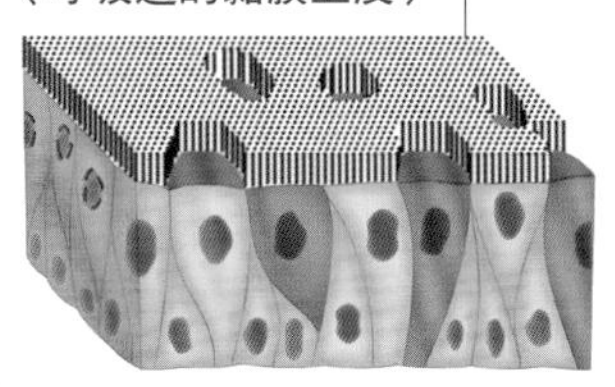

單層柱狀上皮

消化道的黏膜上皮或支氣管的上皮等。

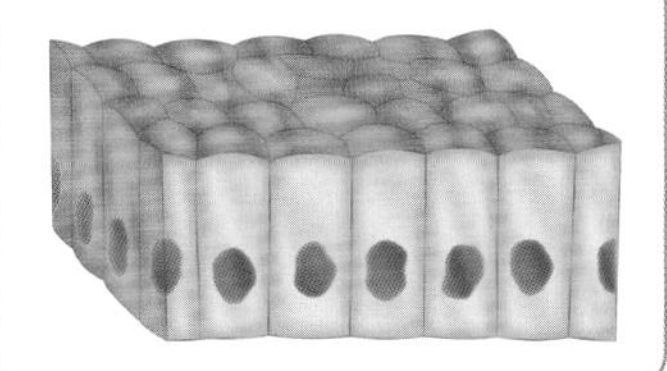

單層鱗狀上皮

血管內皮或胸膜等。

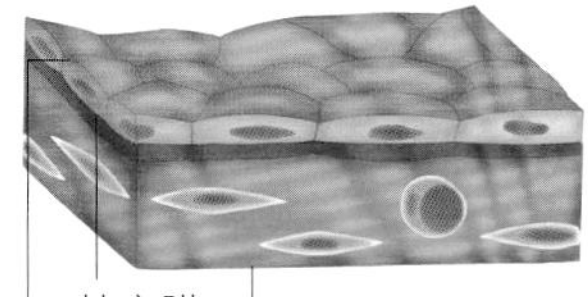

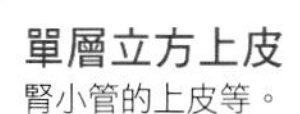

單層立方上皮

腎小管的上皮等。

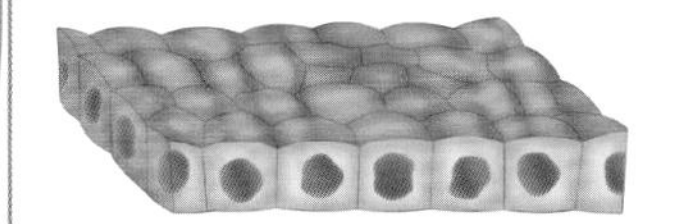

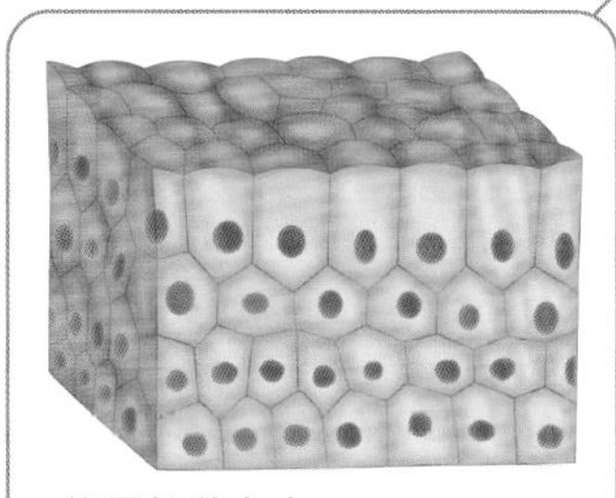

複層柱狀上皮

眼瞼結膜或尿道的上皮等。

移形上皮

具伸縮性的細胞組成的上皮，偽複層上皮的一種，如膀胱黏膜的上皮等。

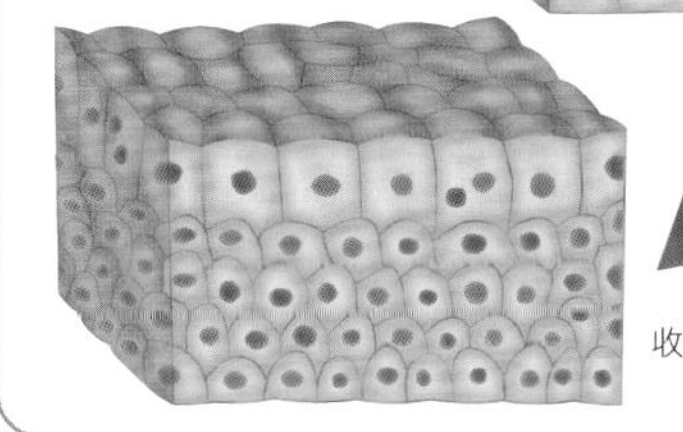

肌肉組織

重點

- 肌肉組織是由具伸縮性的肌肉細胞（肌肉纖維）所組成。
- 肌肉組織可依型態大致分為橫紋肌與平滑肌。
- 肌肉組織可依功能大致分為隨意肌與非隨意肌。

肌肉組織是由可伸縮的細胞所組成

一如字面上所示，肌肉組織即打造肌肉的組織，是由具伸縮性的**肌肉細胞**所構成，因其形狀細長，故又稱為**肌肉纖維**。其伸縮性源自於肌動蛋白與肌凝蛋白，大部分的細胞裡都含有這些蛋白質，又以肌肉細胞中的含量尤多。

肌肉組織可依照型態大致分為**橫紋肌**與**平滑肌**。前者是帶有條紋（橫紋）的肌肉，後者則是指其他無條紋的肌肉。橫紋肌的條紋是由肌動蛋白與肌凝蛋白所組成的**肌原纖維**規則排列而成，肌原纖維會越過細胞接合處並排，因此橫紋肌的肌肉細胞並無分界，為寬大細胞質中存在多個細胞核的合胞體。

從功能面來看，肌肉組織又可區分為**隨意肌**與**非隨意肌**。前者是可依自己的意志活動的肌肉組織（大多由軀體運動神經所支配），後者則是無法任憑意志活動的肌肉組織（由自律神經所支配）。上肢或下肢等骨骼肌為橫紋肌，亦為隨意肌；內臟肌肉則幾乎都是平滑肌，亦為非隨意肌。

心臟肌肉（心肌）為橫紋肌，亦為非隨意肌。肌肉必須同時伸縮，所以肌肉細胞之間是透過**間板**來連結。

關鍵字

合胞體
多個細胞彼此融合，形成一個細胞質裡存在多個細胞核的狀態。

橫紋肌
指可以看到條紋（橫紋）的肌肉組織。肌肉細胞細長且彼此相連，沒有邊界。骨骼肌與面部表情肌等是最具代表性的例子。

筆記

可移動的肌肉與不可移動的肌肉
隨意肌即可依人的意志移動的肌肉組織，受運動神經支配，以骨骼肌為代表例。另一方面，非隨意肌則是無法依自己的意志移動的肌肉組織，受自律神經支配，較具代表性的例子便是心肌。

Athletics Column

超補償理論是真的嗎？

在健身房接受肌力訓練指導時，教練一定都會解說所謂的「超補償理論」，也就是「施加重大負荷雖然會讓肌肉纖維受損，導致肌力暫時下降，但是肌肉會花48～96小時恢復到比之前更高的水準，以便再次承受同等負荷時也足以應付。因此，肌肉會變肥大且肌力將有所提升」。然而，目前還沒有生理學相關的研究報告來佐證這個理論，仍舊只是假說。

肌肉組織的構造

心肌與骨骼肌皆歸類為橫紋肌。然而，心肌屬於非隨意肌，骨骼肌則是隨意肌。

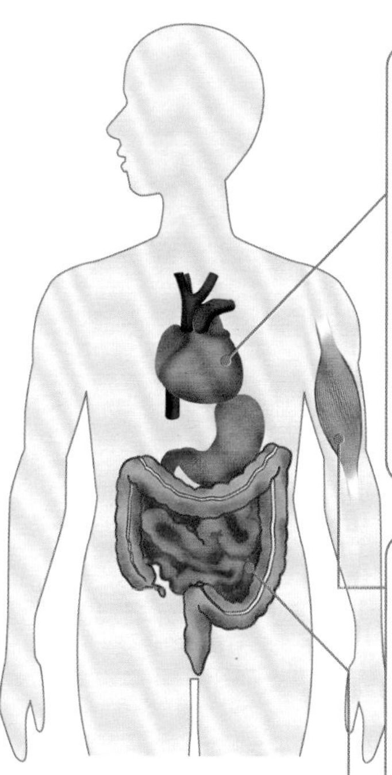

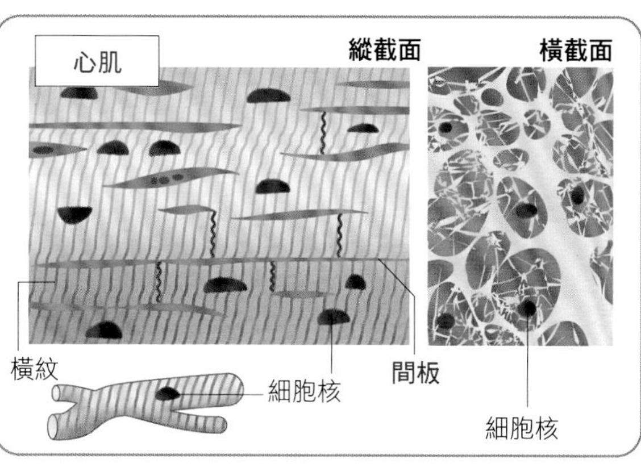

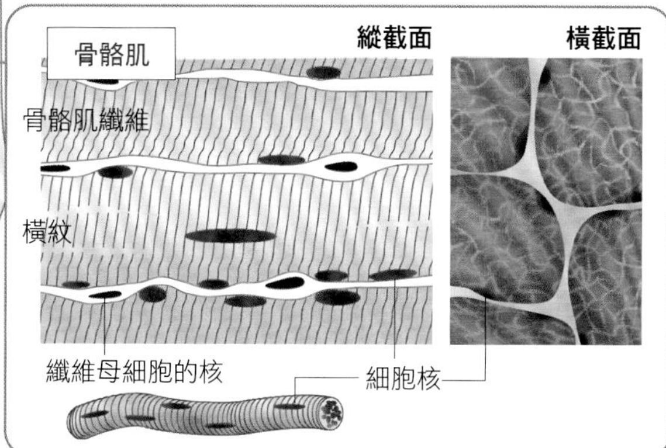

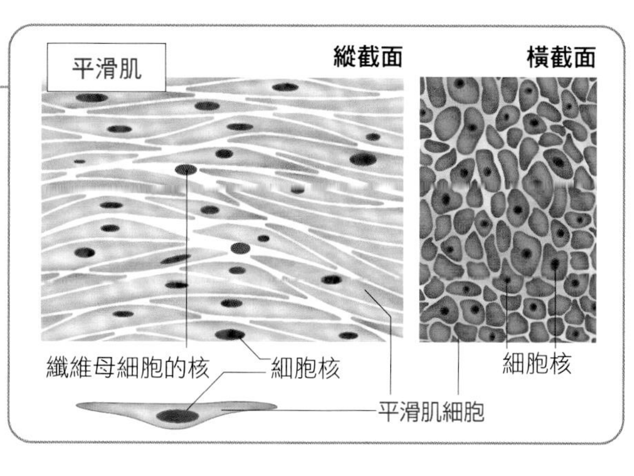

精選重點

心肌

由橫紋肌所組成，但是所有的肌肉細胞都必須同時伸縮，所以肌肉細胞之間是透過間板來連結。

骨骼肌

基本上是指附著於關節上的肌肉，但附著於皮膚的面部表情肌與咀嚼肌等也含括其中。屬於橫紋肌。

平滑肌

形成內臟與血管壁等的肌肉，為紡錘狀肌肉細胞的集合體。看不到如橫紋肌般的紋路。

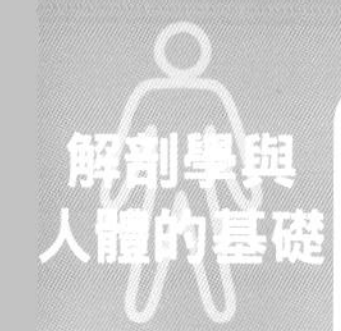

支持組織（結締組織）

- 支持組織是指連結其他組織與器官的組織（廣義的結締組織）。
- 支持組織又可大致分類為結締組織、骨組織、軟骨組織、血液與淋巴。
- 結締組織又可根據纖維的比例等，進一步區分成若干種類型。

支撐全身且數量最多的組織

支持組織是與骨骼一同支撐全身的組織（註：因其讓其他組織或器官之間互相連結，所以有時又稱為**結締組織**，本書採用「支持組織」以便與後述狹義的結締組織做出區別）。這是全身數量最多的組織，含有豐富的**細胞間質**與**纖維**。細胞間質的物理性質決定了支持組織的特性，據此區分成4種類型，即**結締組織**（狹義）、**骨組織**（細胞間質的主要成分為羥磷灰石）、**軟骨組織**（細胞間質為凝膠狀的軟骨基質）、**血液與淋巴**（細胞間質呈液狀）。這裡將針對結締組織進行詳細論述。

結締組織可依纖維比例分為2大類

結締組織可根據纖維的含量區分為**疏鬆結締組織**與**緻密結締組織**。疏鬆結締組織為細胞間質比例高的組織，僅存在稀疏的纖維，皮下組織是最具代表性的例子，有液體儲存於細胞間質中。**脂肪細胞**匯集而成的疏鬆結締組織則特稱為**脂肪組織**。

緻密結締組織為纖維比例高的組織。肌腱、韌帶、筋膜與包覆大腦的硬腦膜等組織皆屬此類，有**膠原纖維**（主要成分為膠原蛋白，又稱**膠原蛋白纖維**）密布。

主動脈管壁等組織講求柔韌度，內含大量彈性較強的**彈性纖維**（這種組織特稱為**彈性組織**）。此外，淋巴結與骨髓等組織的構造則是由纖維組成細密的網狀（**網狀纖維**），細胞儲存於其中（**網狀組織**）。

細胞間質
填埋細胞外側的部分，又稱細胞外基質或細胞外間質。細胞間質中還含有血漿、骨基質、軟骨基質與纖維蛋白原（一種纖維成分）。

纖維
主要成分為蛋白質（以膠原蛋白為主）的絲狀構造。

結締組織
以廣義來說，與支持組織同義。狹義則是指連結體內組織或器官的組織。

疏鬆結締組織
細胞間質的比例多於纖維的結締組織，如皮下組織、黏膜下組織等。

緻密結締組織
纖維成分密布的結締組織，如肌腱、韌帶與胸膜等。

彈性組織
內部含有大量彈性纖維而極富彈性的組織，如主動脈管壁等。

網狀組織
由纖維形成細密網狀結構的組織，如淋巴結與骨髓等。

支持組織的分類

上皮組織與肌肉組織以外的組織即為支持組織，除了狹義的結締組織之外，骨頭與軟骨的組織、血液與淋巴也都歸為此類。結締組織還可根據纖維的組成比例來分類。

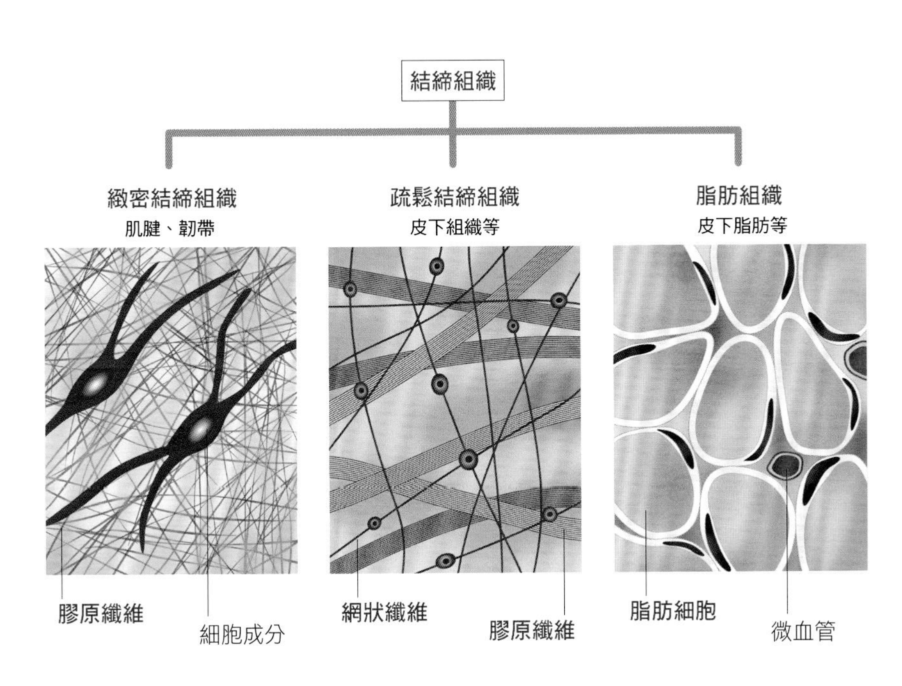

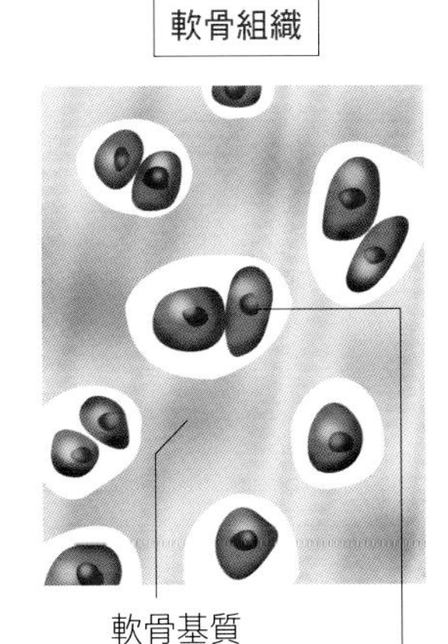

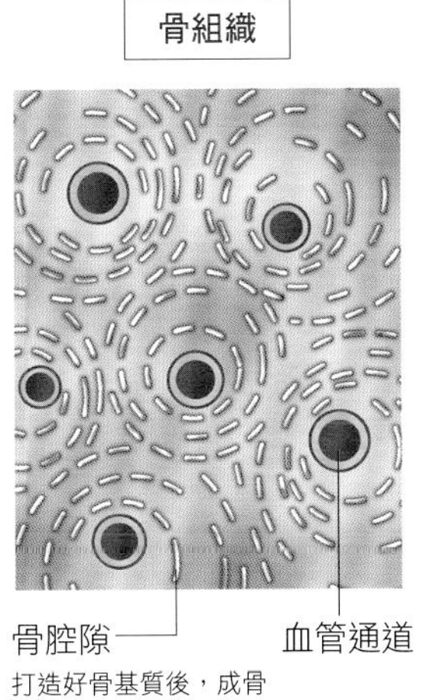

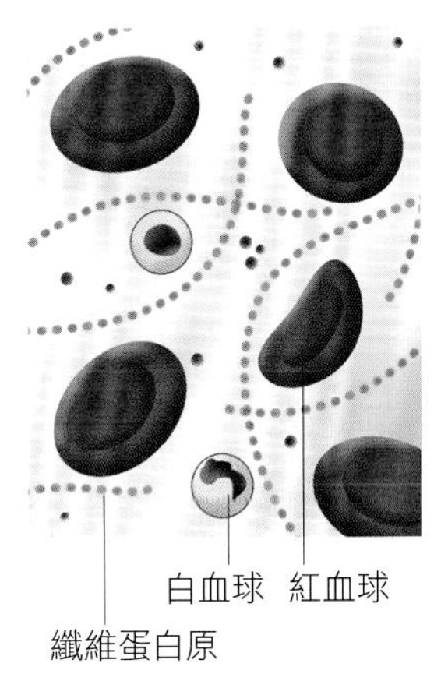

神經組織

重點

- 神經組織是構成中樞神經與末梢神經的組織。
- 神經組織的基本構造是由神經細胞與支持細胞所組成。
- 支持細胞又可區分為神經膠細胞與許旺細胞。

形成神經的特殊組織

一如字面上所示，神經組織即構成神經的組織，與其他組織最大的差異在於，神經組織是由型態與功能各異的細胞組合而成。基本上是由**神經細胞**與**支持細胞**組成一個單位，彼此連結起來便形成組織。

神經細胞又稱為神經元（neuron），有著如樹枝般的**樹突**，以及與其他神經細胞連接的細長狀**軸突**。神經細胞經由樹突所接收到的刺激訊息，會透過軸突傳遞至其他神經細胞。與其他神經細胞的連結部位則稱為**突觸**（synapse）。

支持細胞為附屬細胞，負責補足神經細胞的功能，中樞神經中的**神經膠細胞**（glial cell）與末梢神經中圍繞軸突的**許旺細胞**（schwann cell）即屬此類。中樞神經中的神經膠細胞還可細分成3類，分別為連接血管以提供營養給神經細胞的**星狀膠細胞**、圍繞軸突的**寡樹突膠細胞**，以及吞噬異物來守護神經組織的**微膠細胞**。包覆腦室與脊髓中央管內面的**室管膜細胞**亦為神經膠細胞的一種。

圍繞軸突的構造（中樞神經與末梢神經中的這種構造分別由寡樹突膠細胞與許旺細胞所形成）稱為**髓鞘**。

考試重點名詞

神經膠細胞與許旺細胞
支持細胞是用來補足神經細胞的功能，中樞神經中的神經膠細胞即屬此類，還可細分為星狀膠細胞、寡樹突膠細胞與微膠細胞。末梢神經中的許旺細胞亦屬此類。

關鍵字

樹突
呈樹狀分支的突起構造，會將接收到的刺激傳遞至神經細胞。

軸突
呈細長狀的突起構造，會將刺激訊息傳遞至其他的神經細胞。

筆記

神經細胞的型態
神經組織的主體神經細胞又稱為神經元（neuron）。具有呈樹狀分支的樹突與呈細長狀的軸突。

COLUMN

高爾基與卡哈爾

19世紀末，神經組織的網狀構造已為人所知，但是對細胞的結構所知甚少。義大利的高爾基所提倡的理論為「細胞是由多個細胞融合而成的合胞體」，而西班牙的卡哈爾卻提出「神經元理論」，主張「細胞是由多個細胞連結而成」。當時沒有辦法判斷何者正確，兩人同時獲得諾貝爾生理學或醫學獎（1906年）。後來電子顯微鏡登場，才證實神經元理論是正確的。

神經組織的構造

神經組織可區分為中樞神經與末梢神經。

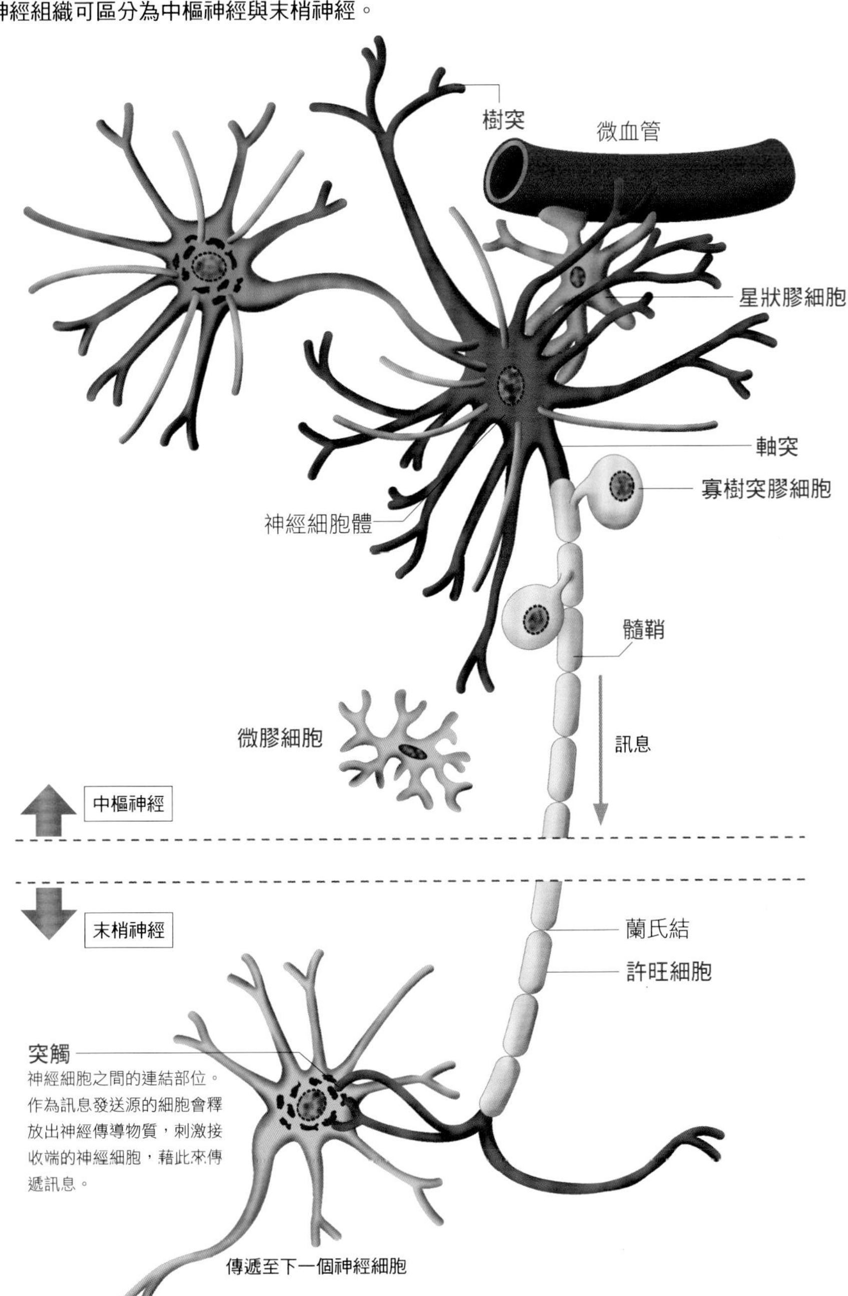

體液

- 成年男性的體液約占體重的60%，女性約占了55%。
- 體液又可分為細胞內液與由血漿、組織液所組成的細胞外液。
- 體液的pH值通常維持在7.35～7.45之間。

人類的體重有60%是由水所組成

成年男性的體重約有60%是水分，稱為**體液**。女性的**體脂肪率**較高，因此體液的比率較低，只占體重的55%左右。此外，幼兒體重的70～80%是體液、老年人則約50%是體液。

透過飲食與體內代謝所帶來的補給，以及排尿、排便、流汗與吐氣等經**皮水分散失**所造成的流失，讓人體得以維持體液量的平衡。

體液可大致分為**細胞內液**與**細胞外液**。所謂的細胞內液是指分布於多達60兆個細胞中的水分，占了體重的40%（體液的3分之2）。體重的20%（體液的3分之1）為細胞外液，是指分布於細胞外的水分，又可分為血管內的**血漿**，以及填滿細胞之間或組織之間的**組織液**等。

血漿占細胞外液的25%（占體重的5%），組織液則占了75%（占體重的15%）。因此倘若體重為60kg，體液的總重量即為36kg左右——細胞內液約24kg，血漿約3kg，組織液則約9kg。體液的成分大部分都是水，所以單位從公斤換成公升也無妨。

體液的成分與濃度

體液是鉀、鈉、鈣等礦物質或蛋白質等溶解於水中所形成的液體。然而，細胞內液與細胞外液的成分各異。尤其在**鉀離子**與**鈉離子**的濃度上差異最大。細胞內液中的鉀成分變多，而細胞外液則是鈉成分增加。

體液為**弱鹼性**，一般維持在pH7.35～7.45的狹小範圍之內。

考試重點名詞

組織液
又稱為間質液，是血漿滲至血管外所形成的液體，成分與血漿極其相似。分布於細胞與血管之間，成為交換氧氣、養分與老廢物質時的一種媒介。

血漿
將血液排除血球成分後所剩餘的液體。在這種情況下，於淋巴管內流動的淋巴液也含括其中。

關鍵字

經皮水分散失
指人體因皮膚的自然蒸發或吐氣中所含的水蒸氣而流失水分。

pH值
體液的pH值超出正常範圍且趨於酸性稱為酸中毒，趨於鹼性則稱為鹼中毒。所謂的酸中毒並非指pH值降至7以下。

筆記

人體約有多少血量？
一般認為血液大約為體重的8%，體重60kg的人，血量約為5ℓ。血液成分中約有40%為血球，因此其餘的血漿便占了3ℓ。

體內的水分與區別

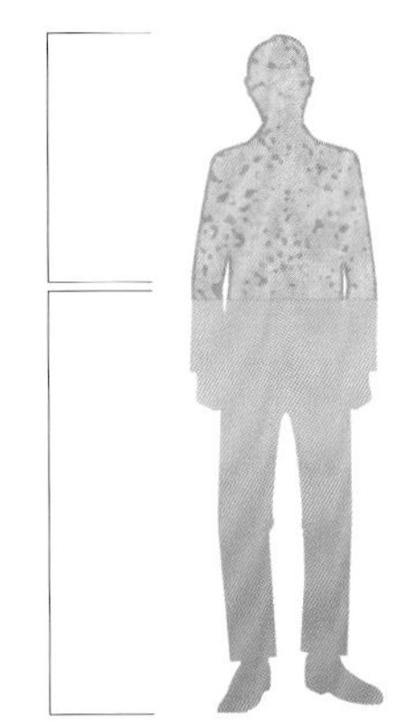

體內的組成（占總體重的比率）

水分以外的成分	40%				
水分	60%	細胞內液	40%		
		細胞外液	20%	血漿	5%
				組織液	15%

水分的比率會因年齡與性別而異

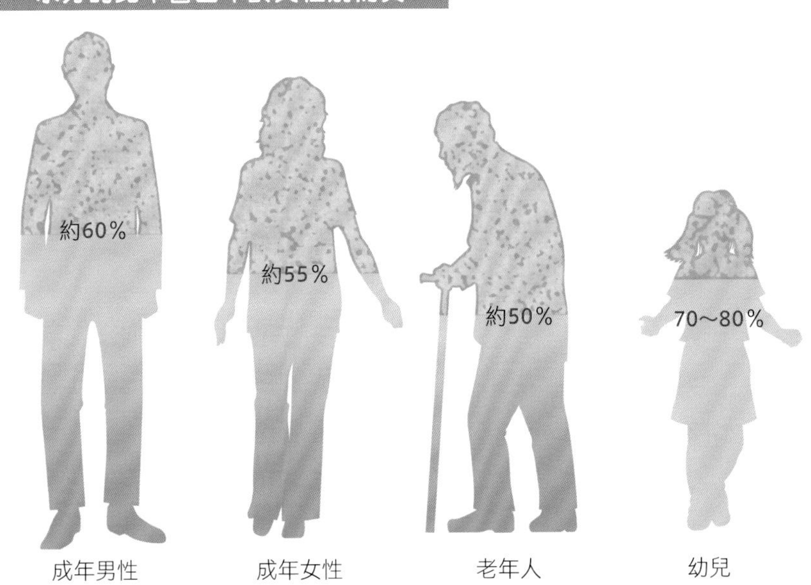

器官與器官系統

重點

- 組織集結後會展現出特定功能的結構體即稱為器官。
- 構成器官的各個組織皆擔負不同的任務以發揮器官的功能。
- 為了共同目的而聯合起來發揮作用的器官群則稱為器官系統。

組織集結後會展現出特定的功能

組織會形成器官，即透過若干種類型的組織互相組合成具備特定功能的構造。例如小腸是由上皮組織、結締組織與肌肉組織結合而成的器官，作用在於「消化食物並吸收養分」。各個組織皆擔負不同的任務來達成「消化與吸收」這個目的。

每個器官皆為獨立的構造，但會彼此合作來發揮功能，

器官
指讓組織集結後展現出特定功能的結構體。

器官系統的分類（1）

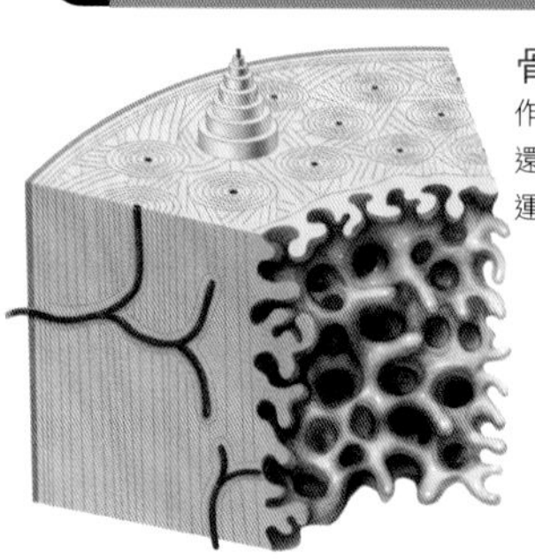

骨骼系統 參照 P.33
作為身體支柱的同時還參與器官的保護與運動。

呼吸系統 參照 P.101
從體外攝入氧氣並將二氧化碳排出體外。

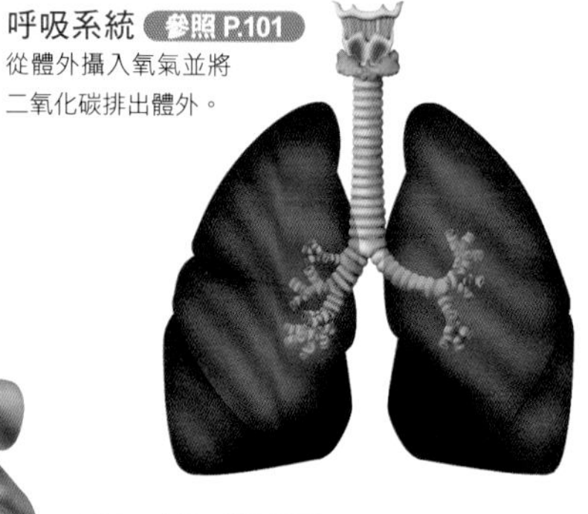

循環系統 參照 P.123
參與血液與淋巴的循環。

消化系統 參照 P.79
負責消化食物並吸收養分。

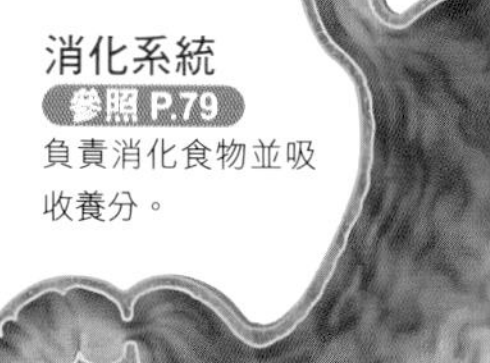

肌肉系統 參照 P.55
附著於骨骼上，藉著收縮來活動骨頭。

以便達成共同的目的。這樣的群體即稱為器官系統。

器官系統含括了運動系統（參與身體的支撐與運動，又分為骨骼系統與肌肉系統）、消化系統（負責消化食物並吸收養分）、呼吸系統（從體外吸入氧氣並排出二氧化碳），以及循環系統（參與血液與淋巴的循環）等。除此之外，還可以分為泌尿系統（負責排出血液中的老廢物質或調整血液成分的濃度）、生殖系統（參與生殖細胞的產生與個體的繁殖）、神經系統（參與對刺激的認知與反應，以及器官控制訊息的傳遞等）、感覺系統（接受來自外界的刺激並將訊息傳遞至大腦）與內分泌系統（分泌荷爾蒙並傳送至全身）幾大類。

筆記

根據功能加以分類的器官系統

所謂的器官系統，是指為了共同目的而聯合起來發揮作用的器官群。例如小腸並非單獨負責「消化與吸收」，而是與口腔、食道、胃、大腸等器官合作，全體一起達成「消化與吸收」的目的。

器官系統的分類（2）

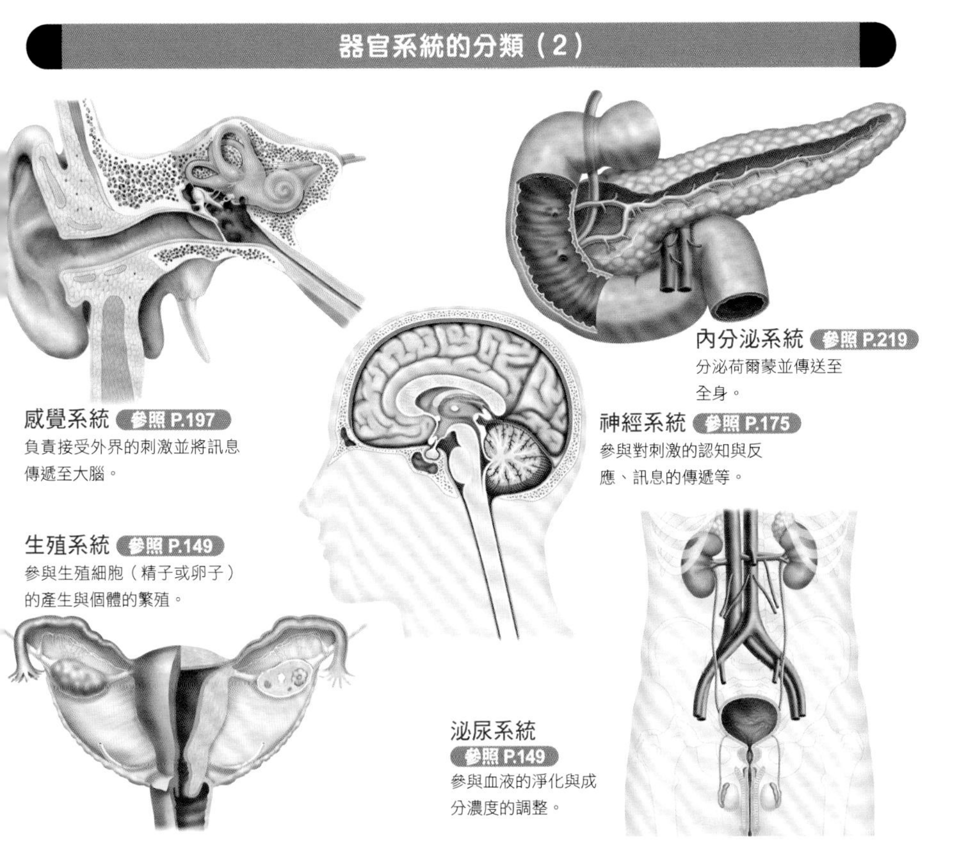

解剖學與生理學的界線

「生理學」和「解剖學」一樣都是研究人體（廣義來說是指所有生物）的學問。兩者的差異在於，解剖學是以「形態與構造」為研究對象，而生理學是從「功能」方面來著手。話雖如此，同樣都是研究人體，不太可能嚴格劃分兩門學問的「範疇」，畢竟「形態與構造」和「功能」密切相關。

舉例來說，研究心臟的內部構造基本上是解剖學的範疇，但是不可能僅止於了解「心臟區分為右心房與右心室、左心房與左心室」，應該還會對「呈現這種形態的理由為何？」或是「這樣的構造能夠達成什麼樣的功能？」感興趣才是。不過嚴格來說，這些都是「功能」面，所以是屬於生理學的範疇。

話雖如此，當然不能以「這並非解剖學的研究對象」為由而在這個階段放棄研究吧？我們應該有這樣的認知：解剖學與生理學出現重疊的部分是理所當然的，這兩門學問並非完全分隔開來，而是彼此互補、相輔相成。因此，生理學在研究「功能」時，也會根據臟器的「形態與構造」來考察。

有鑒於此，本書不僅止於單純羅列人體的構造，也會因應需求而提及功能（也就是生理學方面的事項）。

第 2 章

骨骼系統

骨骼概要

重點

- 所有形塑出人體的大小骨頭的連結構造即稱為骨骼。
- 骨頭又依其形狀細分為長骨、短骨、扁平骨等。
- 骨骼的作用為支撐身體、運動、保護臟器、代謝鈣質與造血。

所謂的「骨骼」即「骨頭架構」

大多數動物都是藉由大大小小的骨頭組合而成的複雜構造來支撐身體，這整個構造稱為骨骼，一如字面上所示，即「骨頭架構」之意。

骨骼在生物學中大致分為2種類型。覆蓋體表並從外側支撐身體的骨骼稱為**外骨骼**，昆蟲與甲殼類等即屬此類。另一方面，位於內部並從內側支撐身體的骨骼則為**內骨骼**，脊椎動物的骨骼即為此類。人類為脊椎動物，所以是內骨骼。

從「脊椎動物」這個名稱可以得知，內骨骼的「主軸」為**脊椎**，也就是背骨。人體中的這根骨頭是由約30塊**椎骨**連結而成，稱之為**脊柱**。

骨骼的任務不僅限於「支撐身體」

人體全身是由各種形狀與大小不一的骨頭與脊柱相連所組成。骨頭與骨頭之間的連結又有可以活動的**可動連結**與不可活動的**不動連結**之分。可動連結即稱為**關節**，肌肉會跨越並附著於此，透過肌肉收縮讓骨頭活動。此為身體運動的基本結構，從這點來看，骨骼系統亦可視為運動系統之一。

每塊骨頭可依形狀分類為**長骨**、**短骨**、**扁平骨**、**不規則骨**、**含氣骨**與**種子骨**等。這些骨頭會互相組合或是單獨構成各式各樣的部位，例如**顱骨**、**肋骨**、**肱骨**、**股骨**、**指骨**等。

除了前述**身體的支撐與運動**外，骨骼還兼顧**保護臟器**、**代謝鈣質**與**造血**等任務。

關鍵字

骨骼
由大大小小的骨頭組成的構造，即身體的「骨架」。

骨頭總數
構成骨骼的骨頭數量為成人約200塊，新生兒則多達約350塊。

無脊椎動物
沒有脊椎的「無脊椎動物」中，不僅含括有外骨骼的動物，還有軟體動物等。

可動連結
骨頭之間可以活動的連結，屬於滑膜連結的關節即歸為此類。

不動連結
骨頭之間無法活動的連結，骨性連結、軟骨連結與纖維連結這3種即屬此類。

代謝鈣質
骨頭為鈣質（Ca）的儲存庫，會因應需求釋放至血液之中。

造血
紅血球、白血球與血小板是於骨髓中產生的。

人體骨骼的構造

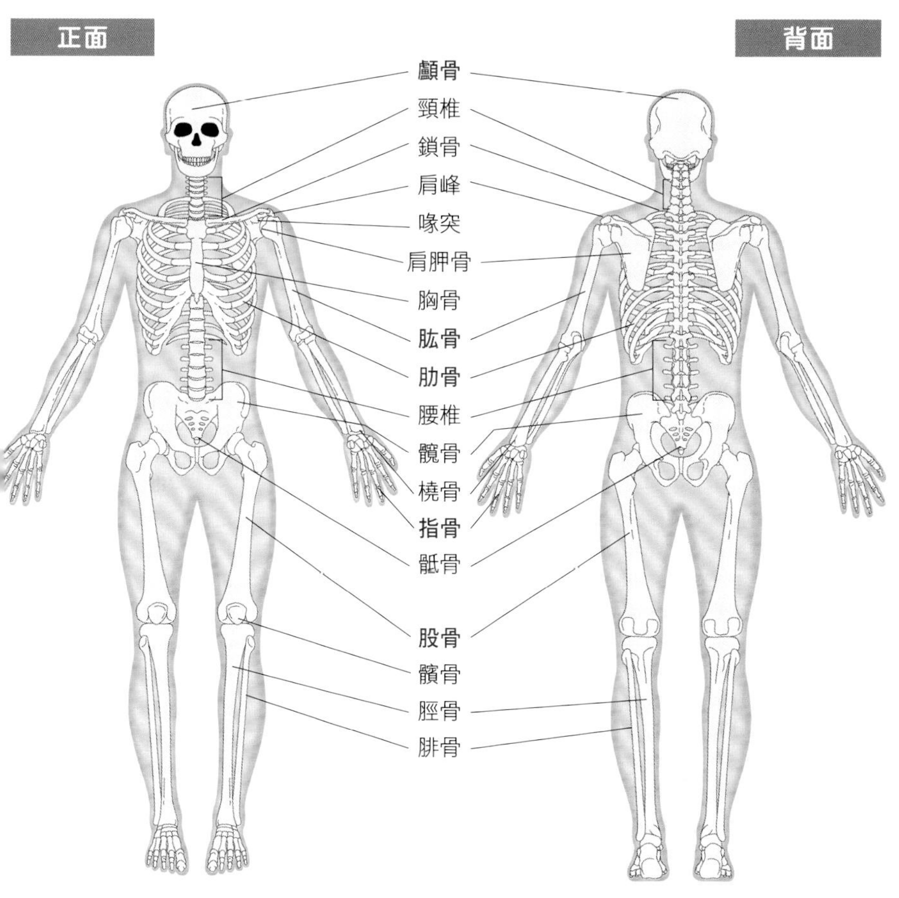

骨頭的型態

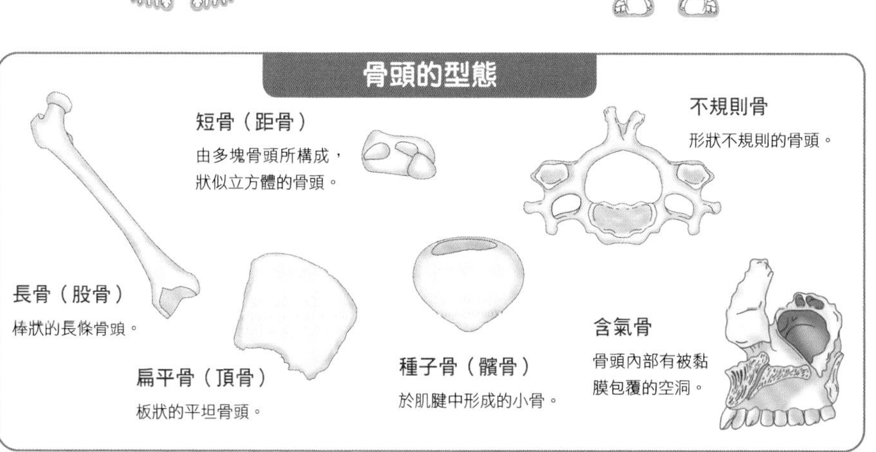

骨骼系統

骨頭的組織構造

重點

- 骨頭是由緻密質與海綿質所組成，且有骨膜覆蓋整體。
- 海綿質是由骨小樑互相交織而成的構造，呈海綿狀。
- 緻密質是由名為骨元且層層圍繞血管的圓柱構造所構成。

外側為堅硬的骨頭，裡面卻出奇地柔軟

骨組織為支持組織的一種。其細胞間質是由一種名為羥磷灰石的鈣化合物沉積於膠原纖維的周圍所形成，硬度僅次於牙齒的琺瑯質。

骨頭共有2層，由外側的**緻密質**與內側的**海綿質**所組成。一如文字所示，緻密質是緻密又堅硬的組織，海綿質則是柔軟的組織，由名為**骨小樑**的構造錯綜複雜地交織而成，呈現海綿狀。骨樑與骨樑之間填滿了**骨髓組織**，並在此處進行造血。

骨頭有**骨膜**覆蓋整體。骨膜中有血管通過，為骨頭內部輸送營養，還有神經經過，因此骨折時會感受到劇烈的疼痛。骨膜還負責製造新的**骨細胞**，所以骨折後表層會逐漸生出新的骨頭。

構成緻密質的單位是一種名為**骨元**的圓柱構造，主要是由**骨板層（哈氏骨板）**如年輪蛋糕般多層圍繞血管所通過的**哈氏管**，此構造與**介於其間的骨板**形成緻密質，哈氏管的血管與骨膜的血管則是透過**弗克曼氏管**相連。

考試重點名詞

骨元
緻密骨的構成單位，由哈氏管與骨板層一層層圍繞所形成的圓柱構造。

關鍵字

緻密質
形成骨頭表層的堅硬部位，由骨元與介於其間的組織所形成。

海綿質
形成骨頭內層且有無數小空洞的部位，由骨小樑組合而成的海綿狀構造。

骨小樑
構成海綿質、如小樑柱般的組織。

弗克曼氏管
連結哈氏管與骨膜血管的管狀組織。

骨髓
長骨的中心部位有個骨樑之間間隔較寬、填滿骨髓組織的空洞（髓腔），即骨髓。

COLUMN

「軟骨」亦為骨骼的構成素材

構成骨骼的素材中也含括了軟骨。正如大家熟知的居酒屋人氣餐點「酥炸雞軟骨」，雖然有嚼勁，卻不像骨頭那麼硬，是可以輕易咬斷的硬度。軟骨是由軟骨細胞與軟骨基質所組成，軟骨基質中含有膠原蛋白、硫酸軟骨素、玻尿酸，以及蛋白質結合而成的蛋白聚醣，不過約80％為水分。軟骨在人類骨骼中是次要的素材，但在鯊魚或鰩科之類的軟骨魚類中卻是骨骼的主要素材。

骨頭的構造

骨頭主要是由骨細胞與填埋其周圍的細胞間質所構成。

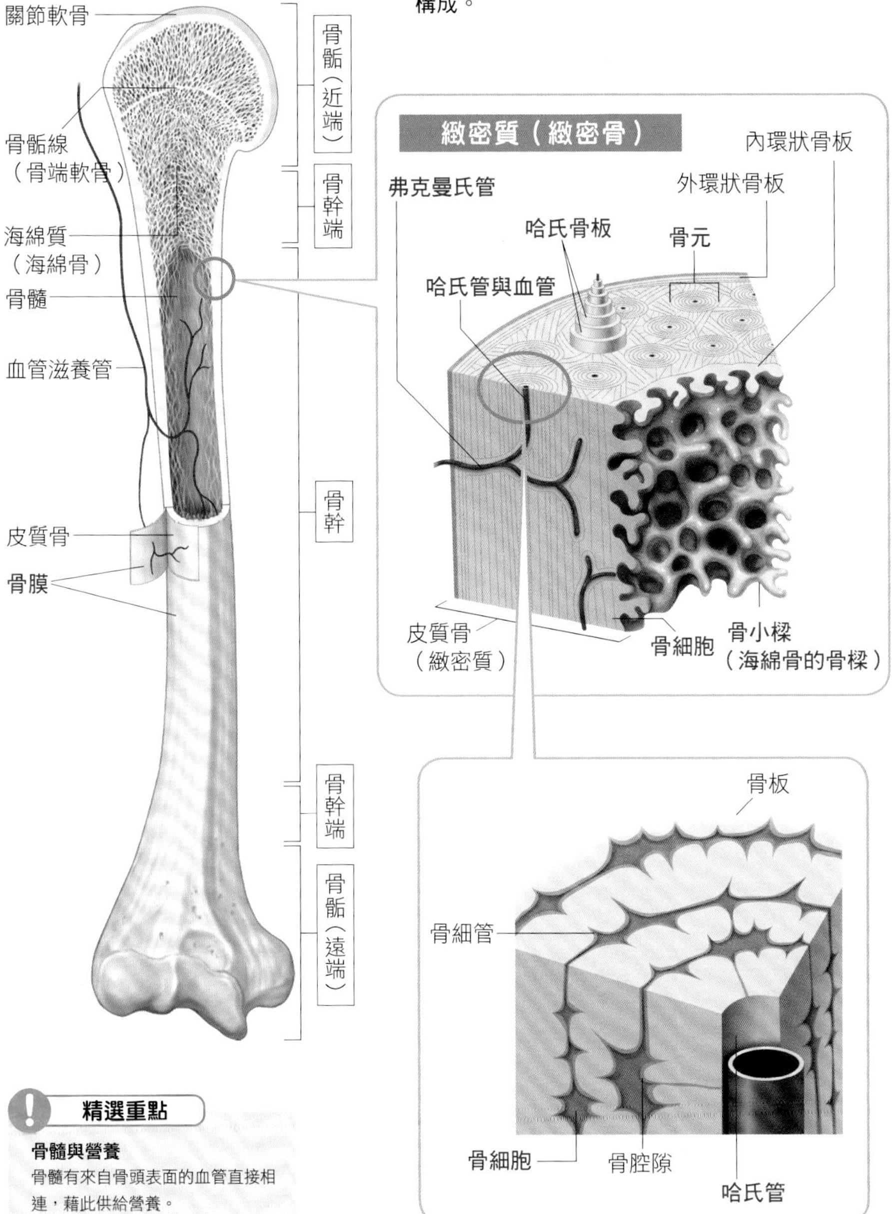

精選重點

骨髓與營養

骨髓有來自骨頭表面的血管直接相連，藉此供給營養。

骨骼系統

骨頭的產生與成長

重點

- 骨頭的生成有2種機制：膜內骨化與軟骨內骨化。
- 骨頭形成後仍可重塑並持續變化。
- 骨頭與骨頭之間是透過骨頭、軟骨、纖維或滑膜加以連結。

骨頭的生成有 2 種機制

骨頭是由骨膜與骨骺板打造而成，有膜內骨化與軟骨內骨化2種機制。膜內骨化可見於顱骨與鎖骨等處，骨膜內層的成骨細胞會成長並進入骨組織中化為骨細胞（由此所形成的骨頭即稱為膜性骨）。另一方面，軟骨內骨化可見於長骨，是在軟骨組織形成後與骨組織交換（由此所形成的骨頭即稱為內化骨），會往長骨的長軸方向逐漸成長。

骨頭形成後仍會進行新陳代謝，即所謂的骨骼重建（骨重塑），老化的骨頭會遭破骨細胞破壞，內含的鈣或磷等便會釋放至血液中，藉此來調節血中濃度。

骨頭和骨頭之間是透過各種物質加以連結。根據連結物質的不同又可分成幾類：骨性連結（以骨頭相連）、軟骨連結（以軟骨相連）、纖維連結（以纖維相連）與滑膜連結（以滑膜相連）。軟骨連結與纖維連結有時會隨著年紀增長而轉變為骨性連結。例如，成人的髖骨即為幼兒時期由軟骨連結的3塊骨頭（髂骨、坐骨與恥骨）合而為一所形成的。

骨骺板
位於長骨兩端的軟骨層，將骨幹端與骨骺分隔開來。

筆記

骨頭的汰舊換新
骨骼重建（骨重塑）是讓骨頭汰舊換新的一種機制。老化的骨頭會遭到破骨細胞破壞，將內含的鈣或磷釋放至血液中（亦作為這些物質在血中濃度的調整裝置來發揮功能）。

COLUMN

年輕人的骨頭好比新伐材，老年人的骨頭則猶如枯木

骨組織的細胞間質（骨基質）中含有膠原纖維，主要成分為膠原蛋白，所以會賦予骨頭彈性。然而，膠原纖維會隨著年齡增長而逐漸流失，因此老年人的骨頭缺乏黏性。所以，老年人骨折時往往會如枯木般喀擦一聲就折斷了。另一方面，年輕人的骨頭帶有黏性，因此即便骨折了，大多不會完全分離，而是呈現如新伐木般彎折的狀態。

骨頭的成長

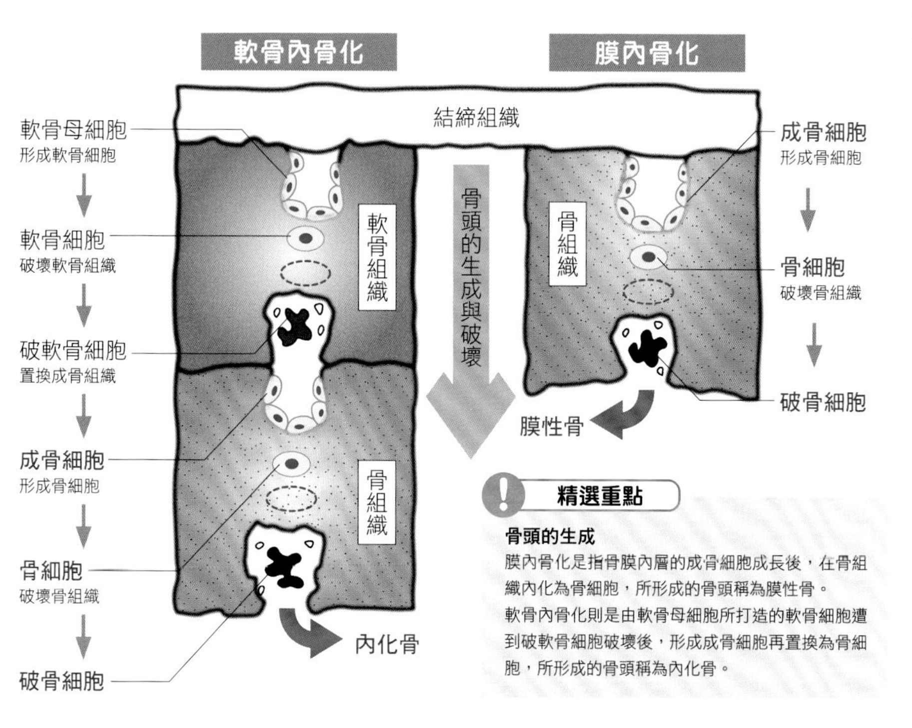

精選重點

骨頭的生成

膜內骨化是指骨膜內層的成骨細胞成長後，在骨組織內化為骨細胞，所形成的骨頭稱為膜性骨。

軟骨內骨化則是由軟骨母細胞所打造的軟骨細胞遭到破軟骨細胞破壞後，形成成骨細胞再置換為骨細胞，所形成的骨頭稱為內化骨。

骨頭的連結

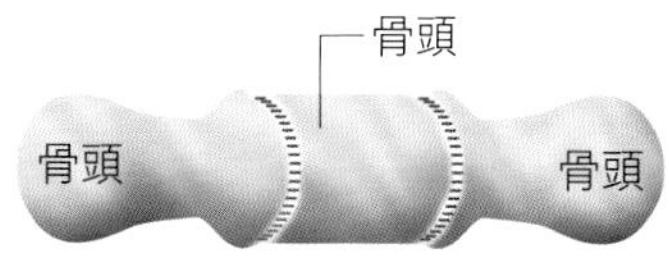

骨性連結

骨頭與骨頭之間是透過骨頭相連的狀態，為無法活動的不動連結，成人的髖骨為代表性的例子。

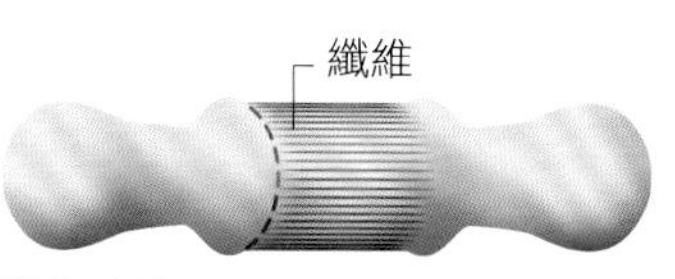

纖維連結

骨頭之間是透過纖維來連結，為不動連結，顱骨的縫合處是最具代表性的例子。

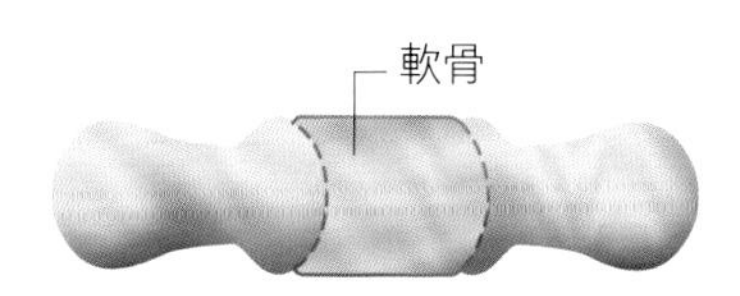

軟骨連結

骨頭與骨頭之間是透過軟骨相連的狀態，為不動連結，顱底與恥骨聯合是最具代表性的例子。

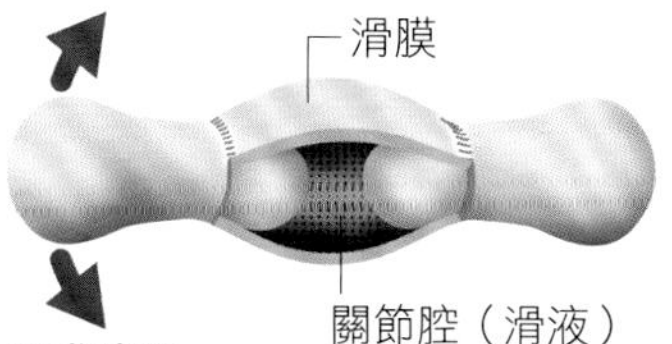

滑膜連結

骨頭之間是以內含潤滑液的滑膜袋相連，為可動連結，關節即屬此類。

關節

重點

- 關節是以內含潤滑液的滑膜袋相連的可動連結。
- 利用韌帶從內側或外側來補強關節。
- 關節又依接合部位的形狀分成多種類型。

可順暢活動卻不會輕易脫離的連結構造

關節為骨頭的可動連結，是透過滑膜袋（**關節囊**）來連結2根骨頭的**滑膜連結**。為了能夠順暢地活動，關節囊的內部（**關節腔**）充滿了滑液，骨頭之間的接觸面（**關節面**）則是由磨擦較少的**透明軟骨**形成滑面。此外，由結締組織所形成的**韌帶**還能補強關節以防脫落。韌帶一般都位於關節囊的外側，而髖關節與膝關節則有些韌帶是位於關節腔內，用以強化連結（**關節內韌帶**）。膝關節與顳顎關節等的關節腔內部有板狀軟骨構造（有關節內韌帶通過的稱為**關節半月板**，完全隔開內部的則為**關節盤**），目的也是為了提高關節的適應性。

關節中彼此相對的骨面呈凹凸關係，凸側稱為**關節頭**，凹側則為**關節窩**。關節又依此接合部位的形狀分成多種類型。舉例來說，像肩關節這類需要較大運動範圍的地方就會形成**球窩關節**。肘關節則是**鉸鏈關節**，可獲得較大的運動範圍，但是方向受限。另一方面，骨盆的骶髂關節較要求穩定性，因此為缺乏運動性的**平面關節**。

考試重點名詞

具備半月板或關節盤的關節
胸鎖關節、肩鎖關節、膝蓋等皆是具備半月板或關節盤的關節。

關鍵字

關節囊
包覆關節的滑膜袋，內部充滿滑液。

透明軟骨
平滑的軟骨，包覆著關節中彼此相對的骨頭關節面。

韌帶
用以加強關節部位的帶狀結締組織。

筆記

關節半月板與關節盤
皆為位於關節內部的板狀軟骨構造，可提高關節的適應性。此外，關節頭為凸側的關節面，關節窩則是凹側的關節面。

Athletics Column

扭傷與脫臼有何不同？

扭傷與脫臼是最具代表性的關節傷害。這兩者有何差異呢？一言以蔽之，區別在於「關節是否有脫離」。扭傷是因為遭受強大的負荷而導致關節的支持組織受損，但是關節面的相互關係仍維持正常。另一方面，脫臼則是承受了超出可動範圍的負荷，所以單邊的關節末端處於脫離關節囊外側的狀態（外傷性脫臼）。扭傷容易發生於運動範圍小的關節，脫臼則好發於運動範圍較大的關節。

關節的基本構造

為了讓骨頭之間能順暢地活動，關節的構造通常如下圖所示。

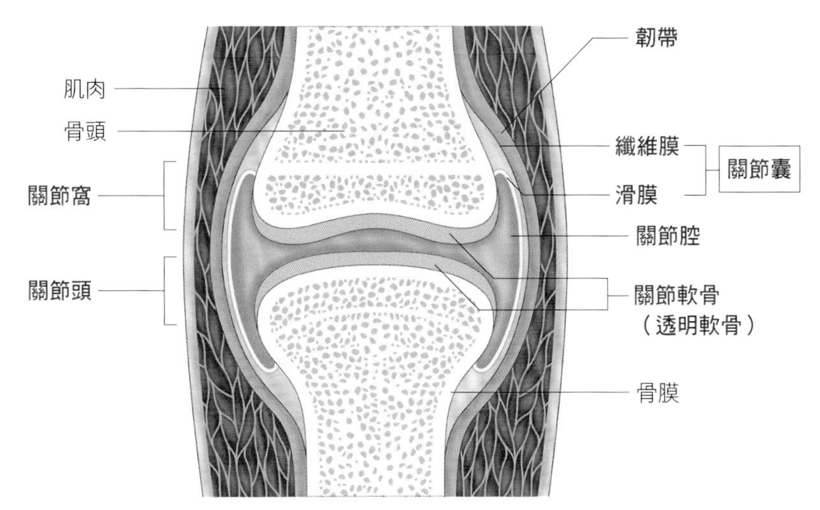

關節的種類

平面關節

關節面呈現平坦狀的關節。可動範圍小，可見於穩定性比運動性更重要的地方，例如骶髂關節、椎間關節等。

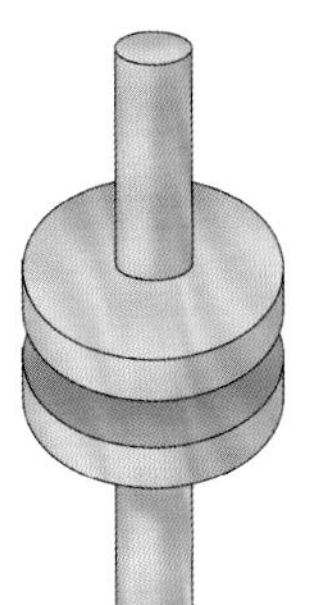

球窩關節

關節頭呈半球狀，關節窩則為碗狀的關節。運動範圍較大，例如肩關節等。

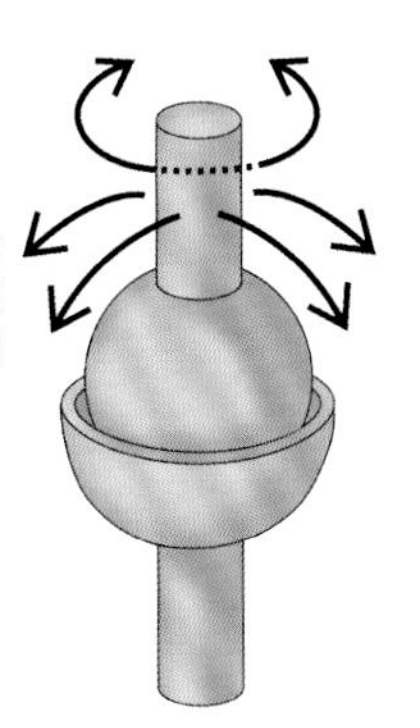

車軸關節

單邊骨頭為軸，以軸線為中心進行旋轉運動，另一邊的骨頭則從旁加以支撐，例如前臂的橈尺上·下關節等。

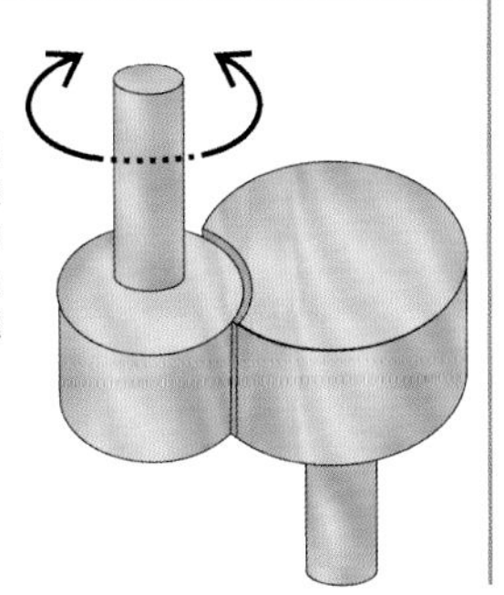

鉸鏈關節

如鉸鏈般的關節，運動範圍較大，但是方向受限，例如肘關節等。

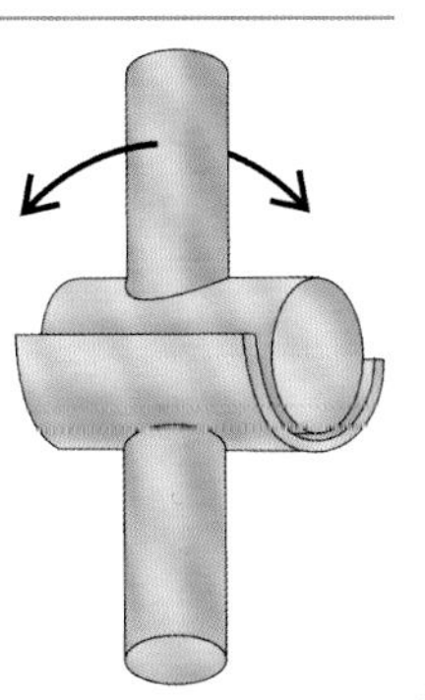

顱骨

重點

- 所謂的顱骨大致分為腦顱與面顱。
- 腦顱與面顱分別由顱骨與面骨所組成。
- 顱骨(※)是由6種、8塊骨頭所組成，面骨則是由9種、15塊骨頭所構成。

收納大腦的堅固盒子

脖子以上的整體頭部稱為顱骨。以廣義來看，這個區域內的所有骨頭（即所謂的髑髏）皆稱為顱骨，不過嚴格來說，顱骨又分為容納大腦的腦顱，以及構成臉部（眼窩以下）的面顱，唯獨腦顱的骨頭才稱為顱骨（構成面顱的骨頭則稱為面骨）。

顱骨（狹義）是由頂部的顱蓋與底部的顱底所組成，大腦收納於其中間的顱腔。構成顱骨的6種骨頭分別為額骨、頂骨、枕骨、顳骨、蝶骨與篩骨。頂骨與顳骨為左右成對，所以一共有8塊骨頭。此外，左右額骨為前額顱縫、左右頂骨為矢狀顱縫，額骨與頂骨則以冠狀顱縫彼此接合，不過胎兒至嬰兒時期的冠狀顱縫尚不發達，可以看到較大的縫隙（大泉門）。

構成面顱的面骨有9種骨頭，分別為上頜骨、顎骨、顴骨、下頜骨、舌骨、鼻骨、犁骨、淚骨與下鼻甲，其中上頜骨、顎骨、顴骨、鼻骨、淚骨與下鼻甲為左右成對，所以總共有15塊骨頭。

（※）這裡將圍繞顱腔的6種骨頭所組成的骨骼統稱為腦顱，其構成的骨頭則稱為顱骨。

關鍵字

顱骨
指頭部區域，大致分為腦顱與面顱。

面骨
構成面顱的骨頭，由9種、15塊骨頭所組成。

筆記

顱骨的構成
顱骨為構成腦顱的骨頭，由6種、8塊骨頭所組成。顱蓋與顱底之間的顱腔中收納著大腦。構成顱骨的額骨與頂骨的接合部位即為冠狀縫，直到嬰兒時期都尚未發達，有著較大的縫隙（大泉門）。

COLUMN

顱骨與面骨的記憶法

日本常以「水兵リーベ……」（日文發音近似「氫氦鋰鈹……」）的口訣來背誦元素週期表，在此也介紹一套日文記憶法來背誦構成顱骨與面骨的骨頭。顱骨是由4塊名字裡有「頭」字的骨頭及篩骨、蝶骨所構成，因此記成「4頭篩蝶」（「篩」即工具的「篩子」）。從構成面骨的9種骨頭（鼻骨、犁骨、下鼻甲、淚骨、上頜骨、顎骨、顴骨、下頜骨、舌骨）中各取一字的發音，組成一句「美女後悔の涙に上皇驚愕した（上皇驚愕於美女的後悔之淚）」來記憶。

顱骨的構成

顱骨正面

鼻骨
額骨
顳窩
頂骨
顳骨
眼窩
顴骨
上頜骨
蝶骨
篩骨
下頜骨
淚骨
下鼻甲
犁骨

顱骨側面

額骨
頂骨
顳骨
眼窩
顴骨
上頜骨
枕骨
下頜骨
蝶骨（大翼）

顱底 外面

顱底 內面

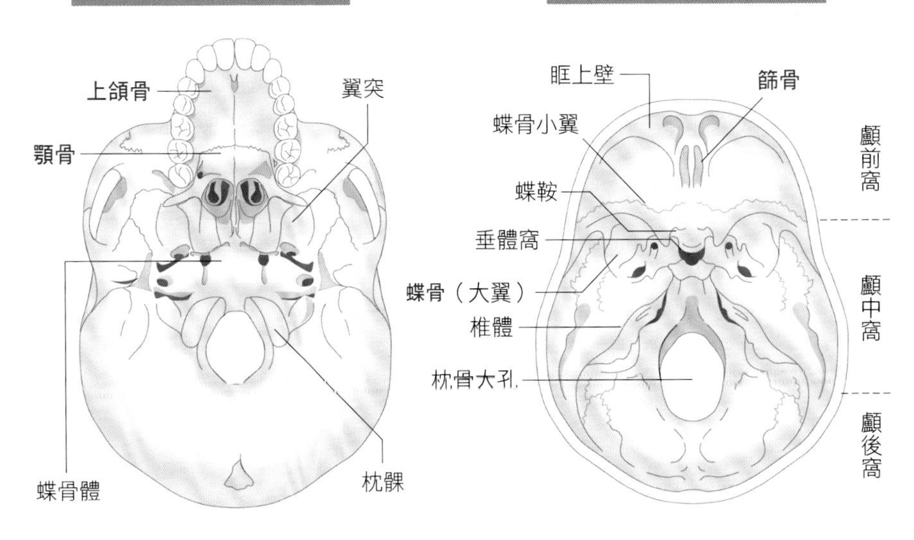

脊柱

重點

- 脊柱是由32～34塊椎骨連結而成。
- 椎骨是由椎體與椎弓所形成的環狀骨，有4種類型的突起附著其上。
- 脊柱分為5個部位（頸椎、胸椎、腰椎、骶骨、尾骨）。

約30塊骨頭連結而成，可支撐頭部與身體

承載顱骨並支撐軀幹的背骨即為脊柱，是由32～34塊名為**椎骨**的部位相連而成。每塊骨頭的形狀基本上是一致的，有4種類型的突起（**棘突**、**橫突**、**上關節突**、**下關節突**）附著於**椎體**與**椎弓**所形成的環狀構造上。其中棘突與橫突附著於肌肉上，上、下關節突則與鄰接的椎骨相連，形成**椎間關節**。位於椎體與椎體之間的**椎間盤**（**椎間板**）也參與了椎骨的連結，並由縱向延伸的韌帶（**前縱韌帶**、**後縱韌帶**等）進一步加強。椎骨的圓環（**椎孔**）相連後形成一條管道，脊髓便從此處通過（**椎管**）。換言之，脊柱的另一個功能便是支撐並保護脊髓。

脊柱呈平緩的S形曲線以便維持直立時的平衡，又分為5大部位，組成部位的椎骨皆有一個縮寫代號，分別為**頸椎**（C_1～C_7）、**胸椎**（T_1～T_{12}）、**腰椎**（L_1～L_5）、**薦椎**與**尾椎**，薦椎有5塊，尾椎則由3～5塊骨頭所構成，不過成年後兩者皆會融為一體，分別稱為**骶骨**與**尾骨**。

考試重點名詞

椎間關節
指脊椎的關節。形成於上方脊椎的下關節突與下方脊椎的上關節突之間。最近，一般認為急性腰痛（閃到腰）的原因大多是出於椎間關節的疼痛。

筆記

韌帶的種類
用來加強連結的韌帶含括從前後方加強椎體的前縱韌帶與後縱韌帶，還有連接椎弓之間的黃韌帶與棘間韌帶。

平緩的S形曲線
頸椎與腰椎是往前彎曲（前彎），胸椎、骶骨與尾骨則是往後彎曲（後彎）。人類在出生時只有後彎，直到1歲才出現前彎。

COLUMN

「喉結」有2塊

將火化後的骨頭裝進骨灰罈時，最後會放上一塊日文稱為「喉佛（のどぼとけ）」的骨頭，再蓋上蓋子。因為狀似佛祖坐姿而得此名的這塊骨頭，其實是第2頸椎（其齒突看似佛祖）。另一方面，日常中習慣將成年男性咽喉處的明顯隆起稱為「喉結」。這塊骨頭並非第2頸椎，而是固定喉頭的框狀軟骨（甲狀軟骨）的一部分，正確名稱為「喉頭隆起」。換句話說，「喉結」有2塊。

整體脊柱的側面圖

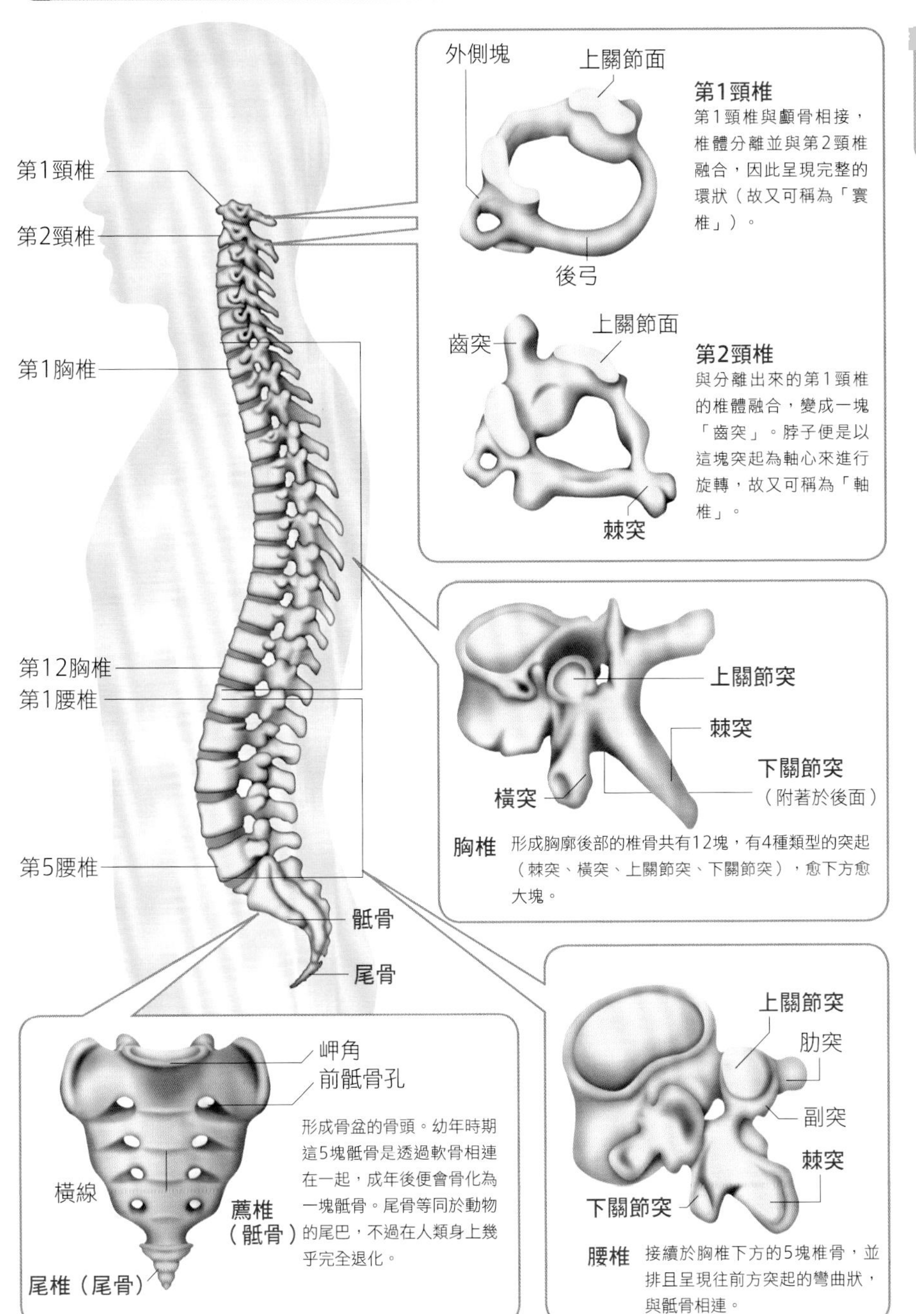
第1頸椎
第2頸椎
第1胸椎
第12胸椎
第1腰椎
第5腰椎
骶骨
尾骨
外側塊
上關節面
後弓
第1頸椎
第1頸椎與顱骨相接，椎體分離並與第2頸椎融合，因此呈現完整的環狀（故又可稱為「寰椎」）。
齒突
上關節面
棘突
第2頸椎
與分離出來的第1頸椎的椎體融合，變成一塊「齒突」。脖子便是以這塊突起為軸心來進行旋轉，故又可稱為「軸椎」。
上關節突
棘突
下關節突
（附著於後面）
橫突
胸椎　形成胸廓後部的椎骨共有12塊，有4種類型的突起（棘突、橫突、上關節突、下關節突），愈下方愈大塊。
岬角
前骶骨孔
橫線
薦椎
（骶骨）
尾椎（尾骨）
形成骨盆的骨頭。幼年時期這5塊骶骨是透過軟骨相連在一起，成年後便會骨化為一塊骶骨。尾骨等同於動物的尾巴，不過在人類身上幾乎完全退化。
上關節突
肋突
副突
棘突
下關節突
腰椎　接續於胸椎下方的5塊椎骨，並排且呈現往前方突起的彎曲狀，與骶骨相連。

上肢的骨頭

重點
- ●上肢骨是由約30塊骨頭所構成，其連結錯綜複雜。
- ●上臂只有1根肱骨，前臂則由橈骨與尺骨2根骨頭所組成。
- ●手骨可區分為腕骨、掌骨、近節指骨、中節指骨與遠節指骨。

透過多種骨頭與關節實現複雜的動作

形塑出肩關節往前延伸的上肢（上臂、前臂、手部）骨頭，統稱為**上肢骨**。上肢是由約30塊骨頭所構成，愈往末端（手部）愈小，以關節錯綜複雜地相連，因此可以執行精細且多樣的動作。

連結至肩胛骨的粗大骨頭即為**肱骨**。肩關節為球窩關節，所以可動範圍較大，周圍有許多肌肉、血管與神經環繞。與上臂相連的前臂是由**橈骨**與**尺骨**所組成，因為由2根骨頭構成，故可扭轉手臂為其特徵所在（手掌朝下的動作稱為**旋前**，朝上的動作則為**旋後**）。**橈尺上關節**連接橈骨與尺骨上緣，**橈尺下關節**則連接其下緣，兩者皆為車軸關節，故可進行這樣的動作。此外，連接肱骨與尺骨的**肱尺關節**為鉸鏈關節，用以彎曲或伸展手臂；連接肱骨與橈骨的**肱橈關節**則為球窩關節，用以支撐手臂的動作——這兩者與橈尺上關節組合起來即構成肘關節。

構成手部的骨頭可大致區分為**腕骨**、**掌骨**、**近節指骨**、**中節指骨**與**遠節指骨**。腕骨是由8塊小型骨頭集結而成。此外，大拇指沒有中節指骨。

橈骨與尺骨
形塑前臂的2根骨頭，由橈尺上、下關節相連而得以進行扭轉手臂的動作。

掌骨
手掌的骨頭。透過腕掌關節（CM關節）與腕骨相接，透過掌指關節（MP關節）與近節指骨相連。

近節指骨、中節指骨與遠節指骨
手指的骨頭，唯有大拇指無中節指骨。近節指骨與中節指骨之間的關節稱為近端指間關節（PIP關節），中節指骨與遠節指骨之間的關節則稱為遠端指間關節（DIP關節）。

Athletics Column

手肘很容易受傷

肘關節也是容易受傷的關節。尤其是幼兒時期，突然拉扯而引發半脫臼的狀況不在少數（扯肘症）。一般認為是因為橈骨頭還不夠發達，圍繞此處的環狀韌帶發生部分斷裂所引起（3歲左右之前大多靠轉動手臂就能恢復原位）。有許多案例顯示，即便長大成人，急遽彎曲或伸展手臂仍會引發「網球肘」之類的發炎症狀。在這些情況下，冷卻並固定患部，維持靜養是很重要的。

上肢骨頭的構造

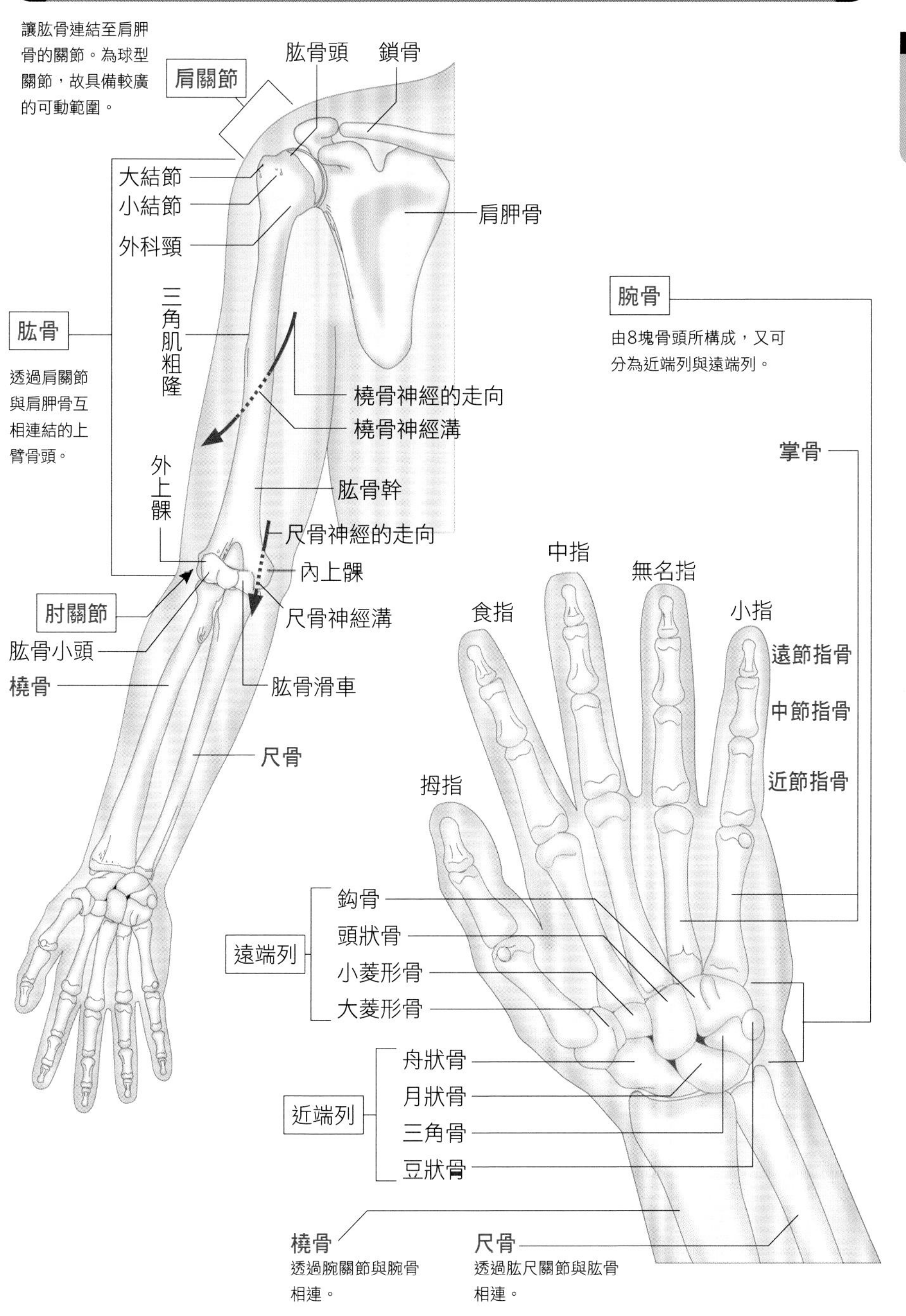
肩關節
讓肱骨連結至肩胛骨的關節。為球型關節，故具備較廣的可動範圍。
肱骨頭
鎖骨
大結節
小結節
外科頸
肩胛骨
肱骨
透過肩關節與肩胛骨互相連結的上臂骨頭。
三角肌粗隆
橈骨神經的走向
橈骨神經溝
外上髁
肱骨幹
尺骨神經的走向
內上髁
肘關節
尺骨神經溝
肱骨小頭
橈骨
肱骨滑車
尺骨
腕骨
由8塊骨頭所構成，又可分為近端列與遠端列。
掌骨
中指
無名指
食指
小指
遠節指骨
中節指骨
近節指骨
拇指
遠端列
鉤骨
頭狀骨
小菱形骨
大菱形骨
近端列
舟狀骨
月狀骨
三角骨
豆狀骨
橈骨
透過腕關節與腕骨相連。
尺骨
透過肱尺關節與肱骨相連。

下肢的骨頭

重點

- ●股骨是人體中最長且最粗的骨頭，透過髖關節牢牢相連。
- ●膝關節是由股骨與脛骨的關節及股骨與髕骨的關節所構成。
- ●足部骨頭大致分為跗骨（7塊）、蹠骨（5塊）與趾骨（14塊）。

用以支撐體重並使步行維持穩定的骨頭

髖關節以下構成下肢（大腿、小腿與足部）的骨頭，統稱為**下肢骨**，由於必須支撐上半身並行走，故由又粗又堅實的骨頭所組成。關節也較重視穩定性，不會展現出如上肢般複雜的運動能力。

一般認為**股骨**是人體中最長且最粗的骨頭。與骨盆相接的**髖關節**雖為球窩關節，連結卻十分緊密且不易脫落，特稱為**臼狀關節**。股骨透過**膝關節**與**脛骨**相連。膝關節是由這2塊骨頭的關節及股骨與**髕骨**（種子骨之一）所組成的複合關節，並由軟骨性質的**關節半月板（半月板）**所支撐（肩負關節之適應與緩衝的作用）。脛骨必須支撐體重，**腓骨**則從側面加以輔助。

足部是由大小不一的骨頭所組成，可大致分為**跗骨**、**蹠骨**與**趾骨**。跗骨是由透過**足關節（脛距關節）**與脛骨相連的**距骨**、**跟骨**、**足舟骨**、**骰骨**、**內側楔骨**、**中間楔骨**與**外側楔骨**一共7塊骨頭所構成，透過**跗間關節**相連而得以進行足部的內翻與外翻。蹠骨有5塊腳背骨頭，腳趾則有14塊趾骨。

筆記

跗骨的關節
跗間關節是讓構成跗骨的7塊骨頭相連的關節之統稱。包含距下關節與距跟舟關節等。每個關節的可動範圍雖小，但整體卻可應對扭轉等動作，還可進行足部的內翻與外翻之類的運動。

腳趾骨共14塊
腳趾也是由3種不同的骨頭所構成，分別為近節趾骨、中節趾骨與遠節趾骨。足部的大拇趾也沒有中節趾骨，所以一共為14塊骨頭。

Athletics Column

一旦傷及半月板就難以治癒

膝關節也是很容易受傷的關節。下肢在跑步時所承受的衝擊力意外地大，據說是體重的3～5倍。受到馬拉松熱潮的影響，近來有愈來愈多人表示膝關節有異常。尤其是可以緩解膝蓋衝擊的半月板，血管少所以再生能力低，一旦受到損傷就不容易治癒。為了保護膝蓋，事先做好預防措施至關重要，例如不過度運動、務必進行拉伸動作，並且選擇緩衝性能較佳的鞋子等。

下肢骨頭的構造

正面

髖關節
連結股骨與骨盆。為球窩關節之一，但是連結較為緊密，故特稱為臼狀關節。不易脫落，但可動範圍也不大。

股骨
又粗又長的大腿骨頭。

髕骨
為獨立的骨頭（種子骨）之一。將股四頭肌的收縮力傳遞至脛骨，有助於膝蓋有效率地彎曲或伸展。

跗骨
跗骨（腳踝）的骨頭，總共由7塊骨頭（距骨、跟骨、足舟骨、骰骨、內側楔骨、中間楔骨與外側楔骨）所構成。

蹠骨
足背（腳背）的骨頭，共有5根骨頭，連結至跗骨（骰骨與內、中、外3塊楔骨），另一側則與趾骨相連。

趾骨

背面

膝關節
由股骨與脛骨的關節及股骨與髕骨的關節所組成的複合關節。有片軟骨性質的關節半月板（半月板）。

脛骨
負責支撐膝蓋以下（小腿）的骨頭。

腓骨
從側面輔助脛骨的骨頭。

脛距關節

距骨

跟骨

髕骨以外的正面圖

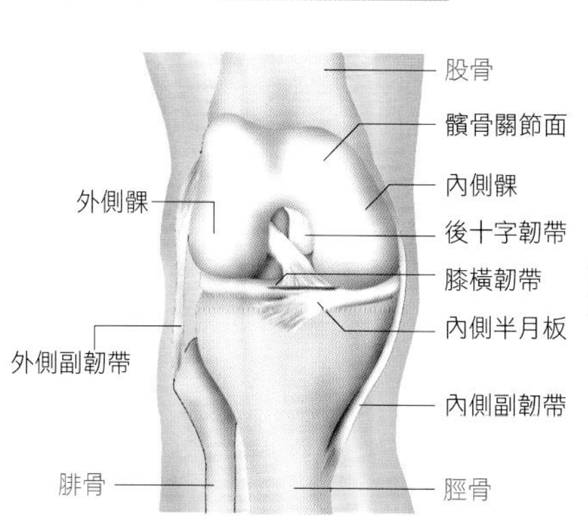

足部骨頭

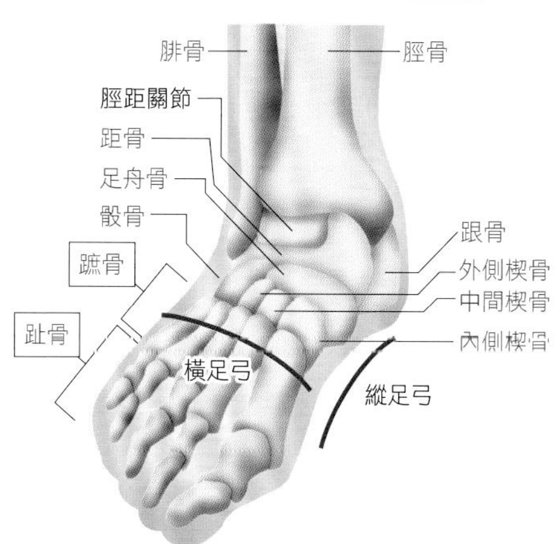

胸部的骨頭

- 保護肺臟與心臟的籠狀骨骼即稱為胸廓。
- 胸廓是由12根胸椎、左右12根成對的肋骨與胸骨所構成。
- 肋骨隔著肋軟骨與胸骨相接，具有柔軟度。

守護肺臟與心臟的籃狀骨頭

位於胸部的籠狀骨骼稱為胸廓，從外側環繞肺臟與心臟來加以保護。由胸椎（12根）、與之相接的肋骨及胸骨所構成，上端開口部位與下端開口部位分別稱為胸廓上口與胸廓下口。

肋骨是左右各12根成對（合計24根）。從胸椎開始延伸，呈半圓狀，在前方與胸骨相接，中間隔著肋軟骨而非直接相連，因此胸廓具有柔軟度，與呼吸運動息息相關。

此外，第1～7肋骨（這組骨頭又稱為真肋）分別透過「專用」的肋軟骨相連，而第8～10肋骨的肋軟骨則在中途會合並連接至第7肋軟骨。第11、12肋骨並未與胸骨相連（因此又稱為浮肋）。第8～12肋骨又稱為假肋。

胸骨是位於胸部中央的縱長形扁平骨，由胸骨柄、胸骨體與劍突3個部位所組成。胸骨柄與胸骨體的交接處特稱為胸骨角（路易士角，Louis Angle），與第2肋軟骨相連。此外，經過此處的水平面（胸骨角平面）與氣管分支為支氣管處的高度一致。

考試重點名詞

胸骨角
胸骨柄與胸骨體的交接處，又稱為路易士角。其位置與氣管分支為支氣管處的高度一致。此外，這個高度再往上有一個∩字型的主動脈部位，稱為主動脈弓。

關鍵字

胸廓
由胸椎、肋骨與胸骨所組成的籠狀骨骼。在保護肺臟與心臟的同時，也會參與呼吸運動。

肋骨
從胸椎開始延伸，呈半圓狀的骨頭。左右各12根成對，共24根骨頭。隔著肋軟骨連結至胸骨（第11、12肋骨並未與胸骨相連）。

胸骨
位於胸部前方的縱長形扁平骨。由胸骨柄、胸骨體與劍突所組成。隔著肋軟骨連結至肋骨。

Athletics Column

肋骨容易折斷

眾所周知，肋骨是很容易折斷的骨頭。骨頭較細，因此禁不起來自外部的衝擊，有時光是高爾夫的揮桿動作或劇烈的咳嗽就會折斷（大多是因為對同一個地方反覆施加負荷而造成疲勞性骨折，或是骨質疏鬆症所致）。肋骨折斷亦可吸收衝擊力，降低對內臟的影響，但有時折斷的骨頭會刺進肺臟，所以不可等閒視之。即便胸部的疼痛輕微，如果持續數日，仍應至整形外科就診為宜。

胸部骨頭的構造

胸部骨頭呈籠狀，保護著心臟與肺臟等重要的臟器。

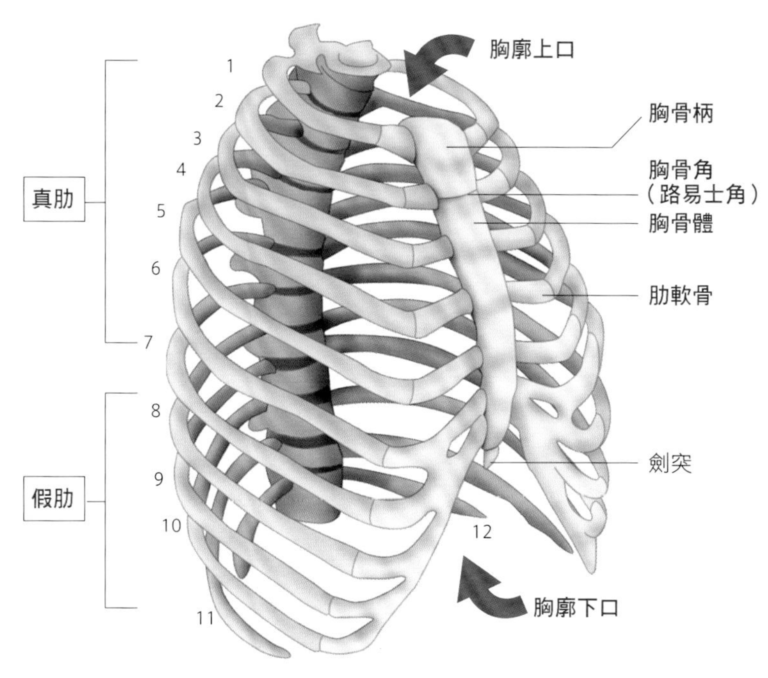

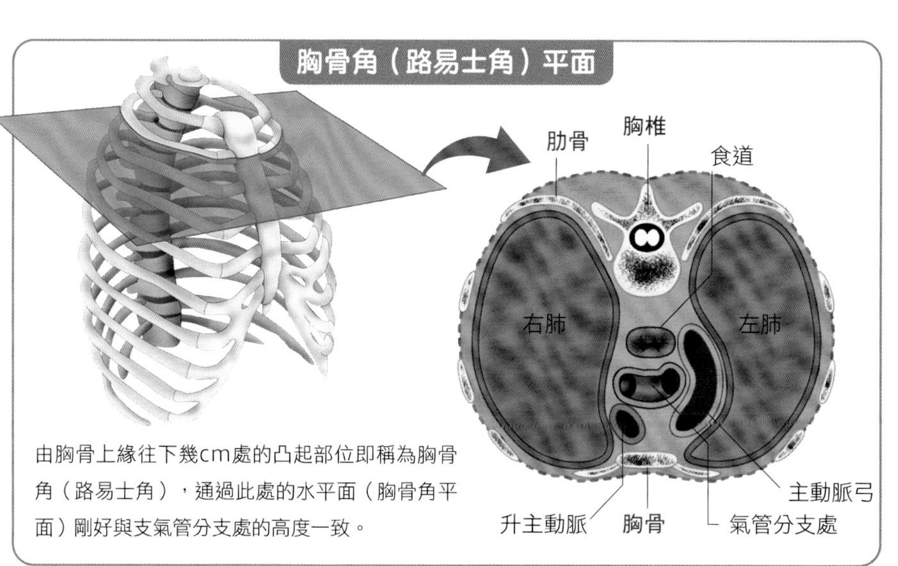

由胸骨上緣往下幾cm處的凸起部位即稱為胸骨角（路易士角），通過此處的水平面（胸骨角平面）剛好與支氣管分支處的高度一致。

骨盆

重點

- 骨盆是由髖骨、骶骨與尾骨所形成的杯形骨。
- 骨盆的主要作用是支撐上半身並保護骨盆內臟。
- 男女的骨盆型態有明顯的差異，骨盆腔的大小等尤為顯著。

由 3 塊骨頭所構成的「骨杯」

骨盆是位於下腹部（腰部）的骨頭，形狀被比喻為「無底杯」，由左右各1塊成對的**髖骨**、後方的**骶骨**與**尾骨**所構成。髖骨是幼少時期的3塊骨頭（**髂骨**、**恥骨**與**坐骨**）在長大後融合而成，左右於前方結合為**恥骨聯合**，在後方則透過**骶髂關節**與骶骨連結。此外，透過**髖關節**與股骨相連，形成**下肢體**。骶骨與尾骨亦為脊柱的一部分，也是幼少時期的多塊骨頭（薦椎5塊、尾椎3～5塊）融為一體。

連接骶骨前緣正中央的點（**骶岬**）與髖骨前方上緣（**恥骨聯合上緣**）的線所圍繞的平面稱為**骨盆上口**，此處往上為**大骨盆**（相當於杯子的部位），往下則稱為**小骨盆**（相當於杯子底座的部位）。此外，連接尾骨末端、髖骨下端（**坐骨結節**），以及恥骨聯合下方的線所勾勒出的開口即稱為**骨盆下口**。

男女骨盆的型態差異甚大

骨盆的主要作用在於支撐上半身並保護位於下腹部的內臟。小骨盆所圍起的空間（**骨盆腔**）中容納了子宮、卵巢、膀胱與直腸等（這些又稱為**骨盆內臟**）。此外，男女骨盆的型態差異甚大，骨盆腔的大小（男性較窄，女性較寬）、髖骨前面下緣的**恥骨下角**（男性較小，女性較大）等尤為顯著。這些與是否生孩子息息相關。此外，連接骨盆上口、骨盆下口之中心點的曲線（**骨盆軸**）與產道是一致的，在骨盆腔內呈現近90度的彎曲狀。這也是人類分娩比四足動物還要艱辛的原因之一。

考試重點名詞

大骨盆・小骨盆
骨盆上口以上的部位稱為大骨盆，骨盆上口以下的部位則為小骨盆。

骨盆腔
小骨盆圍起的空間，此處容納了骨盆內臟（包括子宮、卵巢、膀胱與直腸等）。

關鍵字

髖骨
構成骨盆的骨頭，左右各1塊成對。幼兒時期的髂骨、坐骨與恥骨隨著成長而融為一體，前方為恥骨聯合，後方則有骶髂關節與骶骨連結。

骶骨・尾骨
共同構成骨盆後方的骨頭。骶骨原為5塊薦椎，長大後融為一體；尾骨亦為3～5塊骨頭融合而成。

骶岬
位於骶骨前緣正中央的點。

骨盆上口
連接骶岬與恥骨上緣的線所圍起的平面。

骨盆下口
連接尾骨末端～坐骨結節～恥骨聯合下方的線所圍起的平面。

骨盆軸
連接骨盆上口和骨盆下口中心點的曲線，與產道一致。

骨盆的構造

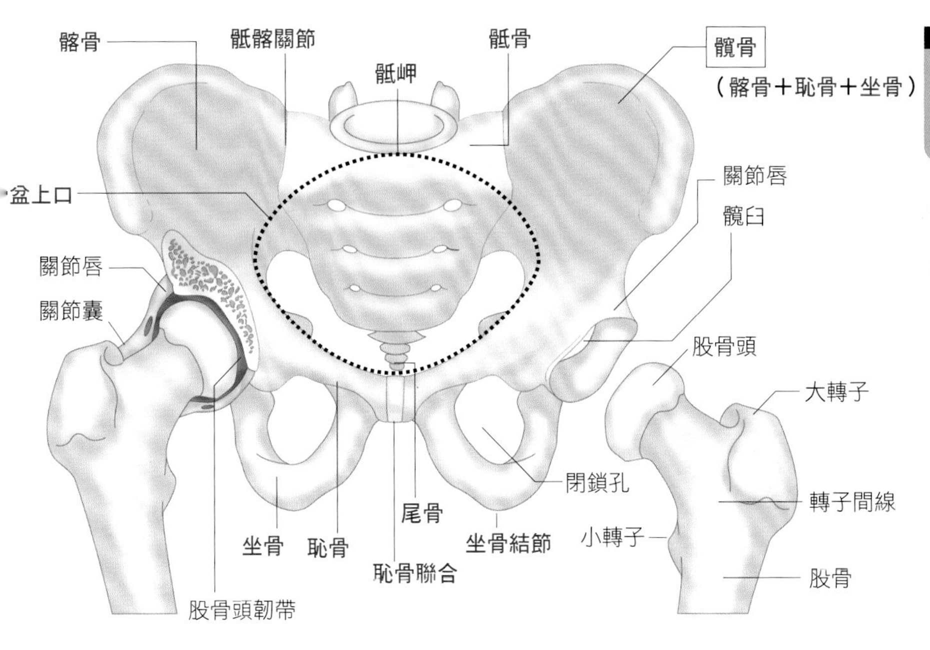

骨盆的性別差異

男性的骨盆

較窄
較高
約60度

男性的骨盆整體呈縱長狀，骨盆腔的寬度較窄。恥骨聯合與左右坐骨所形成的恥骨下角也較小（約60度）。

女性的骨盆

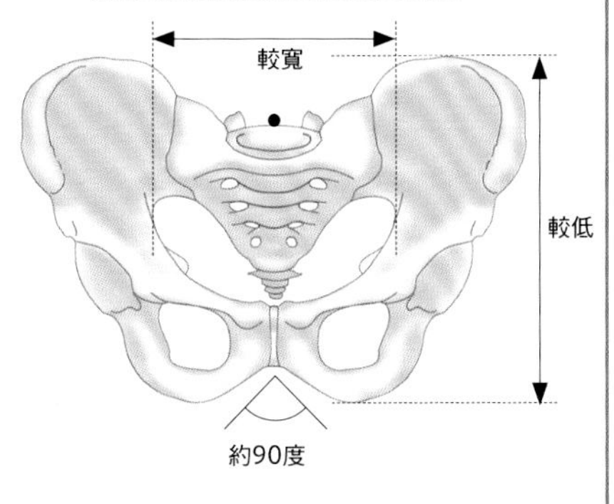

女性的骨盆整體呈橫長狀，骨盆腔的寬度較寬。恥骨下角也比男性大，大約為90度，這是因為裡面收納著子宮。

美術與解剖學的密切關係

文藝復興時期的繪畫與雕刻之所以如此栩栩如生，都要歸功於對人物的精準描繪。在此之前，這些作品都不過是符號的延伸罷了。手臂經過簡化就成了圓柱體，但實際上手臂是有肌肉起伏的。文藝復興的藝術家提倡人文主義，志在描繪人類的「原貌」。

人要畫得逼真，外觀的「形態」自不待言，還必須正確捕捉「比例」與「位置關係」（舉例來說，展開雙臂的長度大約等同於身高，手腕到手肘的長度則幾乎與腳尖到腳跟等長，眼鼻位置在耳朵縱向長度的範圍內）。因此，藝術家轉而關注人類的「構造」是再自然不過的事，換言之，便是把「解剖學的目光」轉向人體。

米開朗基羅與拉斐爾等人曾實際進行人體解剖，試圖從體內來掌握人類為何有著現今的樣貌。其中又以李奧納多．達文西最為傑出。他留下了750多張解剖圖，其精細的描繪與觀察更像是一名解剖學家，而非畫家作業的延伸。

美術大學等處至今仍會教授「美術解剖學」，教學內容幾乎不含功能等生理學方面的觀察，而是以研究人體的形態與構造為主，從這點來看，這方面的教學反而比學習醫學的解剖學更貼近解剖學的原意。

第3章

肌肉系統

肌肉概要①

●肌肉是讓人體產生動作的驅動裝置。
●肌肉在解剖學上又分為骨骼肌、心肌與平滑肌。
●肌肉又可分為由運動神經支配的隨意肌，以及由自律神經支配的非隨意肌。

肌肉是推動人體的「驅動裝置」

人體中需要活動的地方必有肌肉的存在。肌肉可說是人體的「驅動裝置」，四肢運動與內臟活動自不待言，就連皮膚因為寒冷而起雞皮疙瘩時，皮膚中的微小肌肉（豎毛肌）也參與其中。

從組織學來說，形成肌肉的肌肉組織大致分為**橫紋肌**與平滑肌，以功能來看，可區分為**隨意肌**與**非隨意肌**，不過在

橫紋肌
打造骨骼肌與心肌的肌肉，是由一體化且呈纖維狀的肌肉細胞集結而成。可看出肌絲規則並列所形成的橫紋。

全身的肌肉（正面）

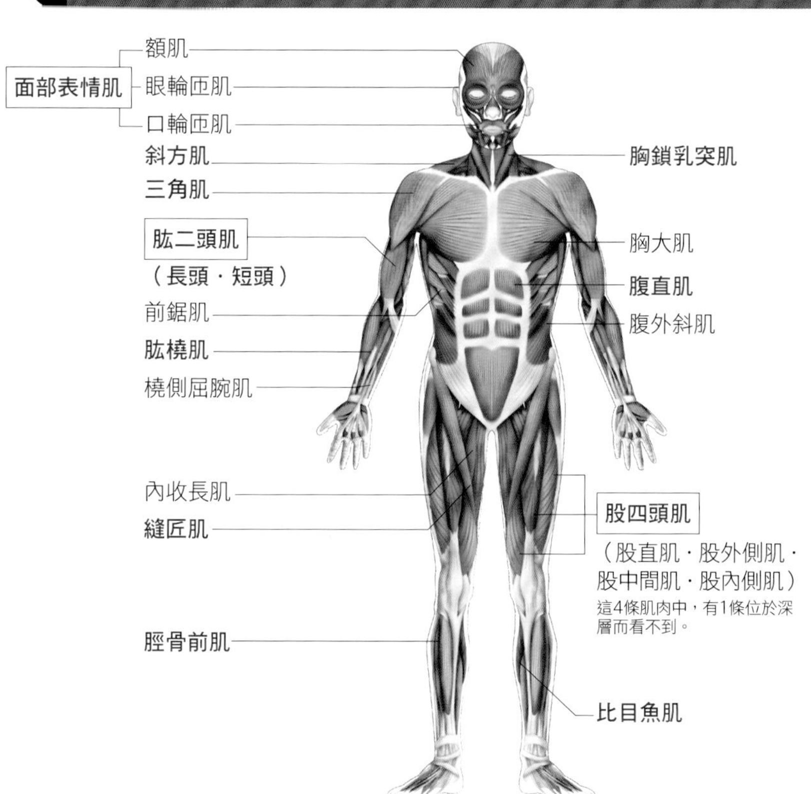

解剖學中則是分為**骨骼肌**、**心肌**與**平滑肌**3大類。骨骼肌是涉及有意識運動的橫紋肌，也是受運動神經控制的隨意肌。臉上的**面部表情肌**與**咀嚼肌**亦屬於骨骼肌，不過就胚胎學來看，其起源於鰓，因此有時會有所區別。心肌雖然為橫紋肌，卻是受自律神經支配的非隨意肌；平滑肌則是非隨意肌，形成內臟與血管壁等。

隨意肌
可以憑意識收縮與伸展的肌肉，由運動神經所支配。

非隨意肌
無法憑意識活動的肌肉，由自律神經所支配。

Athletics Column

肌肉是以什麼作為能量來源？

肌肉是從ATP（三磷酸腺苷）的分解反應中獲取收縮時所需的能量。ATP被肌絲內的酵素分解成ADP（二磷酸腺苷）時會釋放出大量的能量，這些便會被運用於肌肉收縮。ATP是化為生命活動之原動力的物質，以醣類或脂肪等作為原料在體內合成，其合成過程有好幾種，大致區分為「使用氧氣（有氧）」與「未使用氧氣（無氧）」的方式。

全身的肌肉（背面）

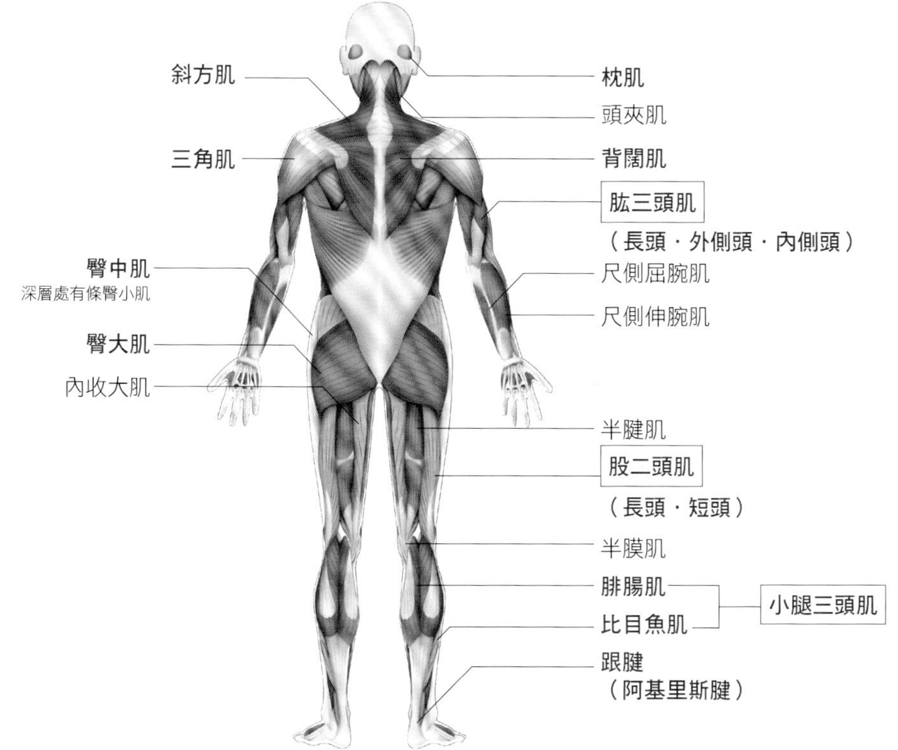

肌肉概要②

- 肌肉組織是透過伸展與收縮來產生運動。
- 肌原纖維是由肌凝蛋白絲與肌動蛋白絲所組成。
- 肌肉收縮是肌原纖維中的肌絲滑動運動所引起的。

消化也是仰賴肌肉的收縮運動

肌肉組織是透過收縮與伸展來促進運動。骨骼肌是附著於2根隔著關節彼此相對的骨頭上，透過收縮與伸展讓2個附著點互相靠近或遠離，藉此產生「彎曲與伸展」的運動。

就連非隨意肌的消化道肌肉也是透過反覆收縮與伸展來讓內壁產生蠕動運動，以便消化食物。

肌絲的滑動為肌肉收縮的原動力

造成肌肉收縮與伸展的原因在於肌肉細胞中構成肌原纖維的2種肌絲（粗的肌凝蛋白絲與細的肌動蛋白絲）。

一般認為這些微絲如派皮般互相疊合，並透過互相滑動來引起收縮與伸展（滑動理論）。

肌肉細胞（肌肉纖維）
成束的肌原纖維，由無數細胞融合所形成的纖維狀細胞（合胞體），含有大量的肌原纖維。

肌原纖維
肌肉組織的最小單位。由2種肌絲（肌凝蛋白絲與肌動蛋白絲）所組成。

滑動理論
說明肌肉收縮機制的理論。肌肉是透過互相疊合的2種肌絲滑動來進行收縮，但是此理論仍不足以說明平滑肌的收縮。

Athletics Column

肌肉拉傷與阿基里斯腱斷裂

肌肉系統在運動時容易發生的典型傷害，應該就是所謂的「肌肉拉傷」。這是對筋膜或肌肉纖維施加巨大力量而造成部分斷裂，在肌肉收縮後又試圖瞬間伸展時，便會發生這樣的狀況。

同樣的，阿基里斯腱在突然承受重大的負荷時也很容易受傷，一旦斷裂，腳就會無法動彈，所以對選手來說是致命傷。當然，在運動前確實做好拉伸動作便可預防這2種狀況。

肌肉的構造

肌原纖維是構成肌肉組織的最小單位，由2種肌絲互相疊合而成，一般認為是藉由其相互滑動來引起肌肉的收縮與伸展。

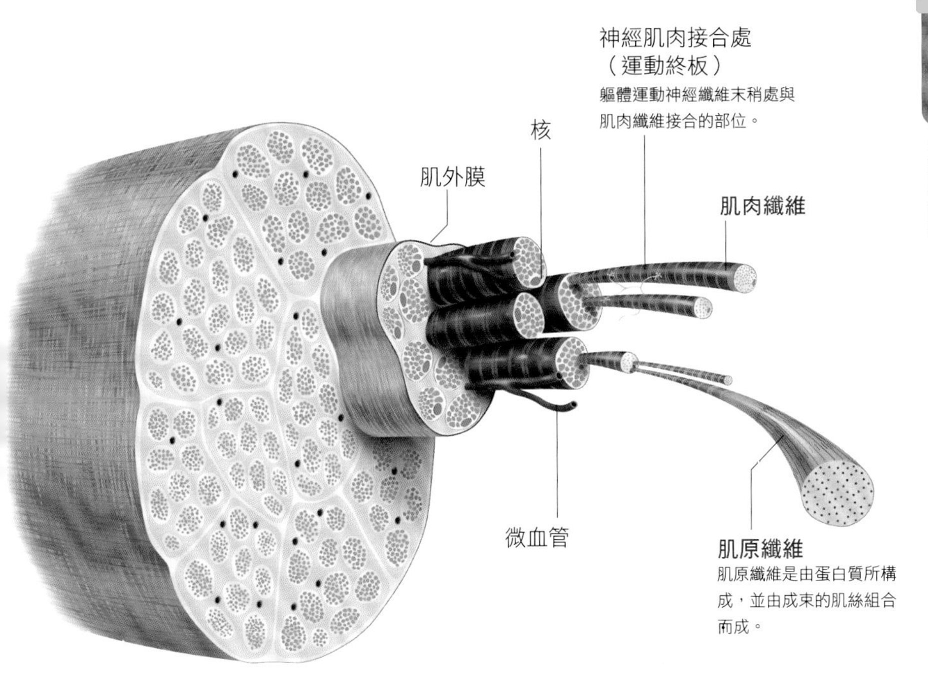

肌肉收縮的機制

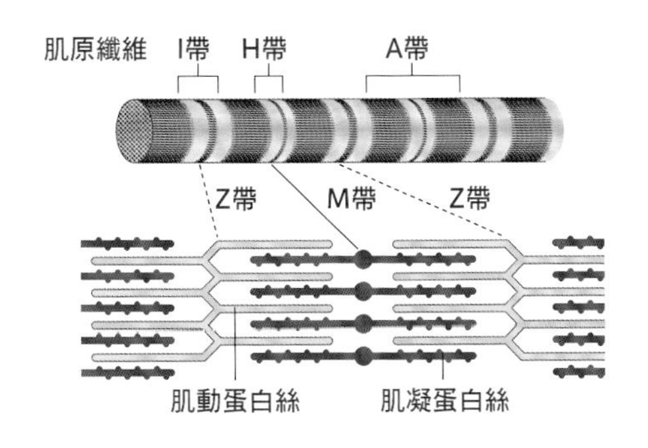

構成肌原纖維的肌動蛋白絲與肌凝蛋白絲是交織於彼此的隙縫間配置成列，透過這樣的疊合形成了肌節。兩者在彼此的縫隙間滑動，藉此引起肌原纖維收縮（滑動理論）。

肌肉系統

骨骼肌與關節的動作

重點

- 骨骼肌基本上附著於關節上，透過收縮來產生運動。
- 一條骨骼肌中，動作較小的那側為起始點，動作較大的那側則為終止點。
- 進行彎曲運動時，角度較小的那側為屈肌，另一側則稱為伸肌。

關節是藉著骨骼肌的伸縮來進行伸屈動作

骨骼肌是參與身體運動的肌肉，因此在全身中占了很大的比例，據說約為體重的4成之多。其基本構造是分別以肌腱附著在隔著關節彼此相對的骨頭上，透過伸縮與伸展來產生運動。此時，肌肉會出現動作相對較小與較大的兩側，動作較小那側的附著部位稱為**起始點**，動作較大那側的附著部位則為**終止點**。此外，骨骼肌的起始側為**肌頭**，終止側為**肌尾**，介於其中的則稱為**肌腹**。基本上每條肌肉都各有一個這樣的部位，不過當中也有一些肌肉具備多個肌頭（**二頭肌**、**三頭肌**、**四頭肌**），或是由多個肌頭中間隔著**中間腱**並排而成（**二腹肌**、**多腹肌**）。

通常一個關節上會有多條骨骼肌附著。要從伸展狀態引發彎曲運動時，角度變小那側的肌肉會收縮，另一側的肌肉則會伸展。前者稱為**屈肌**，後者則為**伸肌**（恢復原狀時，屈肌會伸展，而伸肌會收縮）。此外，有些情況下必須多條肌肉發揮相同作用才能完成一項動作，這種便稱為**協同肌**（反之，發揮相反作用的肌肉則稱為**拮抗肌**）。

考試重點名詞

起始點與終止點
以一條肌肉來說，動作幅度相對較大那側的附著部位稱為終止點，動作幅度較小的那側則為起始點。以肘關節來說，上臂側為起始點，前臂側則為終止點。

關鍵字

肌腱
連結肌肉與骨骼的緻密結締組織。富含膠原纖維，具備強勁的韌性，每1㎠的截面積能夠承受高達500kg的張力。彈性也極佳。

肌頭・肌尾・肌腹
骨骼肌中的起始側為肌頭，終止側為肌尾，介於中間的則稱為肌腹。

三頭肌
有3個肌頭的肌肉，肱三頭肌是最具代表性的例子。

四頭肌
有4個肌頭的肌肉，股四頭肌是最具代表性的例子。

COLUMN

肌肉的各種輔助裝置

肌肉外有一層名為筋膜的結締組織膜包覆，既可保護肌肉，亦為血管與神經的通道。四肢肌肉的肌腱皆被一種內含滑液、名為腱鞘的結締組織囊袋保護於其中。可見於三角肌等處的滑液囊也是內含滑液的囊袋，用以減少肌肉所接觸的骨頭與皮膚之間的摩擦。除此之外，還有改變肌腱走向的滑車（由骨頭與軟骨所組成），以及在肌腱中產生、用以減輕壓力的種子骨（例如髕骨）。

骨頭與肌肉的連結

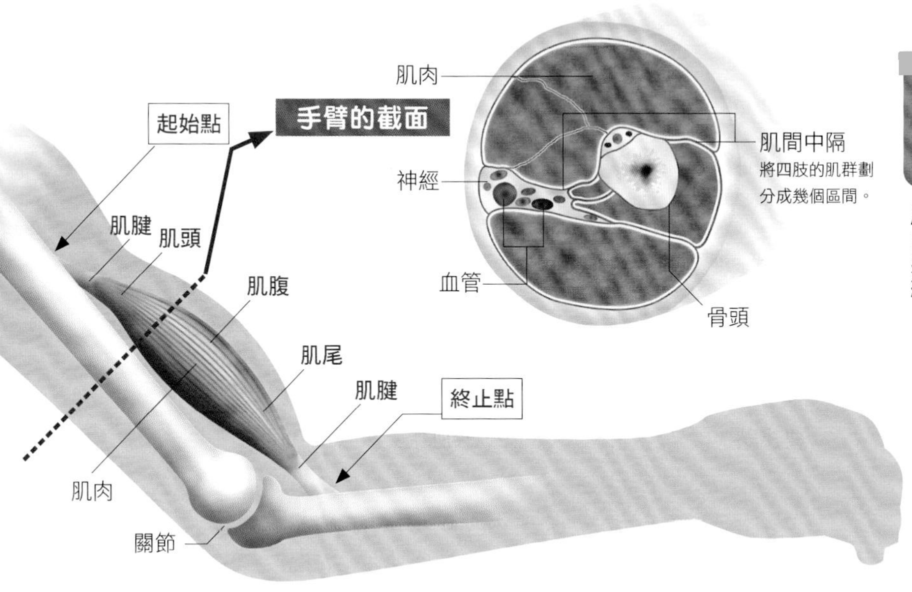

精選重點

協同肌與拮抗肌

進行一項運動時，發揮相同作用的肌肉即稱為協同肌，例如肘關節中的肱肌與肱二頭肌的關係即為協同肌。此外，進行一項運動時，發揮相反作用的肌肉則稱為拮抗肌，若從肱肌與肱二頭肌的角度來看，與肱三頭肌的關係即為拮抗肌。

擁有多個肌頭或肌腹的肌肉

二頭肌

有2個肌頭的肌肉，肱二頭肌是最具代表性的例子。

二腹肌

2個肌腹隔著中間腱相連的肌肉，下頜二腹肌是最具代表性的例子。

多腹肌

有多個肌腹相連的肌肉，腹直肌是最具代表性的例子。

肌肉系統

上肢的肌肉與運動

重點

- ●上肢的肌肉會負責肘關節的屈伸或往內、外側扭轉等動作。
- ●肱二頭肌、肱肌與肱三頭肌會作用於肘關節的屈伸。
- ●大部分的前臂肌肉皆涉及手腕與手指的動作。

負責手臂彎曲伸展與扭轉的肌肉群

上肢的動作多樣，因此肌肉的種類眾多，若含括肩膀與手部在內則超過30種。在此將針對上臂與前臂來進行討論，不過綜合性地掌握肩膀與手部也很重要。

參與肘關節屈伸的肌肉是最重要的肌肉，位於上臂淺層的肱二頭肌與位於深層的肱肌即屬此類。兩者皆是於屈曲時收縮的屈肌，伸展時位於上臂背側的伸肌肱三頭肌則會收

關鍵字

肱二頭肌與肱肌
肱二頭肌位於淺層，肱肌則位於深層。兩者皆為直接參與肘關節屈伸的屈肌。

肱三頭肌
位於上臂背側淺層的伸肌。於肘關節屈曲時鬆弛，伸展時則收縮。

上肢的屈肌

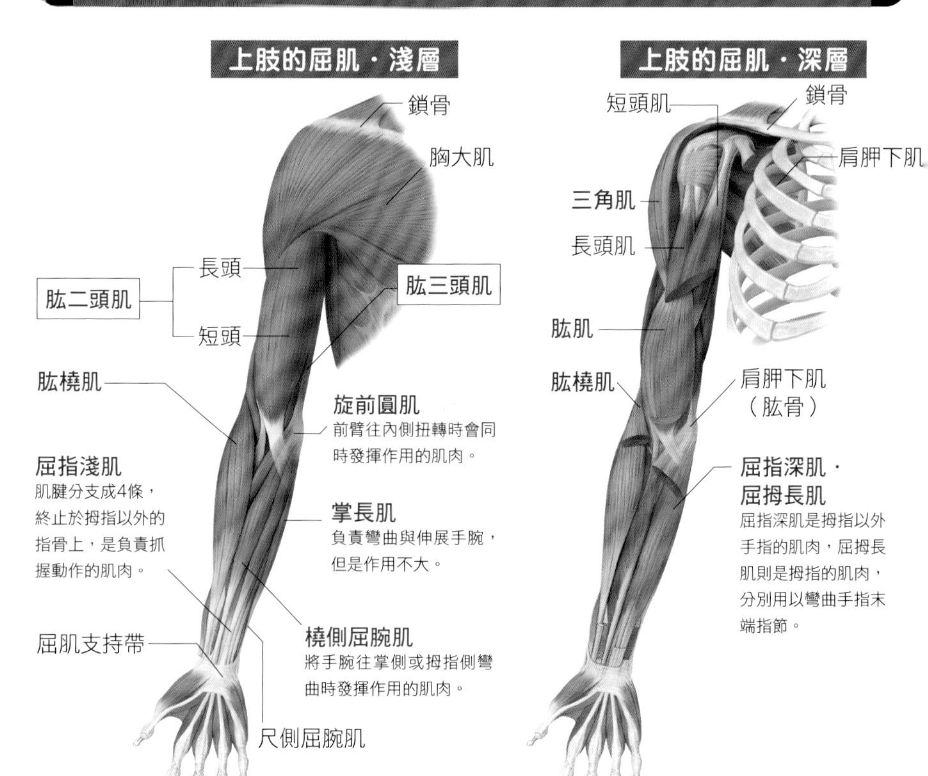

縮。肱二頭肌與肱三頭肌除了和三角肌一起參與肩關節的屈曲外，還會作用於前臂的旋後（往外側扭轉的動作）。肱橈肌是獨具特色的肌肉，將前臂往內側半扭轉並彎曲時便會發揮作用。

大部分的前臂肌肉皆涉及手腕與手指的運動。最主要的肌肉有：手掌（掌心）側淺層的掌長肌、橈側屈腕肌、屈指淺肌；掌側深層的屈指深肌與屈拇長肌；手背側淺層的尺側伸腕肌、橈側伸腕長肌、橈側伸腕短肌、伸指總肌與伸小指肌；手背側深層的伸食指肌、伸拇長肌、伸拇短肌與外展拇長肌等。旋前圓肌與旋前方肌則是作用於前臂的旋前（往內側扭轉的動作）。

關鍵字

三角肌
位於包覆肩關節的位置，與肱三頭肌、肱肌一起作用於肩關節的屈伸，是投擲運動中格外重視鍛鍊的肌肉。

筆記

肱橈肌
作用於旋前並彎曲前臂的動作。因剛好與舉起啤酒杯的動作吻合，所以英文稱之為 beer raising muscle（舉啤酒肌）。

上肢的伸肌

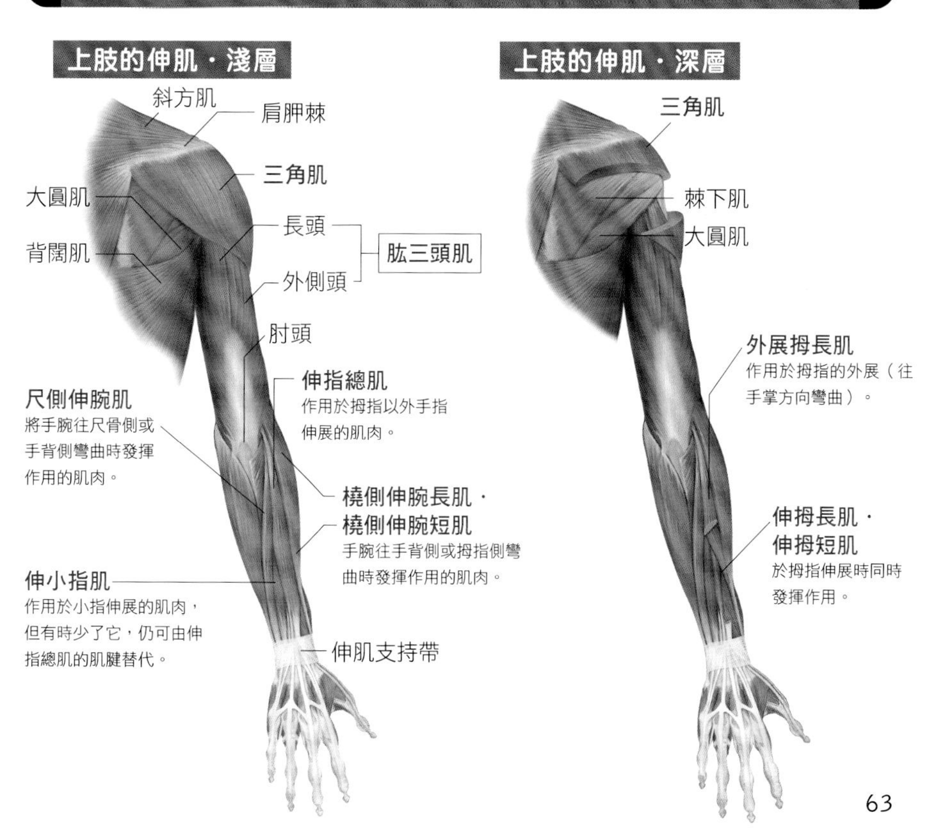

下肢的肌肉與運動

重點

- 下肢的肌肉是作用於髖關節、膝關節的運動，以及足部的動作。
- 除了大腿的肌肉外，臀部的肌肉也有參與步行與直立。
- 小腿的肌肉會參與足部的動作。

屁股的肌肉也會作用於「走路」與「站立」

下肢的肌肉基本上前面是伸肌，後面是屈肌。這裡將針對骨盆帶、大腿與小腿來進行解說，但必須留意的是，這些部位與足部是連動的。

骨盆帶的肌肉會參與髖關節的運動。**髂腰肌**作用於屈曲，**臀大肌**作用於伸展，**臀中肌**與**臀小肌**則是負責在走路時以著地的腳來支撐體重。臀大肌也會作用於髖關節的外旋

關鍵字

髂腰肌
由起始於髂骨的髂肌與起始於腰椎的腰大肌所組成（皆終止於股骨），作用於髖關節的屈曲。

膕旁肌
為股二頭肌、半腱肌與半膜肌的統稱。

下肢的伸肌

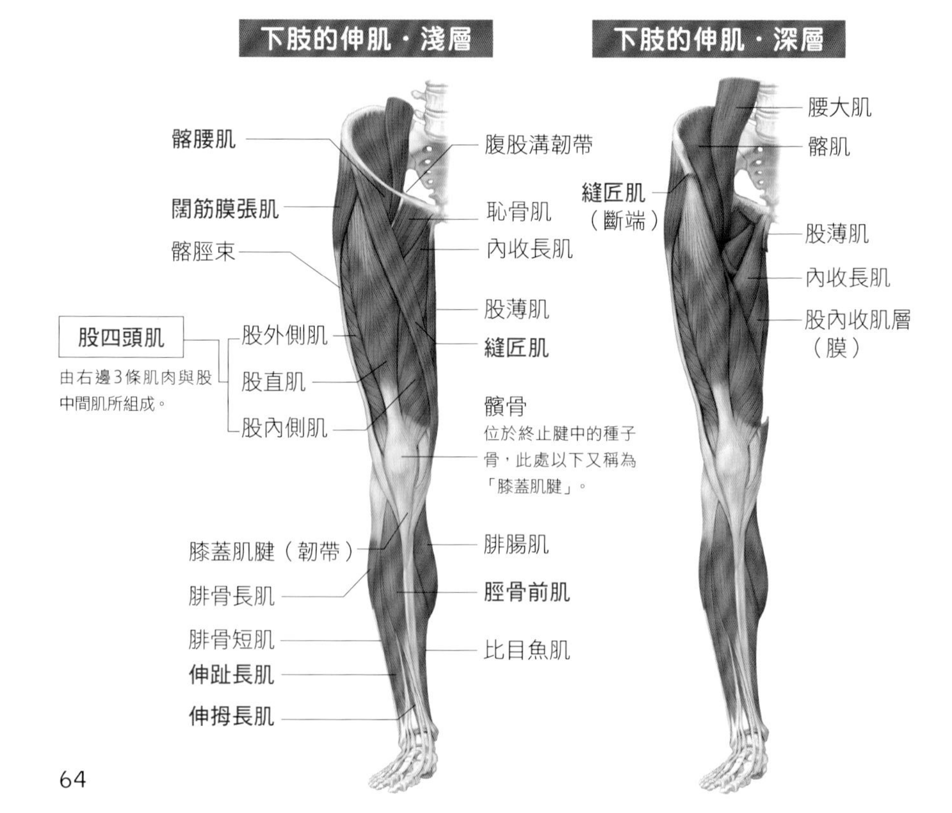

（往外側扭轉），臀中肌與臀小肌則會作用於髖關節的外展（將髖部往外側打開的運動）。此外，**闊筋膜張肌**會在站立時發揮作用來固定伸展的膝蓋。

大腿的肌肉是用以屈曲膝關節的肌肉。**股四頭肌**與**縫匠肌**為伸肌，**膕旁肌**則為屈肌。**股直肌**為**股四頭肌**的一部分，也會作用於髖關節的屈曲。

小腿的肌肉會參與足部的運動。日文裡所謂的「弁慶流淚處」即指脛骨，並排於其外側的**脛骨前肌**、**伸拇長肌**與**伸趾長肌**會作用於足部的背屈（往腳背側屈曲），而分布於其後側的**小腿三頭肌**、**屈拇長肌**與**脛骨後肌**則是作用於足部的底屈（往腳底側屈曲）。

此外，**跟腱**是小腿三頭肌止於跟骨的終止點，亦以**阿基里斯腱**為人所知。

參與足部動作的其他相關肌肉

腓骨長肌、腓骨短肌與第三腓骨肌會作用於足外翻（將腳掌朝外），脛骨前肌、脛骨後肌、屈拇長肌與屈趾長肌則是作用於足內翻（將腳掌朝內）。

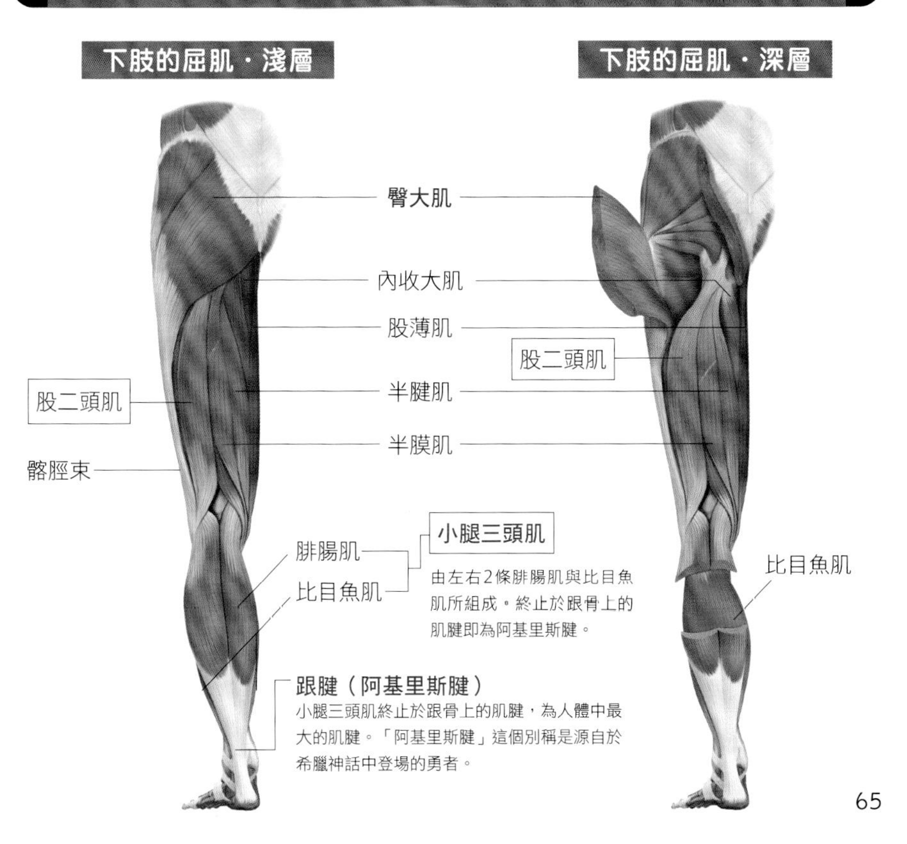

肌肉系統

肩膀的肌肉與運動

重點

- 肩膀的肌肉會作用於手臂的運動與整體肩膀的移動。
- 三角肌、肩胛下肌與喙肱肌等會參與肩關節的屈伸。
- 斜方肌、提肩胛肌與菱形肌會作用於整體肩膀的舉起、放下。

作用於手臂的旋轉或肩膀的舉起、放下

肩關節的可動範圍很大，所以有許多條肌肉參與其中。不光是直接涉及屈伸的肌肉，周邊的肌肉還會讓肩關節錯開，使其有更大的可動範圍。

作用於屈伸的肌肉包括三角肌、肩胛下肌、喙肱肌、棘上肌與棘下肌。三角肌位於包覆肩關節的位置，分為前部、外側部與後部，分別作用於手臂的屈曲、外展與伸展。此外，肩胛下肌作用於內旋，喙肱肌作用於內收與屈曲，棘上肌與棘下肌則分別作用於外展與外旋。除此之外，**肱二頭肌**還會參與屈曲，**胸大肌**會參與**擁抱動作**（內旋・內收・屈曲），**背闊肌**則在背部參與旋轉手臂的運動（伸展・內旋・內收）。

肩關節的位置會隨著連接的肩胛骨移動而錯開，從而擴大可動範圍。涉及肩胛骨動作的有**斜方肌**、**前鋸肌**、**提肩胛肌**、**胸小肌**與大小**菱形肌**。這些肌肉可移動肩胛骨，同時還會發揮固定的作用（手臂運動時，肩胛骨必須固定於胸廓，以確保肩關節的位置不動）。斜方肌、提肩胛肌與菱形肌還會作用於肩胛骨的上提，也就是所謂的「舉肩」。

關鍵字

斜方肌
從頸部到雙肩與背部的大塊肌肉。肩胛骨上提時，斜方肌會從上方、中央與下方3個方向來拉動肩胛骨。

擁抱動作
一種同時內旋、內收與屈曲上臂的運動，相當於摟抱的動作。

前鋸肌
連接第1～9肋骨與肩胛骨的肌肉。會將肩胛骨固定於胸廓，或是讓肩關節往上方外側錯開時發揮作用。

筆記

參與肩膀動作的其他相關肌肉
腋下有大圓肌與小圓肌，分別作用於上臂的外旋、內收與內旋。作用於鎖骨關節的鎖骨下肌也會支援肩關節的運動。

COLUMN

肩關節運動的稱呼

肩關節的運動（上臂運動）可分為6大類，分別為屈曲（往前方舉起）、伸展（往後方拉動）、內收（讓舉起的手臂靠近身體）、外展（讓手臂遠離身體並往橫向舉起）、內旋（往內扭轉）與外旋（往外扭轉）。屈曲、伸展與外展又合稱為上舉。除了這些之外，有時還會加上水平屈曲（又稱為水平內收。維持水平上舉，往前方移動），或水平伸展（又稱為水平外展。水平舉起後往後方伸展）。

肩膀的肌肉

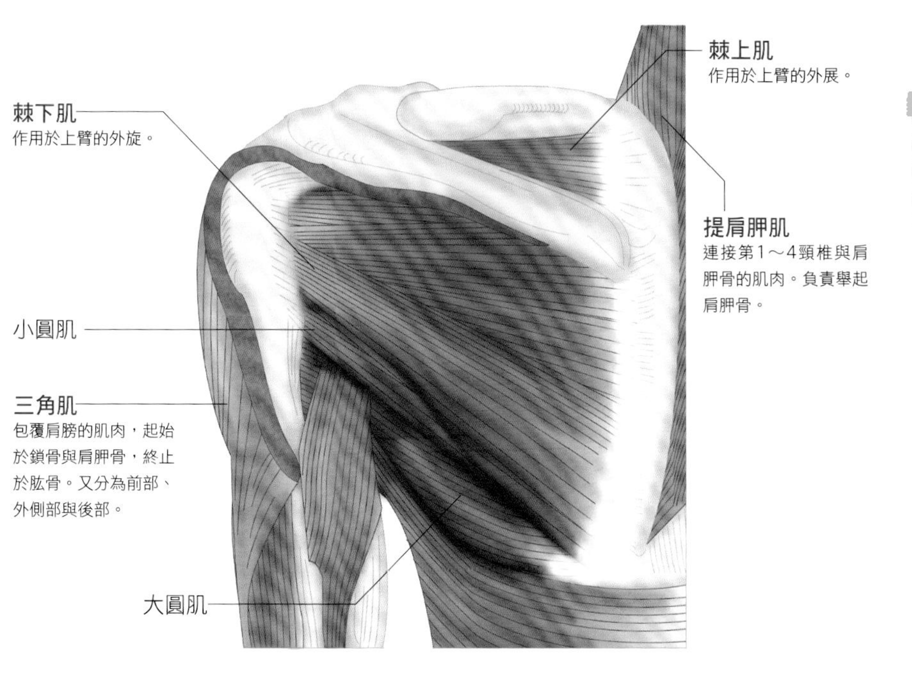

喙肱肌與手臂的內收・內旋

肩胛下肌起始於肩胛骨、附著於肱骨，作用於內旋，而喙肱肌則是作用於上臂的內收與屈曲。

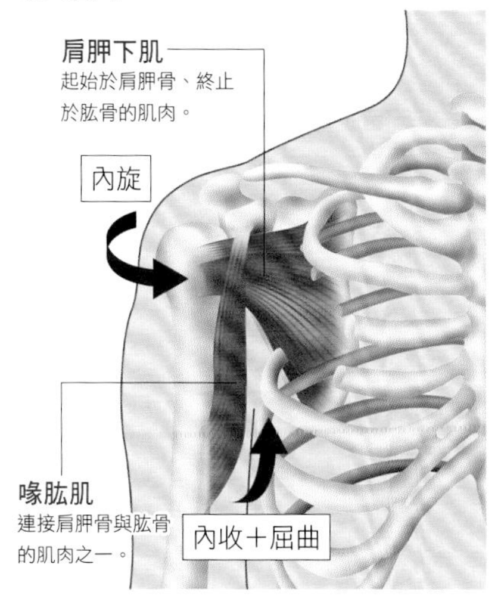

三角肌與手臂的運動（從後方看的圖）

三角肌會透過往前、後、外側收縮來進行屈曲、外展與伸展。

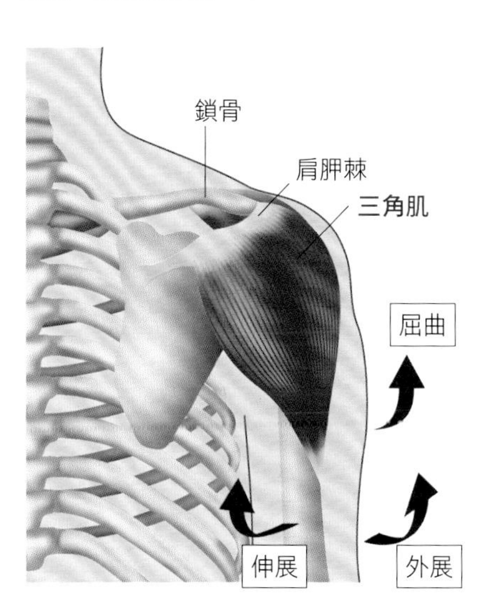

肌肉系統

頸部的肌肉與運動

重點
- ●頸部肌肉的任務是輔助脖子的運動、咀嚼、吞嚥與呼吸運動。
- ●胸鎖乳突肌、椎前肌、斜角肌等會作用於脖子的運動。
- ●參與咀嚼與吞嚥的肌肉大致分為舌骨上肌與舌骨下肌。

不限於脖子的動作，連進食時也會發揮作用

頸部肌肉肩負著「活動脖子」、「作用於咀嚼與吞嚥」與「輔助呼吸運動」之類的任務。

「活動脖子的肌肉」包含了胸鎖乳突肌、椎前肌、斜角肌、夾肌、半棘肌與枕下肌。負責脖子運動的肌肉之中，最具代表性的便是胸鎖乳突肌，涉及拉動下頜、傾斜脖子之類的動作。由4條肌肉組成的椎前肌與由3條肌肉構成的斜角肌，則是作用於脖子的前屈與旋轉。夾肌與半棘肌負責固定以免脖子往前傾，同時也會作用於後屈。枕下肌則作用於脖子的後屈與旋轉。斜方肌也涉及後屈動作。

活動下頜或舌頭的肌肉與活動喉頭的肌肉皆與咀嚼、吞嚥有關，以下頜下方的舌骨為界，大致區分為舌骨上肌與舌骨下肌。舌骨上肌有4種類型，功能為咀嚼，或是拉抬舌頭與口腔底部以將咀嚼物送往咽頭。舌骨下肌（4種）除了可拉抬喉頭來幫助吞嚥外，還能防止東西誤吞而進入呼吸道，或是涉及發聲。

活動脖子的3條斜角肌也有拉抬胸廓的功用，藉此輔助呼吸活動。

椎前肌
位於頸椎前面，為頸長肌、頭長肌、頭前直肌與頭外直肌之統稱。

夾肌・半棘肌
肩負防止頭部前傾的任務。

枕下肌
位於「脖頸」處，為頭後大直肌、頭後小直肌、頭上斜肌與頭下斜肌之統稱。

舌骨上肌
連接下頜骨與舌骨，包括下頜二腹肌、莖突舌骨肌、下頜舌骨肌與頦舌骨肌4種類型，作用於咀嚼與吞嚥。

舌骨下肌
位於舌骨下方，藉著活動舌骨或是喉頭來參與吞嚥或發聲，分為胸骨甲狀肌、甲狀舌骨肌、胸骨舌骨肌與肩胛舌骨肌4種類型。

COLUMN

脖子肌肉的三角區

只要左右扭轉脖子，喉嚨到耳後之間會出現一條大肌肉，即胸鎖乳突肌。此肌肉與下頜骨邊緣、喉部正中線分別圍起的三角形區域則稱為「頸前三角」。胸鎖乳突肌、下頜二腹肌的後腹與肩胛舌骨肌所勾勒出的三角形為其一部分，稱為「頸動脈三角」。此處相當於總頸動脈分支成內頸動脈與外頸動脈的位置，觸摸時會感受到強勁的跳動。因此會用來測量脈搏。

頸部的肌肉

頸部的肌肉可以活動或是固定頸部，包括作用於咀嚼或是吞嚥的肌肉，以及輔助呼吸運動的肌肉。

舌骨上肌・舌骨下肌

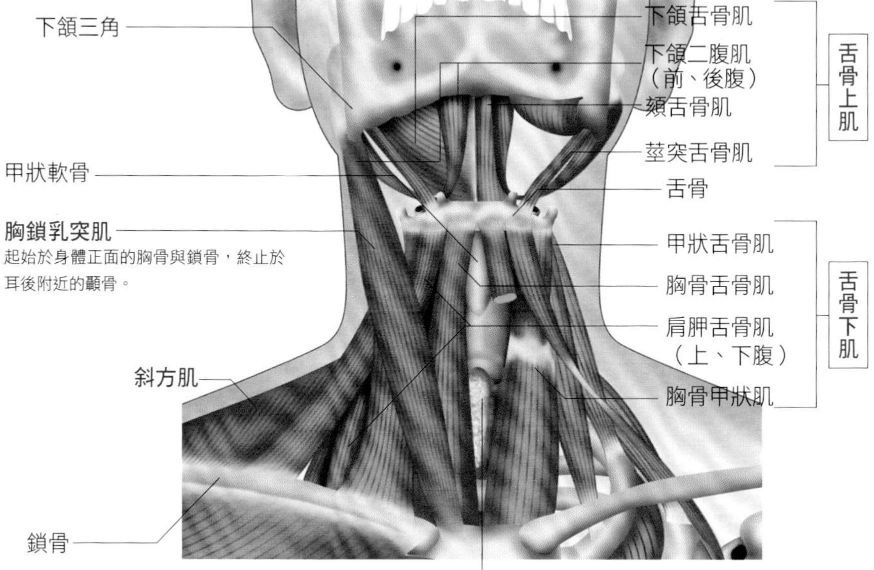

椎前肌・斜角肌

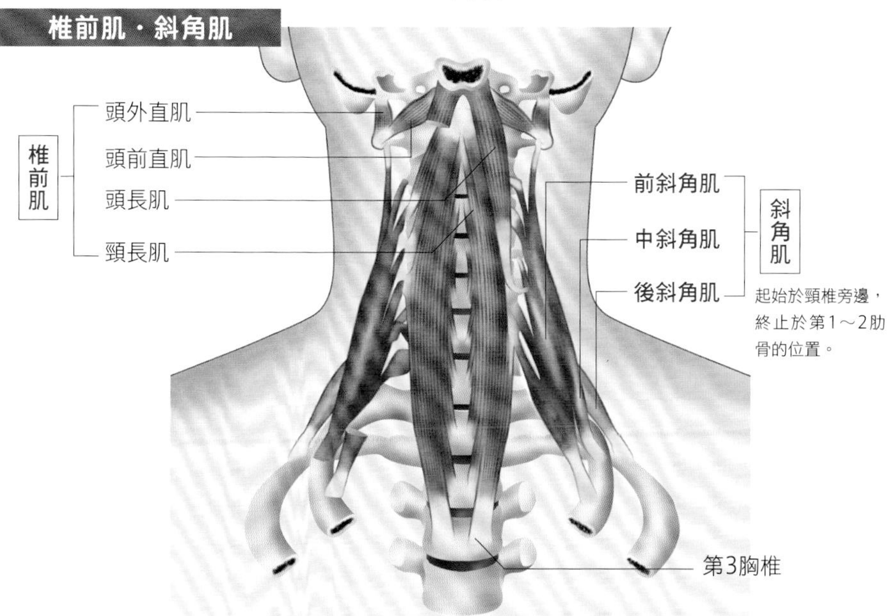

肌肉系統

背部的肌肉與運動

重點

- 背部的肌肉會輔助上肢運動與呼吸運動，並負責脊柱運動。
- 淺層肌肉涉及上肢運動，中層肌肉則涉及呼吸運動。
- 作用於脊柱運動的深層肌肉特稱為「本體背肌」。

背部較淺處的肌肉會作用於手臂運動

背部的肌肉也很多樣，從功能可區分為3大類，分別為「作用於上肢運動」、「輔助呼吸運動」與「作用於脊柱運動」。這些肌肉各有各的任務，特色在於可以明確劃分為淺層、中層與深層。

涉及上肢運動的肌肉分布在淺層。與肩胛骨或鎖骨相接的是**斜方肌**、**提肩胛肌**、**前鋸肌**與**菱形肌**（參照P.62、P.66），連接肱骨的**背闊肌**也屬此類。

涉及呼吸運動的肌肉位於中層，即附著於肋骨的**上後鋸肌**與**下後鋸肌**，參與胸廓的上下拉動。

「本體背肌」會作用於脊柱的運動與支撐

位於深層的肌肉群會參與脊柱動作，這些肌肉原本肩負著背肌的任務，出於這層含義而統稱為**本體背肌**。本體背肌大致分為**背長肌**與**背短肌**，而背長肌又可進一步細分為**夾肌**（**頭夾肌**與**頸夾肌**）和**豎脊肌**。豎脊肌是負責伸展脊柱關節來撐起整個脊柱，主要是沿著脊柱縱向延伸，因此從體表便可確認。**髂肋肌**、**最長肌**與**棘肌**即屬此類。背短肌的位置比背長肌更內側，由**橫突棘肌**、**棘間肌**、**橫突間肌**與**枕下肌**所組成。橫突棘肌是由**半棘肌**、**多裂肌**與**迴旋肌**所組成，一般認為多裂肌是固定椎骨最重要的肌肉。

大部分的本體背肌都是左右成對，同時發揮作用時便會伸展開來，若僅是單側作用則會造成側屈或旋轉。

考試重點名詞

豎脊肌
此為支撐脊柱直立的肌肉。髂肋肌、最長肌與棘肌皆屬於此類。

關鍵字

背闊肌
起始於胸椎至骶骨及髂骨、終止於肱骨的大條肌肉。參與手轉往背部等運動。

上後鋸肌．下後鋸肌
上後鋸肌是連結上方肋骨與脊柱，下後鋸肌則是連結下方肋骨與脊柱。

夾肌
含括頭夾肌與頸夾肌，分別起始於頸椎與胸椎，並終止於顳骨、枕骨與頸椎。

棘間肌
讓相鄰的椎骨棘突彼此相連的肌肉。

橫突間肌
讓相鄰的椎骨橫突彼此相連的肌肉。

筆記

橫突棘肌
連接相鄰椎骨的橫突與棘突的肌肉，含括半棘肌、多裂肌與迴旋肌，又可分別進一步細分為胸、頸、頭這3個部位。

背部的肌肉

背部肌肉又分為3類，分別是作用於上肢運動的肌肉、輔助呼吸運動的肌肉，以及進行脊柱運動的肌肉。

上後鋸肌・下後鋸肌（中層）

上後鋸肌是連結上方肋骨與脊柱，下後鋸肌則是連結下方肋骨與脊柱，用以移動肋骨。

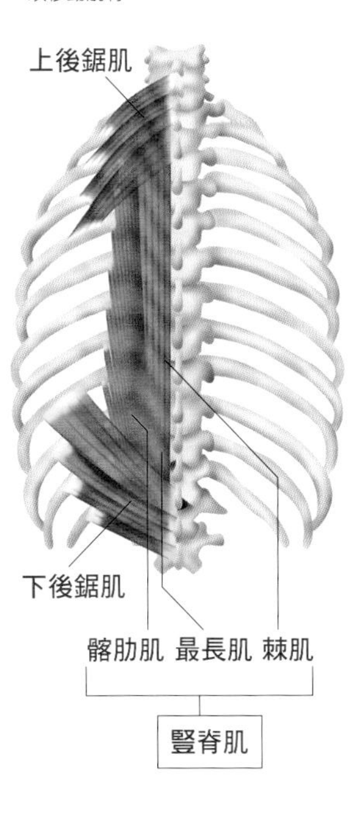

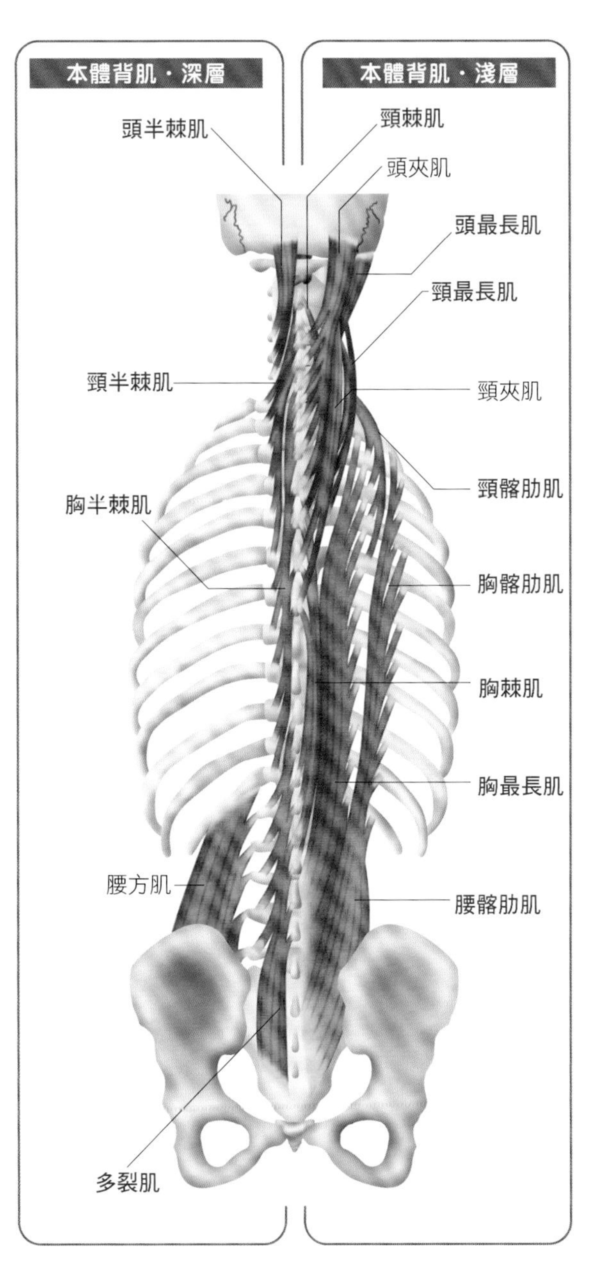

手足的肌肉與運動

重點

- 手指與腳趾的肌肉在構造上有很多共通之處。
- 可以用手拿取物品是因為拇指與小指的對掌肌發揮了作用。
- 腳趾沒有對掌肌，所以無法像手一樣拿取物品。

實現精密動作的手指肌肉

如P.62所述，手部與前臂的肌肉是相連的，在此將針對作用於手指動作的肌肉群（起始點與終止點皆位於手中，故稱為**手內肌**）來進行解說。這些肌肉讓手指得以完成精細的動作。

手內肌是由**大魚際肌**、**小魚際肌**、**蚓狀肌**與**骨間肌**等所構成，皆是作用於手指關節的肌肉（大魚際與小魚際分別指拇指與小指基部的隆起部位）。大魚際肌是由**拇對掌肌**、**屈拇短肌**、**內收拇肌**與**外展拇短肌**所組成，又以拇對掌肌與外展拇短肌尤為重要，與「拿取物品」的動作密切相關。小魚際肌是由**小指對掌肌**、**外展小指肌**與**屈小指短肌**所組成（特色在於沒有內收肌），蚓狀肌則是作用於屈伸拇指以外的手指。骨間肌含括了**掌側骨間肌**與**背側骨間肌**，前者用以合掌，後者則作用於開掌的運動。

足底肌肉會以穩定性為優先而非運動性

足部肌肉大致區分為**足背肌**與**足底肌**，足背肌含括**伸趾短肌**與**伸拇短肌**2條肌肉，而足底肌則與手內肌有許多共通之處，都包含了**大魚際肌**（**外展足拇肌**、**屈足拇短肌**與**內收足拇肌**）、**小魚際肌**（**外展小趾肌**、**屈小趾短肌**）、**蚓狀肌**與**骨間肌**。然而，足部沒有拇對掌肌與小趾對掌肌，所以無法像手一般拿取物品。除此之外，還有**屈趾短肌**與**蹠方肌**等，但是整體來說，與腳趾相關的肌肉為了支撐身體而以穩定足部的功能為主，反而缺乏運動性。

考試重點名詞

大魚際肌（手部）
由拇對掌肌、屈拇短肌、內收拇肌，以及外展拇短肌所構成，形成大魚際。

關鍵字

拇對掌肌・外展拇肌（手部）
作用於拇指的旋轉、外展與屈曲的肌肉，與拿取物品的運動密切相關。

小魚際肌（手部）
由小指對掌肌、外展小指肌與屈小指短肌所組成，形成小魚際。

骨間肌（手部）
含括掌側骨間肌與背側骨間肌，作用於手指的外展（開掌）與內收（合掌）。

大魚際肌（足部）
由外展足拇肌、屈足拇短肌與內收足拇肌所組成。與手部大魚際肌的差別在於沒有對掌肌。

小魚際肌（足部）
由外展小趾肌與屈小趾短肌所組成。與手部小魚際肌的差別在於沒有對掌肌。

手指的肌肉

手掌（內側）

第一背側骨間肌

內收拇肌

屈指淺肌

屈拇短肌

蚓狀肌
於屈曲手掌與手指關節（MP關節）時發揮作用的肌肉。

小指對掌肌
屈小指短肌
外展小指肌

小魚際肌
由小指對掌肌、外展小指肌與屈小指短肌所構成，形成小魚際。

拇對掌肌

外展拇短肌

尺側屈腕肌肌腱

橈側屈腕肌肌腱

屈指淺肌肌腱

屈拇長肌肌腱

手背（外側）

伸指肌的腱結合

背側骨間肌

第一背側骨間肌

外展小指肌
主要作用於讓小指與無名指分開的動作。

伸拇短肌肌腱

伸拇長肌肌腱

尺側伸腕肌肌腱

伸小指肌肌腱

伸指總肌肌腱

尺骨

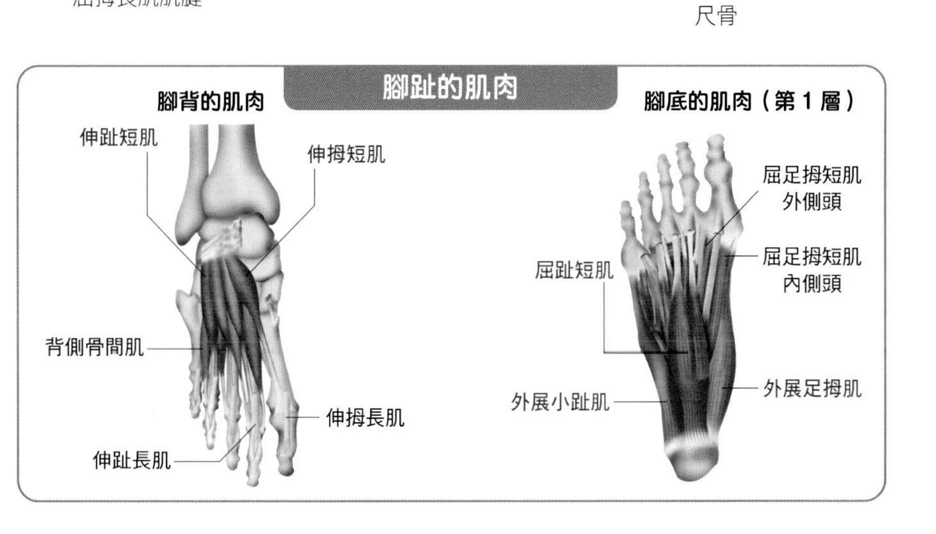

臉部的肌肉與運動

重點
- 頭部的肌肉大致分為面部表情肌（顏面肌）與咀嚼肌。
- 有些分類將活動皮膚的面部表情肌與骨骼肌區分開來，歸為「皮肌」。
- 咀嚼肌有4種類型，涉及下頜骨的運動。

由面部表情肌來展現喜怒哀樂的心情

雖然標題寫著「臉部的肌肉」，但是臉部的動作與顳部等處的肌肉也有關聯，所以嚴格來說寫成「頭部的肌肉」較為適當。可大致分為**面部表情肌**（**顏面肌**）與**咀嚼肌**，以胚胎學來看，兩者皆起源於水棲動物的鰓。

廣布於臉部的面部表情肌是負責活動皮膚而非骨頭，因此也有些觀點將之與骨骼肌區分開來，視為**皮肌**，含括了額部與枕部的肌肉（**額肌**、**枕肌**）、耳朵周邊的肌肉（**耳肌**）、眼睛周遭的肌肉（眼輪匝肌、**皺眉肌**、**降眉間肌**）、鼻子的肌肉（**鼻肌**）、嘴巴周邊的肌肉（**口輪匝肌**、**顴大肌**、**顴小肌**、**提上唇肌**、**降口角肌**、**頰肌**），以及從下頜覆蓋至頸部前面的肌肉（頸闊肌）。頭頂部沒有肌肉，是由連接額肌與枕肌的**帽狀腱膜**所包覆。

咀嚼肌是負責活動下頜骨來咀嚼食物的肌肉，分布於臉部側邊至顳部（亦可從咀嚼時太陽穴的移動得到證實），含括咬肌（於咬緊牙關時發揮作用）、**顳肌**（拉抬下頜骨）、**翼外側肌**與**翼內側肌**（上述兩者皆是讓下頜骨往前後左右移動）。翼內側肌與翼外側肌涉及食物的磨碎（磨碎運動）。

額肌・帽狀腱膜・枕肌
從額部經過頭頂，並覆蓋至枕部。收縮時額頭上會出現皺紋。

皺眉肌
位於眉間的肌肉。收縮時眉間會皺起來。

降眉間肌
在鼻根上造成皺紋的肌肉。

顴小肌・提上唇肌
這2條肌肉皆會於哭泣時拉抬上唇。

降口角肌・頰肌
降口角肌是讓嘴角下降的肌肉；頰肌則是往橫向擴大嘴角的肌肉。

耳肌
分為耳前肌、耳上肌與耳後肌3種。這些肌肉原是負責活動耳殼來開合外耳道口，但在人類身上已經退化。

Athletics Column

訓練面部表情肌可以預防皺紋？

面部表情肌與臉部的皮膚相接，因此就某種意義來說，依此提出與美容相關的理論是再自然不過的事。「面部表情肌訓練」近年來蔚為話題，此理論認為只要鍛鍊面部表情肌便可抑制因年紀增長而增加的皺紋，據說有反覆做出誇張的表情、利用舌頭按壓整個臉頰內側等方法。當然這些並沒有醫學上的背書，但考慮到每條肌肉都會隨著老化而衰退，似乎也不無道理。

臉部的肌肉

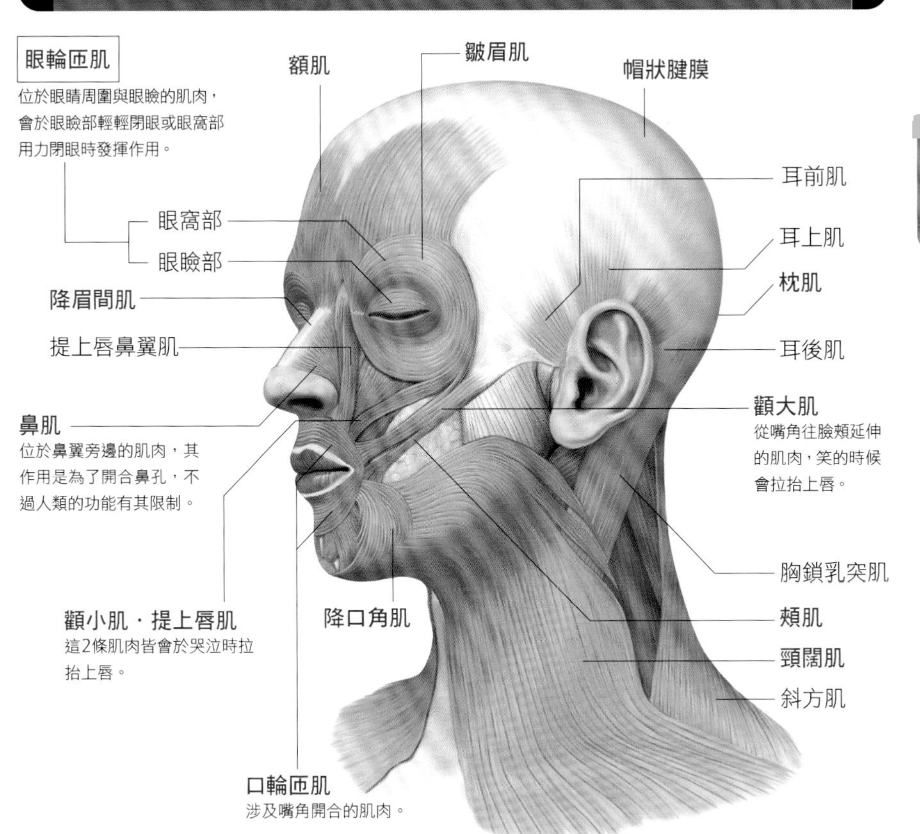
眼輪匝肌
位於眼睛周圍與眼瞼的肌肉，會於眼瞼部輕輕閉眼或眼窩部用力閉眼時發揮作用。
額肌
皺眉肌
帽狀腱膜
耳前肌
眼窩部
眼瞼部
耳上肌
枕肌
降眉間肌
提上唇鼻翼肌
耳後肌
顴大肌
從嘴角往臉頰延伸的肌肉，笑的時候會拉抬上唇。
鼻肌
位於鼻翼旁邊的肌肉，其作用是為了開合鼻孔，不過人類的功能有其限制。
胸鎖乳突肌
顴小肌・提上唇肌
這2條肌肉皆會於哭泣時拉抬上唇。
降口角肌
頰肌
頸闊肌
斜方肌
口輪匝肌
涉及嘴角開合的肌肉。

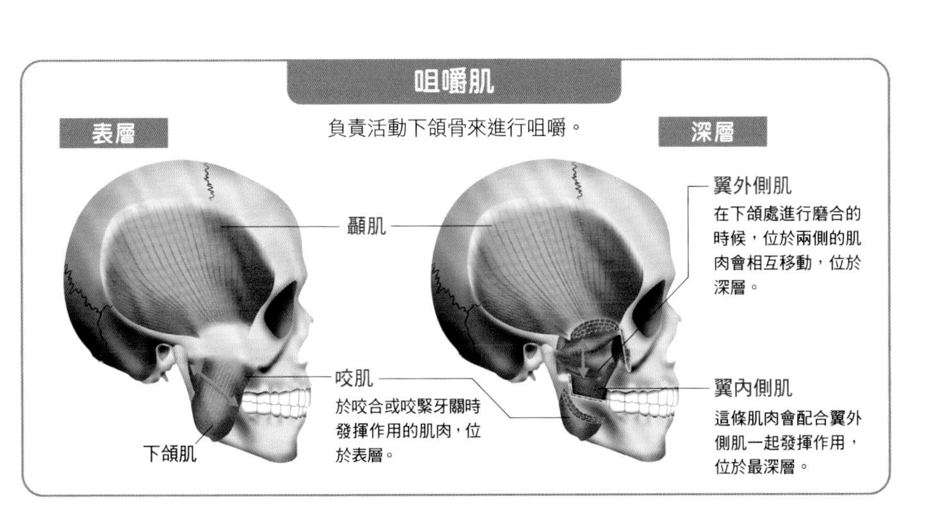
咀嚼肌
表層
負責活動下頜骨來進行咀嚼。
深層
翼外側肌
在下頜處進行磨合的時候，位於兩側的肌肉會相互移動，位於深層。
顳肌
咬肌
於咬合或咬緊牙關時發揮作用的肌肉，位於表層。
翼內側肌
這條肌肉會配合翼外側肌一起發揮作用，位於最深層。
下頜肌

胸腹部的肌肉與運動

重點

- 軀幹表層的大塊肌肉可說是體壁，發揮著保護體腔的作用。
- 形成胸壁的肌肉會移動胸廓來參與呼吸運動。
- 形成腹壁的肌肉會調節腹壓來促進排便或呼吸運動。

作為防護牆並輔助呼吸

胸大肌、前鋸肌與背闊肌等大塊肌肉覆蓋著軀幹表面。這些肌肉最大的作用是作為體壁，也就是當作容納內臟的體腔並發揮「防護牆」的作用。

體腔可大致分為胸腔與腹腔。胸腔內側為容納肺臟與心臟的胸廓，外側則被深層肌肉所形成的胸壁所圍繞（可區分為前胸壁、側胸壁與後胸壁）。打造胸壁的肌肉含括了在肋骨間延伸的肋間肌、前胸壁內面的胸橫肌、豎脊肌內側的提肋肌等，皆會移動胸廓來參與呼吸運動。

比胸廓還要下方的腹腔也被腹壁所包圍（可區分為前腹壁、側腹壁與後腹壁）。前腹壁有前腹肌（腹直肌）、側腹壁有側腹肌（腹外斜肌、腹內斜肌與腹橫肌），後腹壁則是由延伸至後胸壁的本體背肌、腰大肌與腰方肌所組成。這些肌肉除了保護位於腹部的內臟之外，還肩負著調節腹腔內的壓力（腹壓）、促進排便與呼吸運動，以及支援脊柱運動的作用。

順帶一提，進行肌肉訓練的人大多把「分裂式腹肌（俗稱六塊肌）」視為目標，這裡說的腹肌即為腹直肌。

關鍵字

胸大肌
覆蓋軀幹前面上部的大塊肌肉。起始於鎖骨、胸骨與肋骨等，終止於肱骨。打造出體壁，同時作用於上臂的擁抱動作。

肋間肌
位於肋骨間（肋間隙）的肌肉，可區分為外肋間肌、內肋間肌與最內肋間肌3種。參與肋骨的運動，外肋間肌作用於吸氣，內肋間肌與最內肋間肌則作用於吐氣。

胸橫肌
連接胸骨與第2～6肋軟骨的肌肉，作用於吐氣。

提肋肌
位於外肋間肌的背側、豎脊肌的深層，作用於吸氣。

Athletics Column

深層肌肉位於何處？

近年經常聽到「Inner Muscle」這個詞彙，直譯為「深層肌肉」，不過在肌力訓練中，大多是指軀幹的深層肌肉。然而，並沒有明確的定義指出是哪一條肌肉，而是含糊地用來表達「難以鍛鍊的深層小肌肉」之意（大多是指腰大肌、棘上肌、棘下肌、肩胛下肌等）。據說只要鍛鍊這些肌肉便可矯正姿勢或步態，得以更有效率地運用肌力。

胸腹部的肌肉

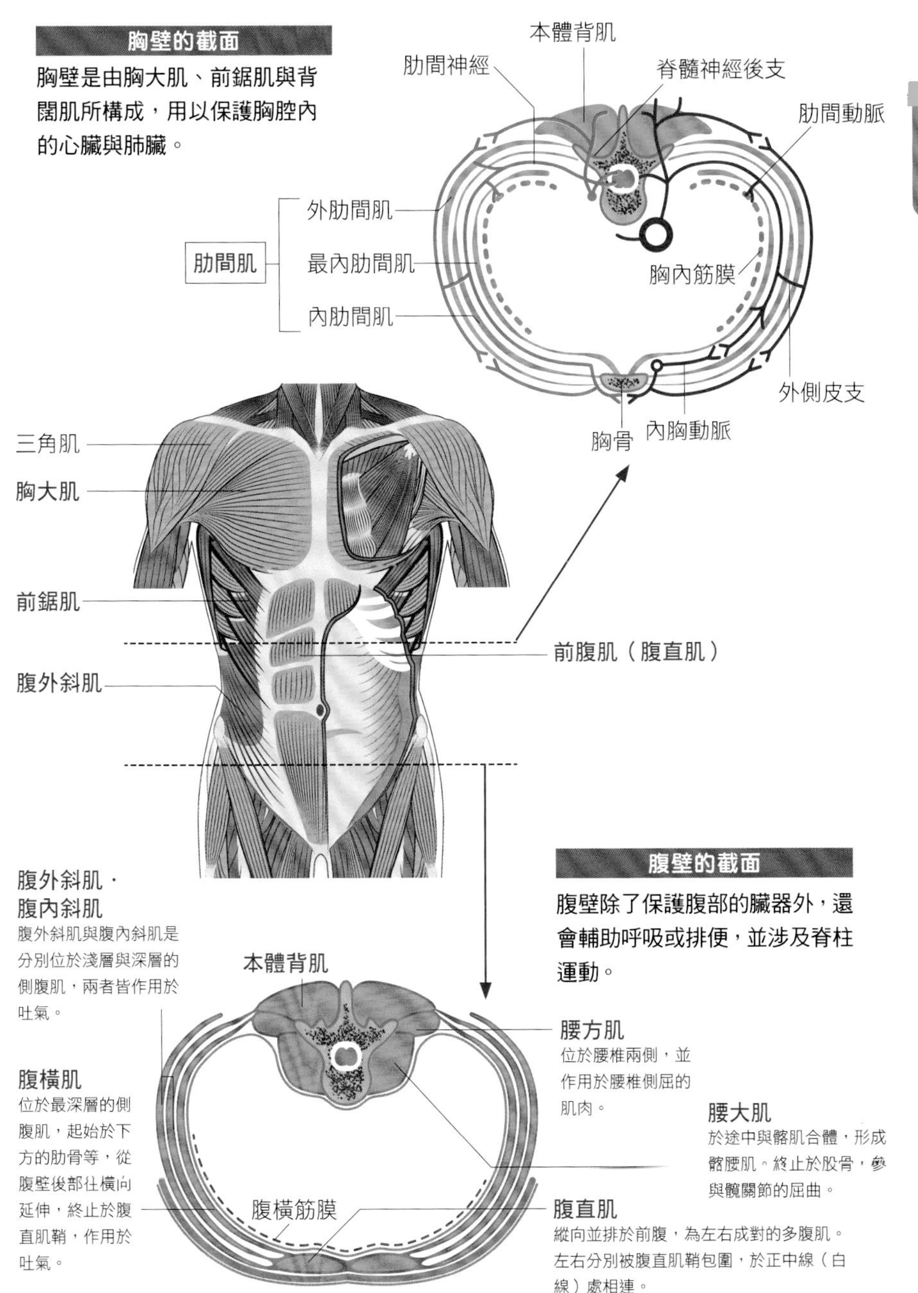
胸壁的截面
胸壁是由胸大肌、前鋸肌與背闊肌所構成，用以保護胸腔內的心臟與肺臟。
本體背肌
肋間神經
脊髓神經後支
肋間動脈
肋間肌
外肋間肌
最內肋間肌
內肋間肌
胸內筋膜
外側皮支
胸骨
內胸動脈
三角肌
胸大肌
前鋸肌
腹外斜肌
前腹肌（腹直肌）
腹壁的截面
腹壁除了保護腹部的臟器外，還會輔助呼吸或排便，並涉及脊柱運動。
腹外斜肌・
腹內斜肌
腹外斜肌與腹內斜肌是分別位於淺層與深層的側腹肌，兩者皆作用於吐氣。
本體背肌
腰方肌
位於腰椎兩側，並作用於腰椎側屈的肌肉。
腰大肌
於途中與髂肌合體，形成髂腰肌。終止於股骨，參與髖關節的屈曲。
腹橫肌
位於最深層的側腹肌，起始於下方的肋骨等，從腹壁後部往橫向延伸，終止於腹直肌鞘，作用於吐氣。
腹橫筋膜
腹直肌
縱向並排於前腹，為左右成對的多腹肌。左右分別被腹直肌鞘包圍，於正中線（白線）處相連。

所謂的「五臟六腑」是指什麼？

日文有句慣用語為「五臓六腑に染み渡る」，直譯為滲透至五臟六腑，美味至極之意。這裡的「五臟六腑」意指「腹內」，那麼「五臟」與「六腑」具體來說是指什麼呢？

「臟」這個字是由「藏」與「肉字旁」組合而成，由此可以推知，這是指內部儲存著「血」或「氣」的部位，亦即「肝」、「心」、「脾」、「肺」與「腎」5個部位。這些從字面上便可看出相當於現在所說的「肝臟」、「心臟」、「脾臟」、「肺臟」與「腎臟」。另一方面，「腑」是指內部呈現中空狀的構造，意指「膽」、「小腸」、「胃」、「大腸」、「膀胱」與「三焦」6個部位。這些也可以直接對照現在的臟器名稱（「膽」是指膽囊），唯獨「三焦」找不到可以直接對應的臟器。實際上，從冠上「三」這個數字便可得知，三焦又可進一步細分為「上焦」、「中焦」與「下焦」3個部位。分別與什麼相應則眾說紛紜，有字典說明是相當於「胃的上部」、「胃的下部」與「膀胱」；有些認為是「淋巴管」；也有理論認為「是指功能，並未伴隨實體」，目前尚無明確定論。正如「焦」字所示，隱含「燃燒生命能源之處」的意思。

無論如何，「五臟六腑」是以「陰陽五行說」為依據的傳統漢方醫學的概念，應該不適合直接套用在現代醫學。

第4章

消化系統

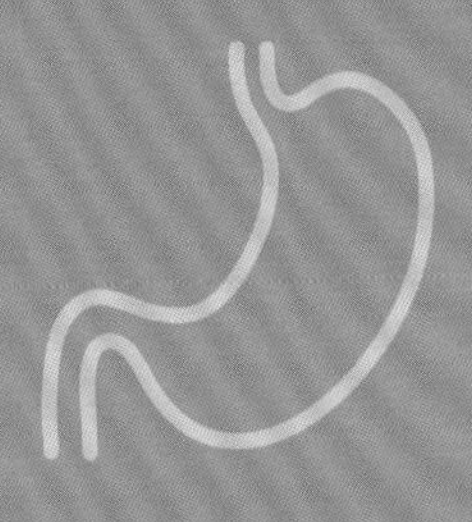

消化系統概要

重點
- 負責消化食物並吸收養分的所有器官即稱為消化系統。
- 消化系統大致區分為消化道與附屬器官。
- 消化道為3層構造，由黏膜、肌層與外膜所組成。

「消化道」是一條負責攝取營養的管道

為了維持生命活動，就必須從外部攝取養分，用以完成此目的的多個器官即為**消化系統**。

消化道是構成消化系統的主要器官。負責**消化**食物並吸收養分的器官是連續相接的，可視為一條管道，故以此稱之。具體來說，從嘴巴（口腔）攝入的食物會通過食道進入胃，再抵達小腸。這段期間會**消化**並吸收食物的養分。隨後進入**大腸**吸收水分，「殘渣」則以**糞便**的形式排出體外。這段期間所進行的分工，細分為**咀嚼**（咬碎食物並磨細）、**吞嚥**（吞下）、**消化**（分解）、**吸收**（攝取養分並進入體內）與**排便**（將糞便排出體外）。

「附屬器官」會支援消化道的作用

消化道的管壁為3層構造，由內而外分別為**黏膜**、**肌層**與**外膜**，而每一層又可進一步區分為好幾層。首先是黏膜，由**黏膜上皮**、**黏膜固有層**、**黏膜肌層**與**黏膜下層**所組成。肌層基本上有2層，即**內環層**與**外縱層**，唯獨胃是3層構造（參照P.88）。此外，腹部消化道的外膜表面覆蓋了一層漿膜（腹膜）。

可輔助消化道作用的**附屬器官**也含括在消化系統內。具體來說是指**唾腺**（**腮腺**、**舌下腺**與**頜下腺**）、**肝臟**、**膽囊**、**胰臟**（以上稱為**消化腺**）、**牙齒**、**舌頭**等。消化腺並非獨立的器官，也存在於消化道的黏膜之中（**食管腺**、**胃腺**、**腸腺**、**舌腺**與**唇腺**等）。

黏膜
由黏膜上皮（上皮組織）、黏膜固有層（結締組織）、黏膜肌層（平滑肌的薄層）與黏膜下層（結締組織）所組成的膜狀組織，因為沒有色素，血管看起來微透。透過分泌黏液讓表面經常保持濕潤。

肌層
會在消化道引起蠕動的平滑肌層，基本上是雙層構造，亦即內環層（由環狀肌所組成）與外縱層（由縱走肌所組成）。胃的上部則為3層構造（內斜層、中環層與外縱層）。

外膜
覆蓋最外側的結締組織膜。胃與小腸等腹部的消化道都有層漿膜（腹膜）包覆。

消化器官的概略圖

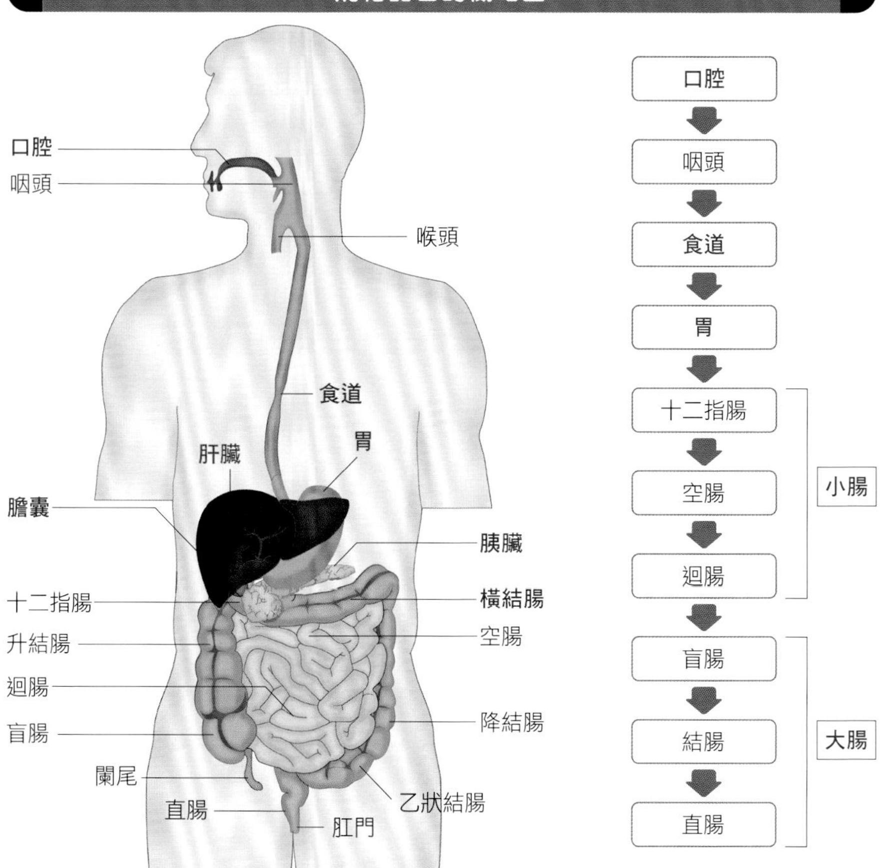

消化壁的構造

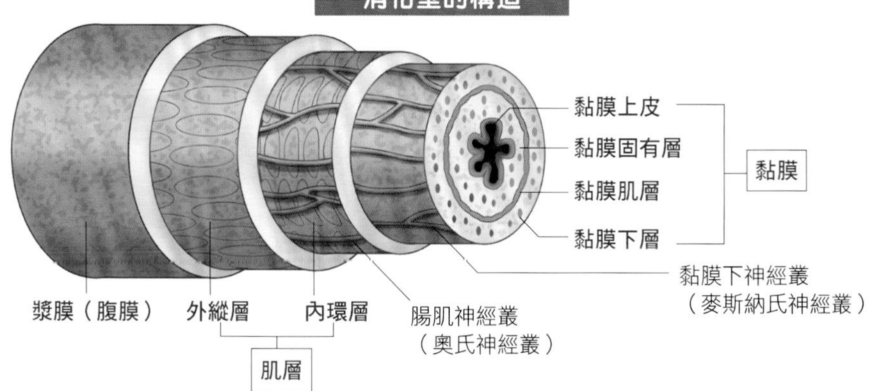

口腔

重點

- ●口腔為消化道的入口，負責咀嚼。
- ●大部分的唾液是由三大唾腺（腮腺、舌下腺與頷下腺）所分泌。
- ●唾液中所含的消化酵素澱粉酶會將醣類分解成麥芽糖。

構造複雜的「嘴巴」

口腔這個器官相當於消化系統的入口，負責咀嚼食物。透過下頜的上下運動來咬碎，利用前後左右運動進行磨細，再以舌頭等加以混合——結合這些動作來完成初步的消化。此時澱粉會被唾液分解成麥芽糖（maltose）。

口腔又以齒列為界，大致區分為**口腔前庭**（前側）與**固有口腔**（內側）。嘴唇將口腔前庭與體外區隔開來，上下唇之間稱為**口裂**，左右端稱為**嘴角**。固有口腔則是由頂部的**硬顎**與**軟顎**、底部的舌頭，以及兩側的臉頰所形成（參照P.107）。軟顎的特色在於**懸雍垂**，後端則有**顎帆**與咽頭之間劃分開來，而**顎扁桃體**（即所謂的扁桃腺）位於其兩側。

唾液也有黏與不黏之分

唾液是由在口腔內有個釋放口的唾腺所分泌，在咀嚼過程中發揮莫大的功用。嘴唇與舌頭上也有唾腺（**唇腺**與**舌腺**），不過約95%的唾液是由**腮腺**、**舌下腺**與**頷下腺**，即所謂的**大涎腺（三大口腔腺）**所分泌。各腺的唾液在性質與組成上各異，例如舌下腺的唾液是富含名為黏液素的醣蛋白而黏糊糊的黏液，而腮腺的唾液則是不含此成分的清爽漿液。一天所分泌的唾液多達1.0～1.5ℓ。

唾液中含有若干種消化酵素，主要成分為**澱粉酶**，腮腺與頷下腺的唾液中尤為豐富，這些消化酵素會將澱粉等醣類分解成麥芽糖。

考試重點名詞

腮腺
屬於大涎腺（三大口腔腺）之一。腮腺的唾液是不含黏液素的清爽漿液，富含消化酵素的主要成分澱粉酶。

顎帆
此為軟顎的後端部位，兩側形成雙層皺襞（顎舌弓與顎咽弓），顎扁桃體即位於這之間。

關鍵字

舌下腺
位於舌下的皺襞中，是三大唾腺中最小的。分泌的唾液含有大量黏液素而黏性高。占整體唾液的7～8%。

頷下腺
位於舌下腺的裡面與下層，左右各一成對。分泌的唾液約占整體的65%，混合了黏液與漿液，黏性稍高。除了澱粉酶之外，還含有過氧化物酶與溶菌酶等負責殺菌的物質。

澱粉酶
可以將澱粉等醣類分解成麥芽糖（maltose）的消化酵素。也是史上首度單獨分離出來的酵素（1833年），有α-澱粉酶、β-澱粉酶、葡萄糖澱粉酶與異澱粉酶4種類型。

口腔的構造

口腔是消化道的入口，會進行咬碎、磨細與混合等複雜的運動。

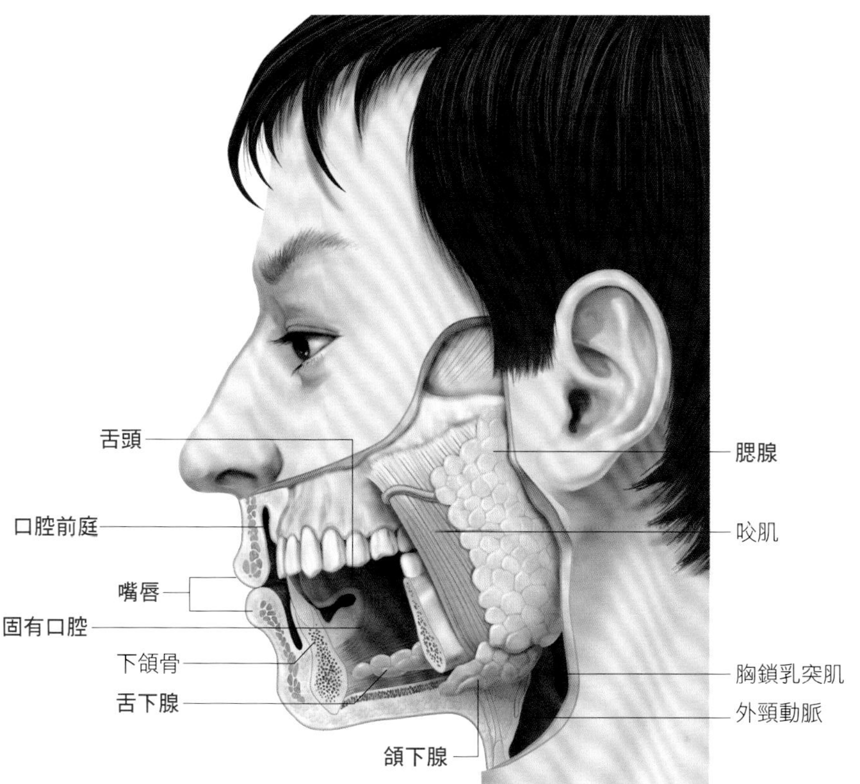

精選重點

腮腺

位於耳殼前下方的唾腺，分泌的唾液約占整體的20%（富含澱粉酶但不含黏液素的漿液）。此處一旦感染病毒就會引起發炎腫脹，演變成「流行性腮腺炎」。

顎扁桃體

位於顎舌弓與顎咽弓之間的扁桃體（因狀似扁桃而得此名），功能是負責防禦，抵擋入侵的細菌等。順帶一提，此部位並非單純的淋巴結，所以現在不叫做「扁桃腺」。

嘴唇

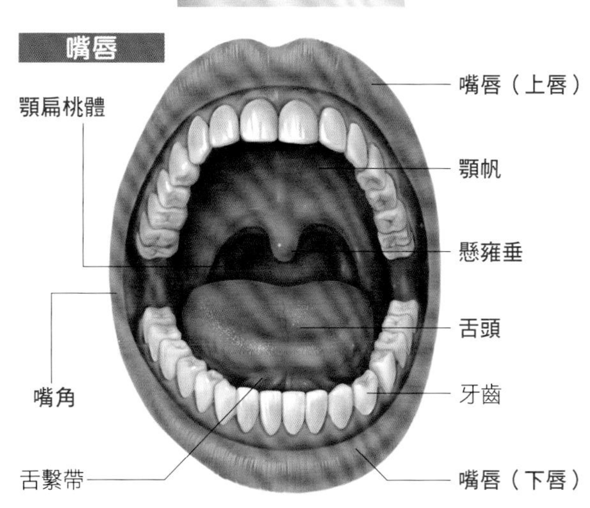

牙齒

重點

- 兒童時期乳牙長齊後，便會依序替換成恆牙。
- 基本上有門牙、犬齒、小臼齒與大臼齒，一共32顆牙，但有時會缺牙。
- 基本的內部構造有2層，由琺瑯質與象牙質所構成。

基本是上下共32顆牙，但有些情況會少於此數

牙齒是消化道的附屬器官，負責直接咀嚼。首先，出生後半年至3歲期間會長齊上下共20顆乳牙，之後再依序替換成恆牙。恆牙基本上是由32顆牙所構成，由前往後依序是**門牙**（上下共8顆）、**犬齒**（上下左右共4顆）、**小臼齒**（上下左右共8顆）與**大臼齒**（上下左右共12顆），而**第3大臼齒**（即所謂的「智齒」）是位於最裡面且於成人後才長出來，但也有不少案例是一直留在**齒槽**（下頷骨的一部分）裡而未露出於口腔內（**阻生齒**），甚至根本沒長。

牙齒的外部構造可分為**牙冠**（從牙齦露出來的部分）、**牙頸**（被牙冠與牙根交界處的牙齦包圍的部分）與**牙根**（埋在齒槽內的部分）；內部由外往內分別由**琺瑯質**與**象牙質**所組成。琺瑯質的主要成分為磷酸鈣，是人體中最堅硬的構造。象牙質則是由鈣鹽等所組成，有血管、淋巴管與神經通過其深處的**牙髓腔**。此外，牙根交界面有層薄薄的骨質（**牙骨質**）覆蓋，並透過**牙周膜**與**齒槽骨**（上頷骨與下頷骨的一部分）相接。

關鍵字

乳牙
出生後半年至2～3年期間所長出的牙齒。上下共20顆牙長齊後，便會依序替換成恆牙。

恆牙
從6歲左右開始生長，到15～16歲左右便長齊上下共28顆牙，成人後會再長出第3大臼齒，合計共32顆。不過第3大臼齒有時候不會長出來。

門牙
亦即所謂的前牙，由正門牙與側門牙所組成，主要是負責咬斷食物。在生物學中又稱為門齒。上下各4顆（共8顆）。

COLUMN

為什麼只有牙科是獨立的呢？

大家是否曾經覺得納悶，為什麼只有牙科獨立於其他診療科之外呢？牙科領域自古以來都與其他醫療領域分開。在牙科中，補綴等比例高於症狀的治療，因此也需要與其相關的知識（材料學等）。雖然同樣是以人體為對象，但是研究方式與其他科截然不同，這便是牙科獨立的主因。不過，口腔外科雖然屬於牙科領域，但有些情況下也與其他科有所關聯。

牙齒的種類與名稱

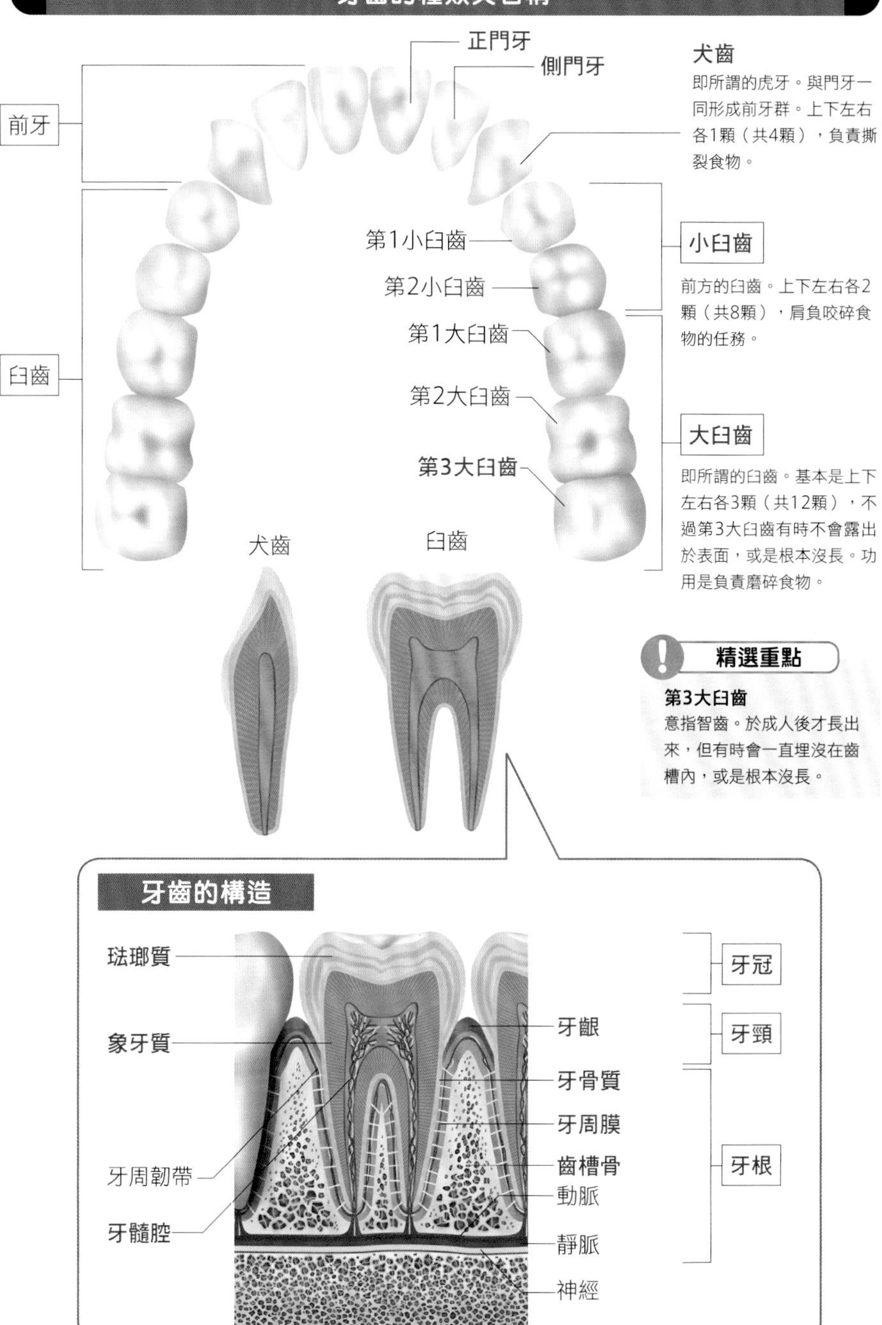

正門牙
側門牙
前牙
臼齒
第1小臼齒
第2小臼齒
第1大臼齒
第2大臼齒
第3大臼齒
犬齒
即所謂的虎牙。與門牙一同形成前牙群。上下左右各1顆（共4顆），負責撕裂食物。
小臼齒
前方的臼齒。上下左右各2顆（共8顆），肩負咬碎食物的任務。
大臼齒
即所謂的臼齒。基本是上下左右各3顆（共12顆），不過第3大臼齒有時不會露出於表面，或是根本沒長。功用是負責磨碎食物。
犬齒
臼齒
精選重點
第3大臼齒
意指智齒。於成人後才長出來，但有時會一直埋沒在齒槽內，或是根本沒長。
牙齒的構造
琺瑯質
象牙質
牙周韌帶
牙髓腔
牙齦
牙骨質
牙周膜
齒槽骨
動脈
靜脈
神經
牙冠
牙頸
牙根

食道

重點

- 食道又區分為頸部食道、胸部食道與腹部食道。
- 食道會於3處（食道入口部、主動脈交叉部、橫膈膜貫穿部）變得狹窄。
- 食道與其他消化道最大的差異在於沒有腹膜覆蓋。

食道有 3 個「窄縮處」

在口腔內咀嚼過的食物會被推至咽頭（參照P.106），吞嚥後則會送進食道。吞嚥可分為3個階段，先由舌頭搬運至咽頭（第1階段，口腔－咽頭期），接著由咽頭運送至食道入口（第2階段，咽頭－食道期），再透過食道的蠕動運動搬運至胃（第3階段，食道期），唯獨第一階段是隨意運動，第二與第三階段皆為非隨意運動（食物一觸及咽後壁，就會反射性地吞嚥）。

連接咽頭與胃的食道全長約25cm，穿過比氣管、肺臟與心臟更深之處（因此食道疾病的手術往往都是大手術）。由上往下區分為3個部位，分別是頸部食道（約5cm）、胸部食道（16～18cm）與腹部食道（2～3cm），分別各有一個狹窄部位（窄縮處），稱為**食道入口部狹窄**、**主動脈交叉部狹窄**與**橫膈膜貫穿部狹窄**，這些地方是目前已知較容易發生食道癌的地方。

食道肌肉為反向的雙重螺旋狀

食道壁和其他消化道一樣皆為3層構造（黏膜、肌層與外膜，參照P.81），外膜並無腹膜覆蓋，與周圍的器官直接接觸，因此鄰接器官或食道本身一旦患病，其影響就容易波及周邊。

肌層會引起蠕動運動，前半部分為橫紋肌，後半部分則由平滑肌所組成（兩者皆為非隨意肌），呈內、外層的雙層構造。內層與外層是往彼此反向延伸的螺旋狀，於食道裂孔（食道通過的橫膈膜孔道）稍微往上之處形成環狀的**下食道括約肌**。

考試重點名詞

下食道括約肌
位於食道裂孔附近的螺旋狀肌肉，負責開合胃的賁門。當胃裡有內容物時，便會收縮以緊閉賁門，防止內容物逆流。

關鍵字

蠕動運動
消化道的蠕動運動是指為了移動食物等內容物而發生的臟器收縮運動。這是由自律神經支配，因此無法憑意識加以控制。

食道的構造與名稱

食道可區分為3個部分，分別為頸部食道、胸部食道與腹部食道，彼此之間以窄縮處區隔開來。與其他消化道最大的差異在於外膜並無腹膜覆蓋。

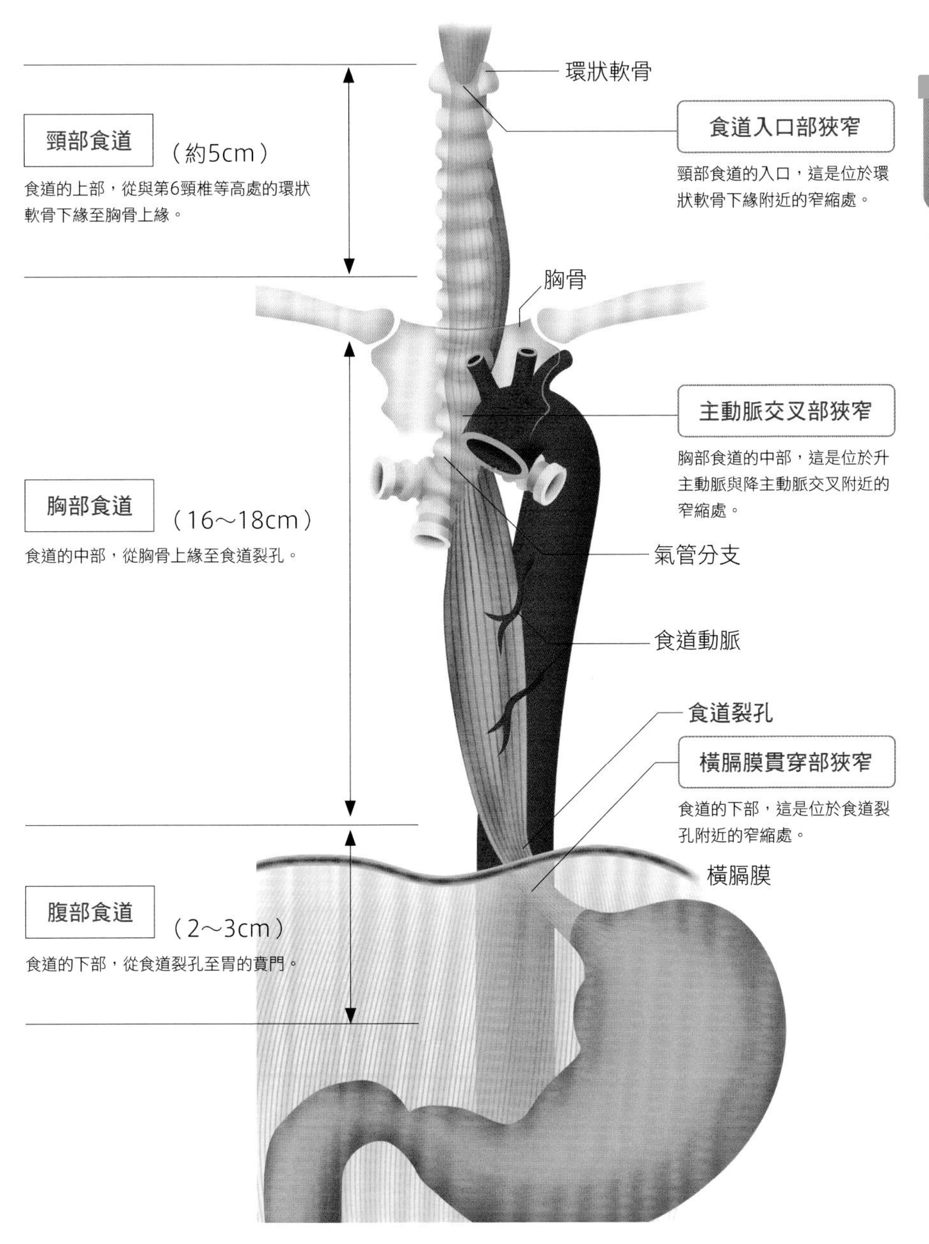

消化系統 胃

重點

- ●胃可大致區分為3個部位（胃底、胃體部與幽門部）。
- ●胃壁肌層的特色是擁有3層構造（外縱層、中環層與內斜層）。
- ●胃液的鹽酸負責殺菌，消化酵素胃蛋白酶則會分解蛋白質。

「胃袋」是一個 J 字型的大囊袋

在口腔內咀嚼過的食物塊（食塊）會經過食道抵達胃。胃是一個J字型的袋狀器官，位於左下肋部至肚臍附近，容量約1.4 ℓ。彎曲幅度較小的那側稱為**胃小彎**，幅度較大的那側則為**胃大彎**，有個名為**大網膜**的簾狀膜從胃大彎往外延伸，覆蓋腹腔的前面。

胃可簡單區分為3個部位。與食道的接合處稱為**賁門**，與十二指腸的接合處為**幽門**，緊接在賁門之後擴展開來的部位為**胃底部**，緊接在幽門之前的部位為**幽門部**（以名為**胃角**的窄縮處為界，再進一步區分為**幽門前庭**與**幽門管**），其中間部位則稱為**胃體部**。有別於此，另有一種方式是以**上部（U）**、**中部（M）**與**下部（L）**來區分。

胃液負責殺菌與分解蛋白質

胃壁和其他消化道一樣是由黏膜、肌層與外膜所組成，但是相對於其他消化道的肌層為2層構造，胃部肌層的特色在於擁有3層構造，即**外縱層**、**中環層**與**內斜層**。外縱層、中環層與食道、十二指腸是連續相接的（中環層與食道、十二指腸的內環層相連；到了幽門部則形成**幽門括約肌**），但是內斜層僅見於胃部，也因此在內壁黏膜上形成許多皺襞。

內面的黏膜表面上有無數微小的隆起（**胃小區**）與凹洞（**胃小窩**）。位於胃小窩深處的**胃腺**（**胃底線**）會分泌胃液，主要成分為鹽酸，可在胃內進行殺菌，同時將其內含的**胃蛋白酶原**轉變成一種名為**胃蛋白酶**的消化酵素，藉其作用來分解蛋白質。

關鍵字

幽門
胃的出口（與十二指腸的接合處），由幽門括約肌控制開合。此外，幽門腺會分泌一種名為胃泌素的荷爾蒙，讓下食道括約肌收縮來緊閉賁門。

內斜層
胃的獨特肌層，是由一部分的食道內環層轉化而成。

胃腺
位於胃黏膜上無數凹洞（胃小窩）的深處，從中分泌出胃液。由主細胞（分泌胃蛋白酶原）、壁細胞（分泌鹽酸）與副細胞（分泌黏液）所構成。黏液會覆蓋胃壁的表面，抑制胃酸造成的直接影響。

胃蛋白酶
胃腺的主細胞會分泌出胃蛋白酶原，受到副細胞的鹽酸激化後所形成的蛋白質分解酵素。

筆記

胃的位置
以位置來説，胃位於心窩附近。從體表來看，則落在左下肋部至臍部的範圍內，賁門、幽門分別位於第11胸椎、第1腰椎的附近。

胃的構造

胃可區分為3個部分，上部（緊接在賁門之後擴展開來的部位）稱為胃底部，下部（緊接在幽門之前的部位）為幽門部，其餘部位則稱為胃體部。在病理學上則分成上部（U）、中部（M）與下部（L）3等分。

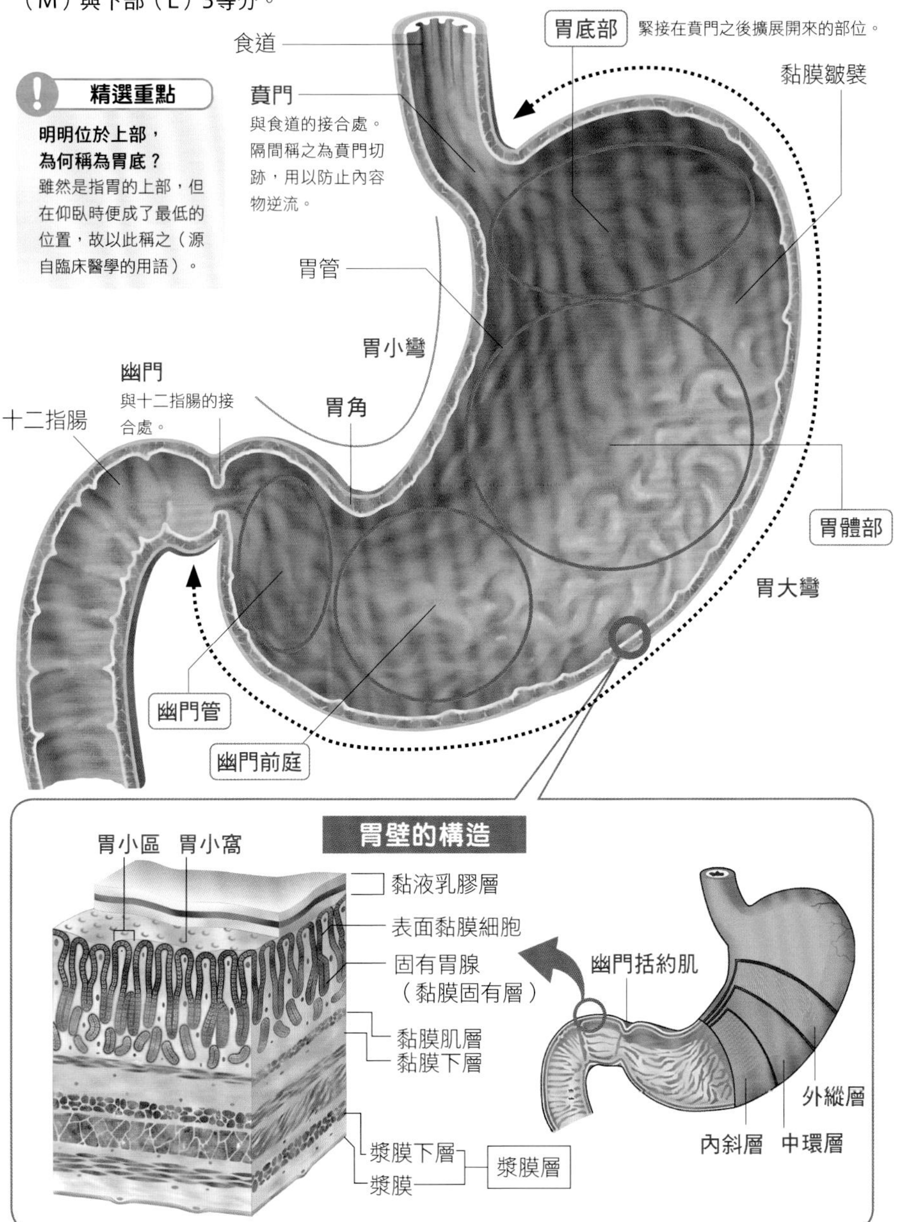

小腸① 十二指腸

重點

- 小腸可區分為十二指腸、空腸與迴腸。
- 膽汁與胰液會於十二指腸中混合，分解脂肪與醣類。
- 整個十二指腸可區分為4個部位，分別為上部、降部、水平部與升部。

在小腸的前段部位混合膽汁與胰液

食塊在胃裡消化後化為粥狀，從幽門送至小腸。小腸是在腹腔內蛇行並通抵大腸的消化道，以成人來說，全長達6m。

整體可大致區分為3個部位，從接近胃的方向開始，分別稱為**十二指腸、空腸與迴腸**。

十二指腸全長約25cm，在整條小腸之中所占的比例不大，卻發揮著添加膽汁（膽液）與胰液的重要作用。

膽汁是在肝臟製造的黃色液體，不含消化酵素，但是能乳化脂肪，具有提高脂肪酶（脂質分解酵素）效果的作用。

胰液是在胰臟製造的，除了脂肪酶之外，還含有分解醣類的澱粉酶與麥芽糖酶等消化酵素。運送膽汁的總膽管與運送胰液的胰管開口一致，此稱為**十二指腸大乳頭（乏特氏乳頭）**。

呈C字型，可區分為4大部位

十二指腸的整體形狀呈C字型，環繞著胰臟延伸。可區分為**上部（I部）、降部（II部）、水平部（III部）與升部（IV部）**，除了上部外，其餘皆緊貼著後腹壁，所以位置不會移動。

升部在空腸前段有大幅度的屈曲，即所謂的**十二指腸空腸曲**。

考試重點名詞

十二指腸大乳頭
又稱為乏特氏乳頭。為膽汁與胰液的分泌口，由周圍的歐迪氏括約肌來進行開合。此外，這附近有時候會有副胰管的開口，即十二指腸小乳頭。

關鍵字

膽汁
於肝臟產生的黃色消化液，主要成分包括膽汁酸與膽紅素。一度儲藏於膽囊內，經濃縮後再送至十二指腸。可乳化脂肪，提高消化效率。

胰液
於胰臟產生的無色消化液，內含脂肪酶（胰液內含的脂質分解酵素）、澱粉酶與麥芽糖酶（醣類分解酵素），以及胰蛋白酶（蛋白質分解酵素）等。

小腸（十二指腸）的構造

接在胃之後的十二指腸是環繞著胰臟延伸。終端的十二指腸空腸曲中有條結締組織與平滑肌所構成的屈氏韌帶與橫膈膜相連，支撐著十二指腸。

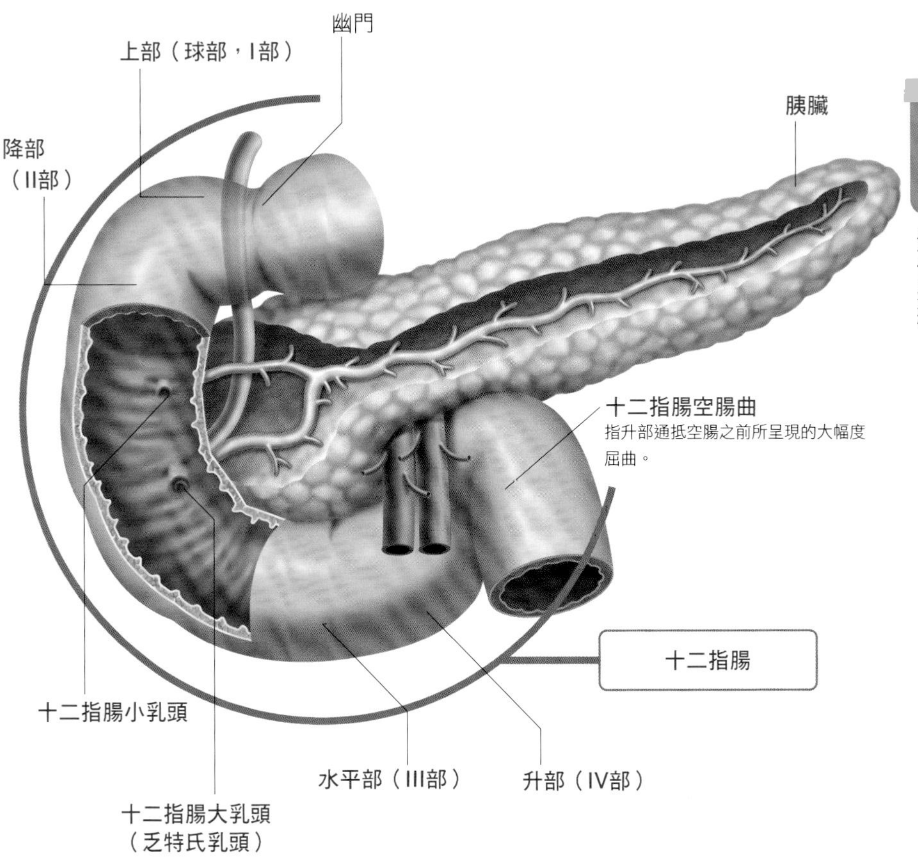

COLUMN

與「十二指腸」名稱相關的民間說法

十二指腸這個名稱的由來，是因其長度為手指寬幅（約2cm）的12倍之故。日文名稱首度出現於《解體新書》，但是如今仍煞有其事地流傳著一種說法：「此為12英吋的誤譯，一直未修正就沿用至今」。然而，學名中的「duodenum」是源自於拉丁語中的「duodenum digitorum」，意指「12根手指」，荷蘭語也是據此命名，因此杉田玄白等人並未誤譯。

小腸② 空腸・迴腸

重點

- 空腸與迴腸是透過腸繫膜與後腹壁相連，又稱為腸繫膜小腸。
- 小腸內面有無數環狀皺襞，為腸絨毛所覆蓋。
- 腸絨毛使小腸的表面積擴大，讓吸收效率得以提升。

小腸內壁的表面積約為體表面積的 100 倍！

接在十二指腸後面的小腸為空腸與迴腸。一般認為空腸約2.5m，迴腸約3.5m，不過包含十二指腸在內，都沒有明確的界線。然而，讓小腸獨具特色的內壁**環狀皺襞**與**腸絨毛**在空腸裡格外發達。此外，空腸與迴腸是透過**腸繫膜**與後腹壁相連，統稱為**腸繫膜小腸**（十二指腸沒有腸繫膜）。

環狀皺襞是圍繞著小腸內部延展開來的皺襞，另外有個別稱叫做**克爾克林皺襞**。養分會由覆蓋環狀皺襞表面的無數腸絨毛所吸收。腸絨毛可使小腸內壁的表面積擴大（達到200㎡，相當於體表面積的100倍），讓營養的吸收效率得以提升。

已吸收的養分會進入微血管與淋巴管

三大營養素（醣類、脂質與蛋白質）的所有消化作業都是在小腸內進行，負責分解的酵素多半附著於內壁的黏膜上，而非存在於腸腺（位於小腸內壁的腺體）分泌出來的腸液中。換言之，小腸的消化並非靠消化液，而是藉著接觸腸壁來推進，稱為**膜消化**。

吸收養分的腸絨毛中有**微血管**與**淋巴管**通過。直到小腸為止的這段消化作業會將醣類分解成**葡萄糖**（glucose）、將蛋白質分解成**胺基酸**與**肽**，這些都會進入微血管中。

另一方面，脂質會分解為**脂肪酸**與**單酸甘油酯**，經過腸絨毛吸收後，便會在細胞內再次合成才進入淋巴管。

關鍵字

腸絨毛
高1mm左右的指狀突起，又稱為微絨毛。表面的黏膜上皮為單層柱狀上皮（腸上皮細胞），內部則有微血管與淋巴管通過。

腸液
由十二指腸腺與腸腺所分泌的一種鹼性消化液。對中和內容物與保護黏膜的作用大於養分的分解。

筆記

空腸
解剖體的這條腸子處於無內容物的狀態，即為此名稱的由來。環狀皺襞與腸絨毛比迴腸還要發達。

腸黏膜的消化酵素
含括將蛋白質分解成胺基酸的腸蛋白酶、將乳糖分解成半乳糖與葡萄糖的乳糖酶，以及將麥芽糖分解成葡萄糖的麥芽糖酶等。

小腸的構造

若屏除十二指腸，一般來說小腸的前半約40％為空腸，後半約60％為迴腸，但兩者並無明確的界線。不過空腸裡可見大量的環狀皺襞與腸絨毛。

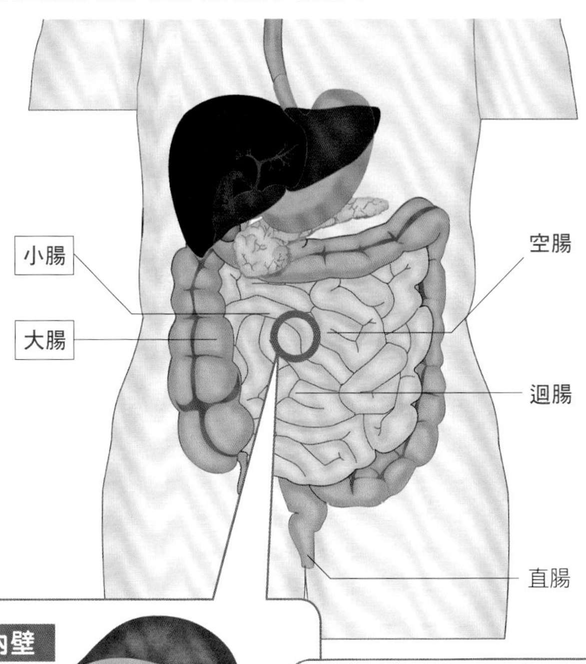

小腸內壁

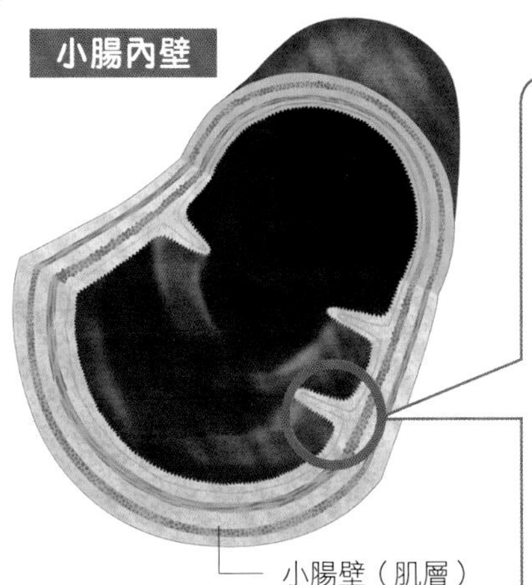

環狀皺襞的長度為小腸內壁的半圈至3分之2圈。空腸的起伏大過於迴腸，就連起伏的次數也是空腸較多，因此據說空腸的養分吸收面積是迴腸的8倍。

環狀皺襞（克爾克林皺襞）

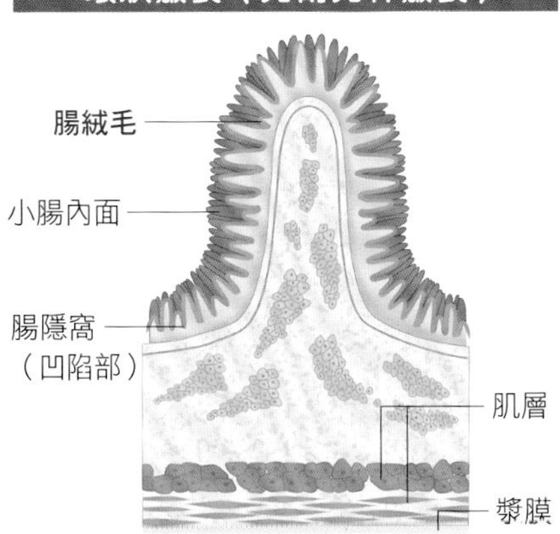

腸絨毛的數量每1㎟多達20～40根，以形狀來說，空腸裡的絨毛呈指狀，十二指腸中的絨毛多為寬廣的葉狀，迴腸裡的絨毛則又細又短。相當於核心的黏膜固有層中有淋巴小節，其集結而成的培氏斑塊多見於迴腸。

消化系統

大腸① 盲腸・結腸

重點

●大腸又分為盲腸、結腸與直腸。
●結腸可區分為升結腸、橫結腸、降結腸與乙狀結腸。
●大腸的主要功能為吸收水分與產生糞便。

大腸會吸收水分並產生糞便

小腸吸收完養分後，剩下的內容物會被推送至大腸。大腸在腹腔內形成ㄇ字型，長度約1.5m。可分為3大部位，從靠近小腸處開始分別稱為盲腸、結腸與直腸。不過，盲腸大約為5cm，直腸也才15cm左右，大部分都是結腸。結腸還可進一步區分為**升結腸**、**橫結腸**、**降結腸**與**乙狀結腸**。

小腸與大腸的相接部分（**迴盲口**）往大腸內側突出，形成**迴盲瓣**，用來防止消化後的內容物逆流回小腸。此處往下即為盲腸，在人體中幾乎未參與消化，但是在草食動物體內則十分發達，負責分解食物纖維的重大任務。有條細長的**闌尾**附著在盲腸上，屬於幾乎沒有作用的**痕跡器官**，不過黏膜下有大量的淋巴組織。

大腸的內壁有半月襞，但是沒有絨毛，不會吸收養分，主要功能是吸收水分與產生糞便。外壁則有名為**結腸帶**的組織往縱向延伸，此部位緊繃便會在大腸上形成皺紋狀的凹凸。隆起處稱為**結腸袋**，其中間的溝槽則稱為**結腸切跡**。

關鍵字

結腸
橫結腸與乙狀結腸具有腸繫膜，升結腸與降結腸則是連接至後腹壁，不具腸繫膜。

闌尾
附著於盲腸末端，長約5～6cm的突起。黏膜下有大量的淋巴組織。一旦引起發炎（闌尾炎）就很容易轉為腹膜炎，因此應盡快切除。

結腸帶
沿著大腸外壁表面縱向延伸的帶狀結締組織，可分為獨立帶、繫膜帶與網膜帶。表面有個名為腸脂垂的袋狀構造，內含脂肪組織。

結腸袋
因結腸帶緊繃所產生的結腸隆起。

結腸切跡
結腸袋之間的溝槽，會於內壁形成半月襞。

COLUMN

闌尾是無用之物嗎？

闌尾不具消化作用，所以長期以來都被視為「無用之物」。過去甚至有人明明闌尾並未發炎，卻為了預防闌尾炎而將之切除。然而，此處容易引起發炎的原因之一便是：闌尾屬於淋巴組織；以這層含義來說，闌尾也可說是涉及了身體的防禦功能。此外，近年來也有人留意到，闌尾是所謂好菌的儲存器官。雖說是痕跡器官，但斷定其毫無用武之地或許還言之過早。

結腸的構造與消化

大腸是接在小腸後的消化道，長約1.5m。由盲腸（約5cm）、結腸（約1.3m）與直腸（約15cm）所組成。

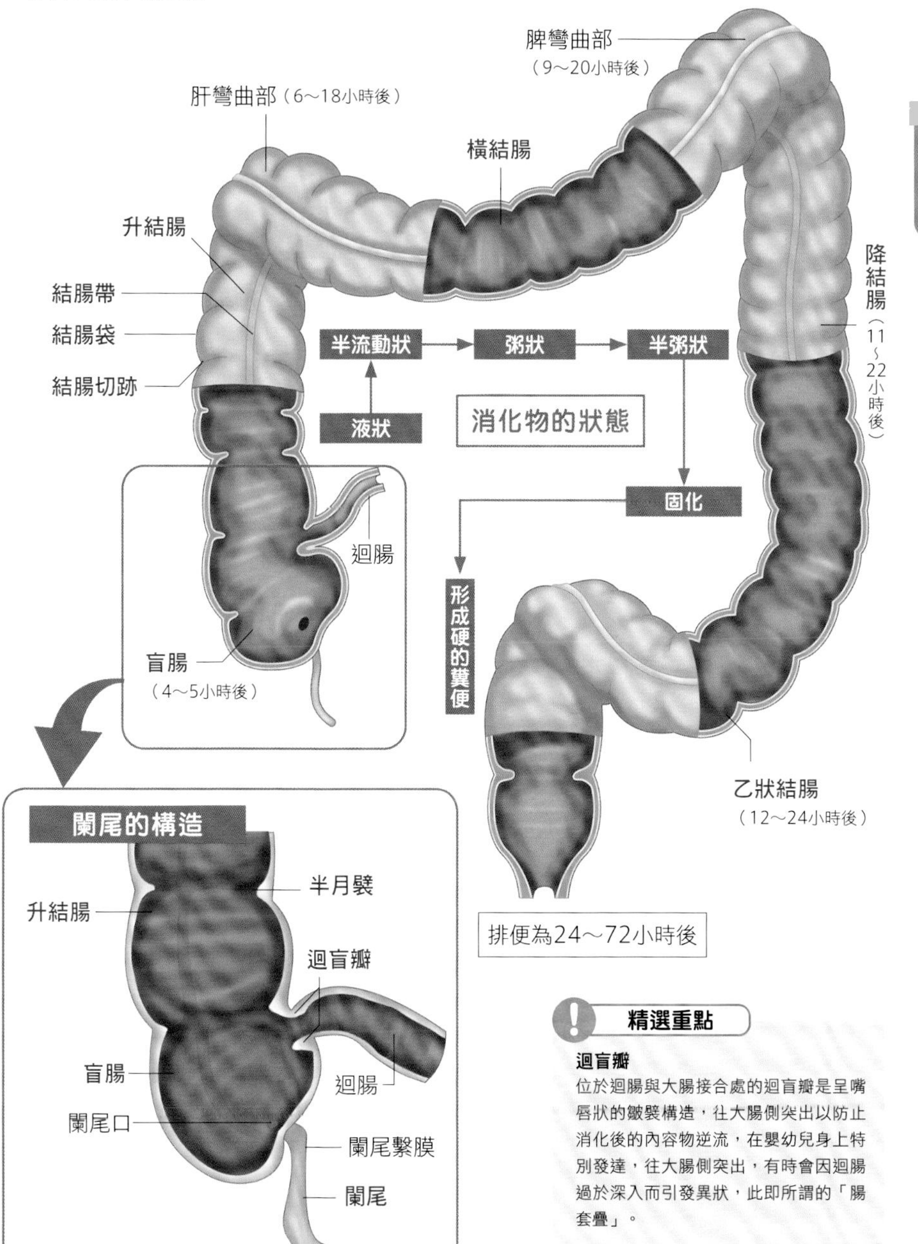

精選重點

迴盲瓣

位於迴腸與大腸接合處的迴盲瓣是呈嘴唇狀的皺襞構造，往大腸側突出以防止消化後的內容物逆流，在嬰幼兒身上特別發達，往大腸側突出，有時會因迴腸過於深入而引發異狀，此即所謂的「腸套疊」。

消化系統

大腸② 直腸・肛門

重點

- 直腸可分為直腸壺腹與肛管。
- 肛管以齒狀線為界，黏膜的組織與血管大不相同。
- 有2種肛門括約肌負責肛門的開合。

消化系統末端的構造意外地複雜

緊接在結腸之後，直到通往體外的開口部（**肛門**）為止，即消化系統末端的直腸。長約15cm，以骨盆底的肌肉（**盆膈**）為界，區分成2個部分，前半稱為**直腸壺腹**，後半則為**肛管**。直腸壺腹是比肛管還要大的內腔，有好幾條皺襞，其中格外發達的即稱為**Kohlrausch皺襞**（**Houston瓣**）。

肛管長約4cm，以**齒狀線**（**梳狀線**）為界，樣貌大為不同。例如黏膜組織便是以此處為界，前半為柱狀上皮，後半則為複層鱗狀上皮。血管也有很大的差異，齒狀線以上有**直腸上動・靜脈**，以下則有**直腸下動・靜脈**通過。兩者的差異在靜脈尤為顯著，相對於直腸上靜脈是經由肝臟返回心臟，直腸下靜脈則是經過髂內靜脈連結至下腔靜脈。

肛管內壁有個靜脈集中之處（**內痔靜脈叢・外痔靜脈叢**）。血液容易在此處滯留（瘀血），時常發生囊內積血或出血。這便是所謂的痔瘡。

肛門的開合是由**肛門括約肌**負責，此肌肉是由非隨意肌的**肛門內括約肌**與隨意肌的**肛門外括約肌**所組成。

考試重點名詞

直腸上靜脈
與肝門靜脈相通，因此一旦罹患上部直腸癌，就很容易轉移至肝臟。

直腸下靜脈
經過髂內靜脈連結至下腔靜脈，因此一旦罹患下部直腸癌，就很容易轉移至肺臟。

關鍵字

齒狀線
以胚胎學來看，此線相當於後腸末端與表皮的接合處，因此來自後腸的部分黏膜為柱狀上皮，來自表皮的部分黏膜則為複層鱗狀上皮（與皮膚相同）。

COLUMN

栓劑為何有效？

用藥的方法十分多樣，有口服藥或注射等，而栓劑也很常使用。為何插入肛門的藥物會有效呢？應該有不少人曾對此感到匪夷所思吧？這與肛管下部的靜脈連接至心臟而未經過肝臟有關。口服藥經消化道吸收後，通過肝臟時很有可能會遭到分解，換作是栓劑，成分會直接送達心臟，便可進一步送往肺臟或全身。

直腸與肛門的構造

直腸的位置

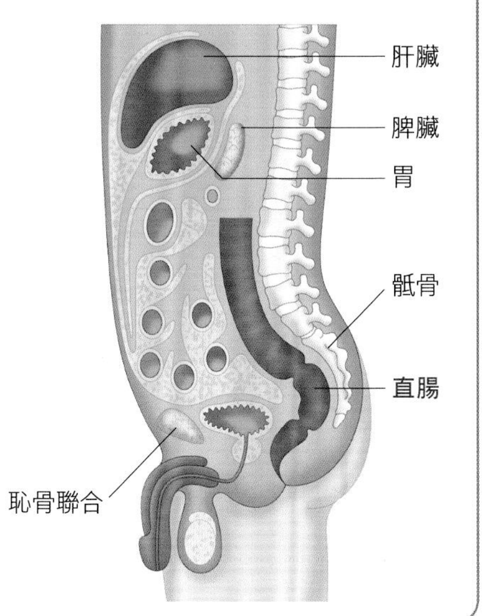

消化道的末端部位，長約15cm左右。經過膀胱與前列腺（女性則是子宮）的後方，沿著骶骨的前面往下延伸。

精選重點

內痔靜脈叢·外痔靜脈叢

中間夾著齒狀線，為肛管內壁的靜脈集中處。很容易發生瘀血。

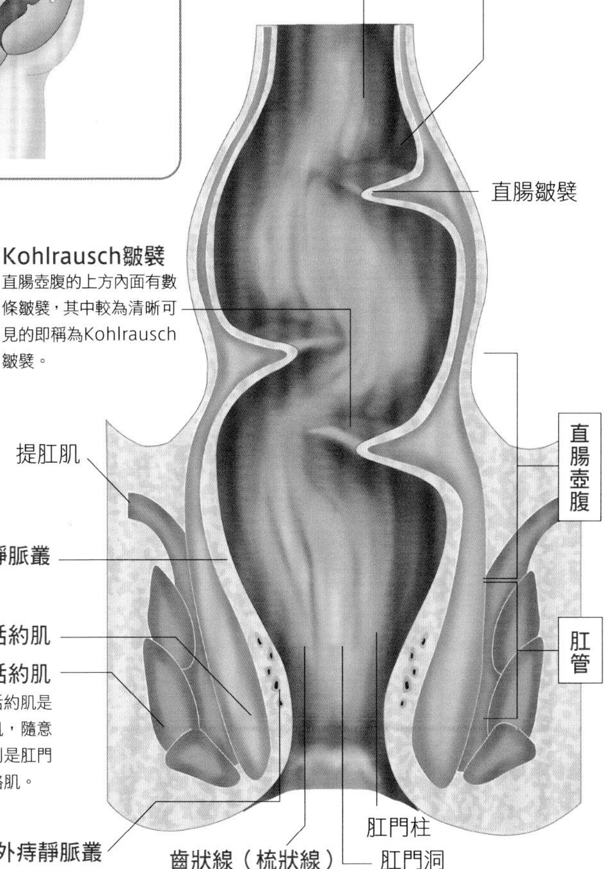

肝臟

重點

- 肝臟可劃分為上面2個區塊、下面4個區塊。
- 血液是從肝動脈與肝門靜脈2條血管流進肝臟。
- 呈六角柱狀的肝小葉是由肝細胞匯集而成，為肝臟的構成單位。

與消化道合作發揮作用的「高溫臟器」

肝臟並非消化道，卻是密切作用於食物消化與營養攝取的附屬器官。其功能大致有三，即製造膽汁、儲存營養與解毒作用。由於肝臟具有的多功能性與超過1kg的龐大體積，每分鐘所獲得的血液供給量高達1ℓ，也因此溫度較高，被稱為「人體中最高溫的臟器」。

肝臟的形狀是帶有圓弧的橫長三角形，被劃分為4個區塊：上面是由名為**肝鎌狀韌帶**的隔間劃分成的**右葉**與**左葉**，下面則是由H字型的溝槽劃分成的**肝方葉**與**肝尾葉**。**膽囊**附著於右葉的正下方，在肝臟製造的膽汁會經過**肝管**與**膽囊管**運送至此處。經過儲存與濃縮之後，再經過**總膽管**送至十二指腸。

2 種血液混合後在內部循環

肝臟內有2大條血流。一條是來自**肝動脈**，為**肝細胞**提供氧氣與養分；另一條則是來自**肝門靜脈**，帶來在消化道吸收的養分。這2條血流會在肝臟內分流成細支、匯合，再通過被夾在整排肝細胞（**肝索**）中的**竇狀微血管**（**肝血竇**）。

肝小葉是肝索以放射狀匯集所形成的六角柱狀，為肝臟的構成單位。通過柱狀中心的**心中靜脈**會集結來自肝血竇的血液，經過肝靜脈後通往下腔靜脈。

血液在通過肝血竇的期間會與肝細胞進行物質交換。多餘的養分會以肝醣的形式儲存起來，有不足的部分則轉為葡萄糖釋放出來。此外，有害物質會先解毒後再送回血液中。

進入肝臟的血液中，肝門靜脈血占了約80%，不過供氧量的比例是肝門靜脈血：肝動脈血≒1：1。這是因為在

考試重點名詞

肝動脈
負責供應營養給肝細胞的動脈（血管滋養管），從腹腔動脈分支出來後，便通往肝臟。負責供應肝臟約20%的血液。

肝門靜脈
帶有在消化道吸收的養分的血液所經過的靜脈（功能血管）。在供應給肝臟的血液中約占80%。

關鍵字

肝鎌狀韌帶
連結肝臟前上面、前腹壁與橫膈膜的腹膜皺襞，還與肝冠狀韌帶、左三角韌帶與右三角韌帶相連。

肝索
肝細胞相連呈列狀的構造，中間則有竇狀微血管（肝血竇）或已產生之膽汁所經的膽小管通過。

肝小葉
肝索以放射狀並排所形成的六角柱狀構造，為肝臟本體的構成單位。心中靜脈通過柱狀中心。柱狀外側有肝小葉間結締組織環繞，小葉間動脈、小葉間靜脈（匯流後通往肝血竇）與小葉間膽管穿過其中間。

消化道中的耗氧量並沒有那麼多，而且肝門靜脈血中也含有氧氣的緣故。

筆記

膽囊的功用
容量大約50mℓ的囊袋，內部有一個瓣膜構造（海斯特瓣），可調節膽汁的出入。

肝臟的構造

肝臟重達1.2～1.5kg，是體內最大的臟器，可大致區分為右葉與左葉。再生能力極高，即便動手術切除一部分，也幾乎都能恢復到原本的大小。

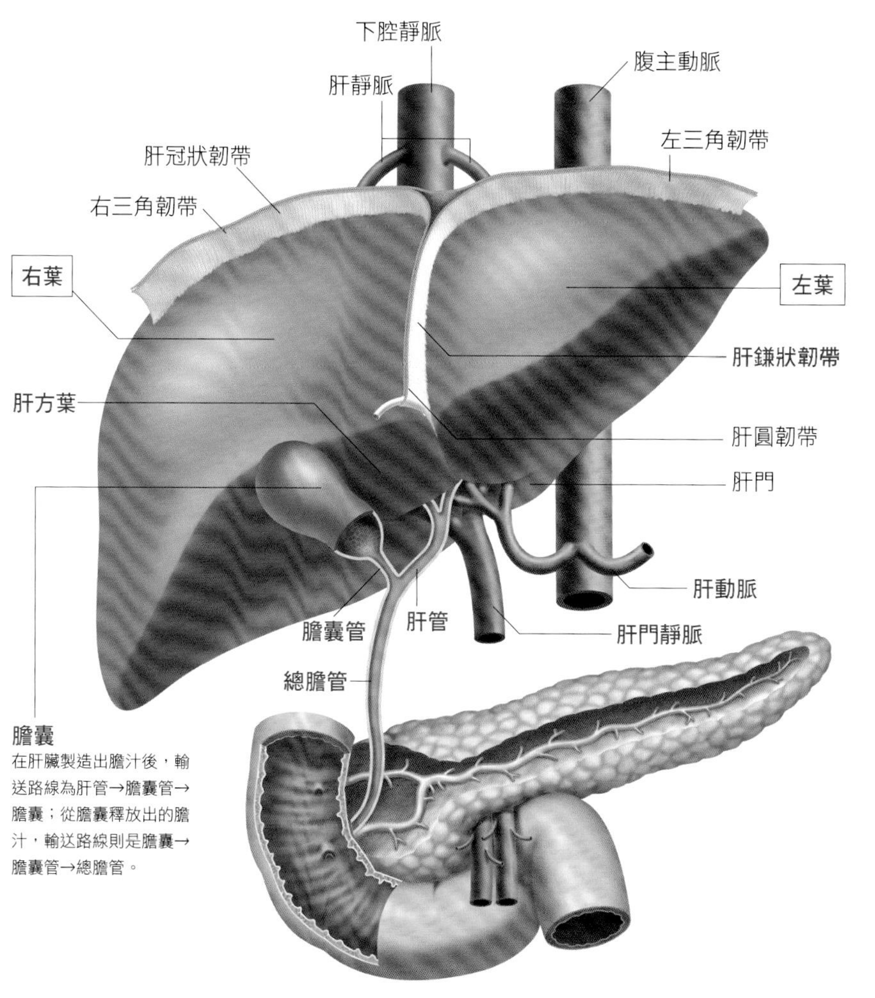

膽囊
在肝臟製造出膽汁後，輸送路線為肝管→膽囊管→膽囊；從膽囊釋放出的膽汁，輸送路線則是膽囊→膽囊管→總膽管。

脂肪是附著在身體何處？

體脂肪因為代謝症候群（Metabolic Syndrome）而受到人們的高度關注，那麼脂肪究竟是附著在身體的哪個部位呢？

食物中的脂肪大部分都是中性脂肪（三酸甘油酯）。分解成脂肪酸與單酸甘油酯並由腸絨毛所吸收，後來再次合成為脂肪進入淋巴管。此時，脂肪構成了膽固醇或蛋白質等，以及名為「乳糜微粒」的微粒子，從淋巴管經由靜脈通往肝臟與脂肪組織儲存起來。脂肪組織是脂肪細胞聚集而成的結締組織，目前已知大多存於皮下組織與腹膜。儲存在皮下組織的脂肪即稱為「皮下脂肪」。另一方面，腹膜的脂肪組織皆集中在如簾狀垂掛於胃至下腹部之間的「大網膜」中。儲存於此處的脂肪則為「內臟脂肪」。

大網膜的脂肪組織會負責保護腹部臟器，但若囤積過多脂肪會變肥大，導致內臟外圍有一層厚厚的脂肪牆。此狀態便是所謂的「內臟脂肪型肥胖」，這是一種代謝症候群而被視為一大問題。內臟脂肪型肥胖大多會以腹部膨脹的型態呈現出來，因此腹圍便成為診斷代謝症候群的基準（男性超過85cm，女性超過90cm）。然而，有些人看起來很瘦，內臟脂肪卻很多，因此單憑腹圍來判斷並不正確。

第5章

呼吸系統

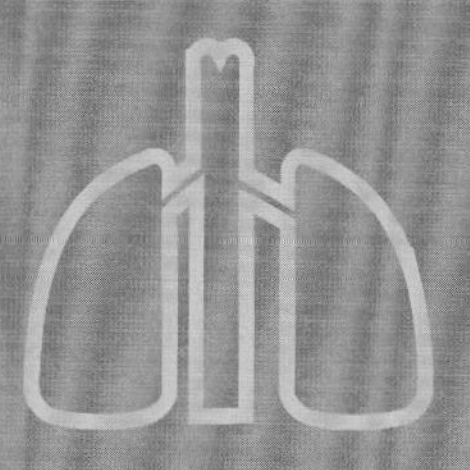

呼吸系統概要
氣體交換（外呼吸與內呼吸）
上呼吸道（鼻腔・咽頭・喉頭）
聲帶與發聲
下呼吸道（氣管與支氣管）
肺臟
肺泡
胸廓與呼吸運動
胸膜
咳嗽與打噴嚏

呼吸系統概要

重點
- 所謂的呼吸是指供應氧氣與排出二氧化碳的行為。
- 呼吸系統可大致區分為呼吸道與呼吸部位。
- 呼吸系統是透過橫膈膜與肋間肌帶動的呼吸運動來運作。

呼吸是製造生命能源的手段

生物會在體內燃燒食物的養分來獲得活動能量。所謂的燃燒是指與氧氣的化合反應，因此要維持生命活動就必須持續供應氧氣。此外，因燃燒而產生的**二氧化碳**會對身體造成不良影響，所以必須排出體外。像這樣供應氧氣並排出二氧化碳的一系列過程即稱為**呼吸**，作用於此的諸多器官則統稱為**呼吸系統**。

換氣與氣體交換的機制

肺臟是呼吸系統的主要器官，但是單憑肺臟並無法完成呼吸，還需要能讓肺臟發揮功能的構造與機制。

呼吸可從功能面區分為**換氣**（空氣進出肺臟）與**氣體交換**（氧氣與二氧化碳的交換），作用於換氣的器官稱為**呼吸道**，負責氣體交換的器官則稱為**呼吸部位**。呼吸道又可進一步劃分為**上呼吸道**與**下呼吸道**。所謂的上呼吸道，具體來說是指**鼻腔**、**咽頭**與**喉頭**，而下呼吸道則是指**氣管**與**支氣管**。此外，準確來說，負責氣體交換的器官是肺泡，即構成肺臟的構造。

運送氧氣的呼吸運動

進行換氣時，必須動用到呼吸系統。為此而發揮作用的胸廓運動即稱為**呼吸運動**，是由**橫膈膜**與**肋間肌**來帶動。透過呼吸運動攝入肺泡的氧氣，會和來自全身、溶入血液中運送而來的二氧化碳進行交換，再乘著血中的血紅素運送至全身（二氧化碳會從肺臟排出體外）。

運來的氧氣會在組織細胞中與二氧化碳進行交換，相對

考試重點名詞

上呼吸道與下呼吸道
負責換氣的呼吸道可分為上呼吸道與下呼吸道。上呼吸道是指鼻腔、咽頭與喉頭，而下呼吸道則是指氣管與支氣管。

關鍵字

呼吸系統
為了呼吸而發揮作用的器官之統稱，大致分為呼吸道與呼吸部位。呼吸道可分為上呼吸道與下呼吸道，前者是指鼻腔、咽頭與喉頭，後者則是指氣管與支氣管。

呼吸運動
為了讓呼吸系統實際發揮功能而運作的運動。透過橫膈膜的上下運動及肋間肌的收縮與伸展來帶動。

內呼吸・外呼吸
在全身的細胞進行氧氣與二氧化碳的交換也被視為「呼吸」，即所謂的內呼吸或組織呼吸。相對於此，在肺臟進行的呼吸則稱為外呼吸或肺呼吸。

筆記

換氣與氣體交換
呼吸系統的功能可以區分為2種，即讓氣體進出肺臟的「換氣」，以及讓氧氣與二氧化碳進行交換的「氣體交換」。

於肺呼吸（外呼吸），此過程稱為內呼吸。

呼吸系統的概略圖

經過呼吸道抵達肺臟的氧氣會被攝入血液中，而血液中的二氧化碳則會排出作為交換。

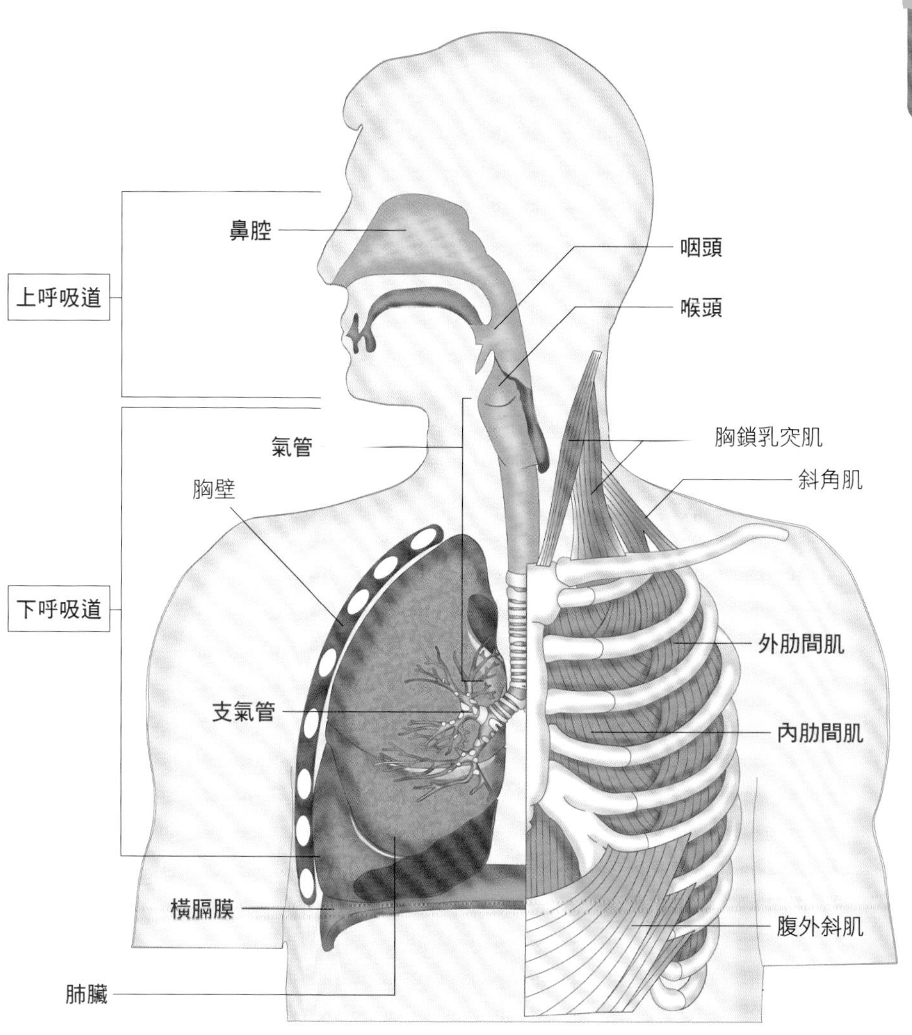

氣體交換（外呼吸與內呼吸）

重點

- ●在肺臟中交換氧氣與二氧化碳即稱為外呼吸。
- ●在組織中交換氧氣與二氧化碳即稱為內呼吸。
- ●透過氣體的壓力差來進行氣體交換。

呼吸是在全身各處進行

呼吸的本質為氧氣與二氧化碳的交換，即所謂的氣體交換。肺臟是進行氣體交換的器官，經呼吸道攝入空氣（吸氣），使其中的氧氣進入血液，反之則從血液中帶出二氧化碳，藉由吐氣加以排出。此時推動氣體交換的原動力是來自於氧氣與二氧化碳的濃度差異。吸氣是將氣體攝入肺臟，氧氣的濃度會高於血液，相反的，血液則是二氧化碳的濃度較高。氣體的壓力與濃度成正比，因此氧氣會從壓力較大的肺臟移至壓力較小的血液，二氧化碳則是從壓力較大的血液移至壓力較小的肺臟。

攝入肺臟的氧氣會與紅血球中所含的**血紅素**互相結合，再乘著血液運送至全身組織。送達組織的氧氣仍伴隨著氣體分壓（混合氣體中每種氣體的壓力）的差異，因此會從血紅素中分離，進入細胞。相對的，二氧化碳則會溶入血液中的血漿。換言之，細胞組織中也在進行氧氣與二氧化碳的交換。即所謂的**內呼吸**或**組織呼吸**，與之相對的**肺呼吸**則稱為**外呼吸**。

關鍵字

血紅素

此為紅血球中所含的一種蛋白質，內有氧合血紅素，為血液呈紅色的來源。含鐵，因此容易與氧氣結合。

筆記

氧氣與二氧化碳的氣體分壓

人體中，肺臟的氧氣分壓為100mmHg（毫米汞柱）、二氧化碳分壓為40mmHg；血液的氧氣分壓為40mmHg、二氧化碳分壓為46mmHg。

COLUMN

人工呼吸有效的原因

並非所有攝入肺臟的氧氣都會消耗殆盡，未能運至全身的部分就會排出體外。空氣的組成為氧氣21％、二氧化碳0.03％，而吐氣的成分則是氧氣16％、二氧化碳4％。雖然二氧化碳大幅增加，但內含的氧氣仍為其4倍之多，這便是嘴對嘴人工呼吸之所以有效的原因。如果換個角度來看，也意味著肺臟只會攝取所需的氧氣量。

氣體交換的機制

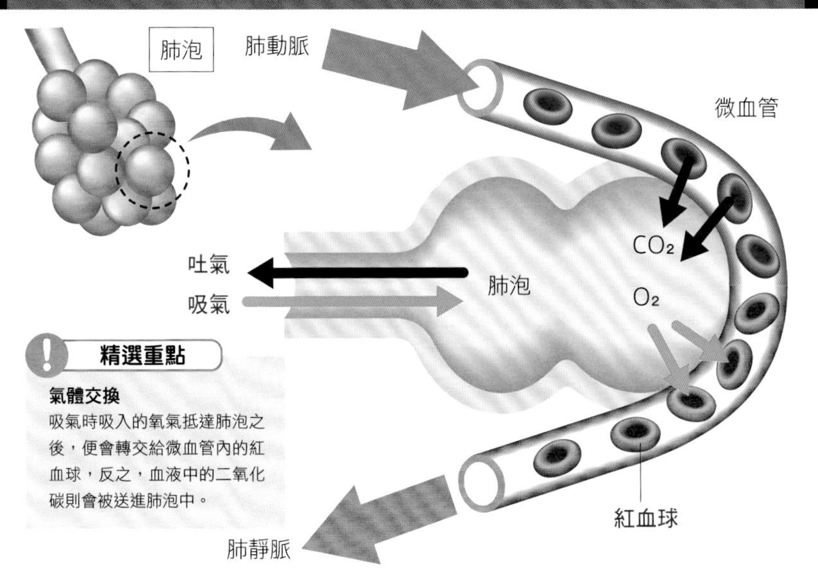

精選重點

氣體交換

吸氣時吸入的氧氣抵達肺泡之後，便會轉交給微血管內的紅血球，反之，血液中的二氧化碳則會被送進肺泡中。

外呼吸與內呼吸的機制

外呼吸

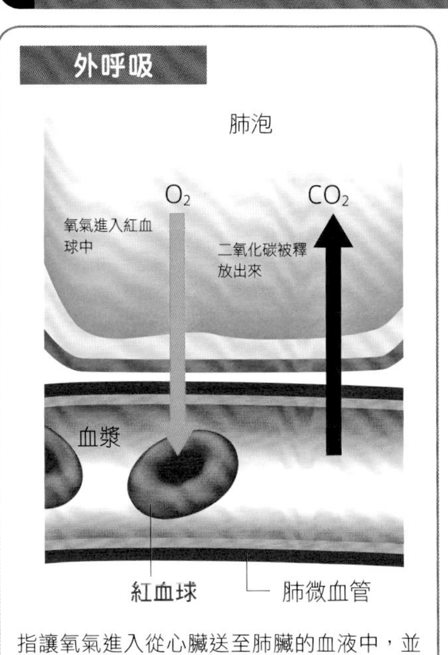

指讓氧氣進入從心臟送至肺臟的血液中，並將二氧化碳釋放出來，此即換氣。

內呼吸

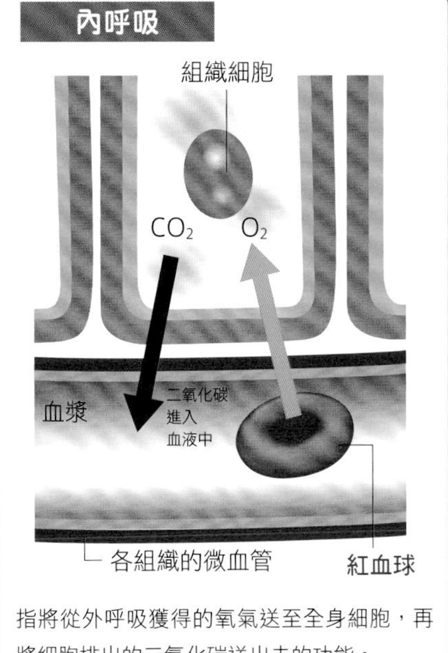

指將從外呼吸獲得的氧氣送至全身細胞，再將細胞排出的二氧化碳送出去的功能。

上呼吸道（鼻腔・咽頭・喉頭）

重點
- 呼吸道可區分為上呼吸道與下呼吸道。
- 上呼吸道為鼻腔、咽頭與喉頭，咽頭又可進一步區分成3個部位。
- 咽頭裡有6個扁桃體，形成魏氏環（Waldeyer's ring）。

攝取空氣的入口也肩負「第一道防線」之責

負責呼吸換氣的器官稱為呼吸道，可區分為前半段的上呼吸道與後半段的下呼吸道。上呼吸道具體來說是指**鼻腔**、**咽頭與喉頭**，而下呼吸道則是指**氣管與支氣管**。

咽頭又可進一步分成3個部位，分別為**鼻部**、**口部與咽頭部**。

鼻部是指鼻子深處，又稱為**上咽頭**；口部的範圍則是從鼻子深處至嘴巴深處，又稱為**中咽頭**；從喉嚨深處至氣管與食道分支點為止的咽頭部又稱為**下咽頭**。下咽頭亦為消化道的一部分，吸入的空氣與食塊皆會通過此處。然而兩者不能同時通過，因此位於氣管入口處的**會厭**會在吞嚥時封住氣管以防止誤嚥，避免讓嚥下的食塊不慎進入氣管。

扁桃體是咽頭中較具特色的存在，為淋巴組織，功能在於防禦吸入的空氣中所含的異物，除了較為人所知的**顎扁桃體**（左右各一成對），另有位於上咽頭的**咽扁桃體**（1個）、**咽鼓管扁桃體**（左右各一成對），以及位於咽頭部的**舌扁桃體**。這6個扁桃體圍繞在嘴巴與鼻子的深處，連起來所描繪出的線即稱為魏氏環，亦即人體的「第一道防線」。

腺樣體肥大
咽扁桃體的位置在上咽頭的上部，7～8歲左右最為發達，如果過於肥大，有時會妨礙呼吸，即所謂的腺樣體肥大。

咽頭
從鼻子深處至食道與氣管分支點為止的部分，即所謂的「喉嚨」。

扁桃體
位於咽頭、狀如扁桃仁的淋巴組織（扁桃），包括顎扁桃體等。

咽鼓管扁桃體
此為位於耳咽管（連接上咽頭與中耳）開口部周圍的扁桃體。有時過於肥大會引發中耳炎。

COLUMN

從喉嚨深處發臭的顆粒

有時喉嚨深處會長出白色的小顆粒，摸起來如起司般柔軟，一壓破就會散發出惡臭，即所謂的「扁桃腺結石」，這是細菌等侵入物質、剝落的黏膜外皮、食物殘渣等到了扁桃體，在白血球或淋巴球等的作用下產生變質所形成的產物（若是在顎扁桃體形成且變大，目測便可看到其沾黏在一起的模樣）。每個人都會長出這種顆粒，但是透過仔細漱口等，可以在某種程度上抑制這種狀況發生。

咽頭的矢狀截面圖

上呼吸道是由鼻腔、咽頭與喉頭所構成。咽頭又區分為鼻部（上咽頭）、口部（中咽頭）與咽頭部（下咽頭），扁桃體則構成魏氏環。

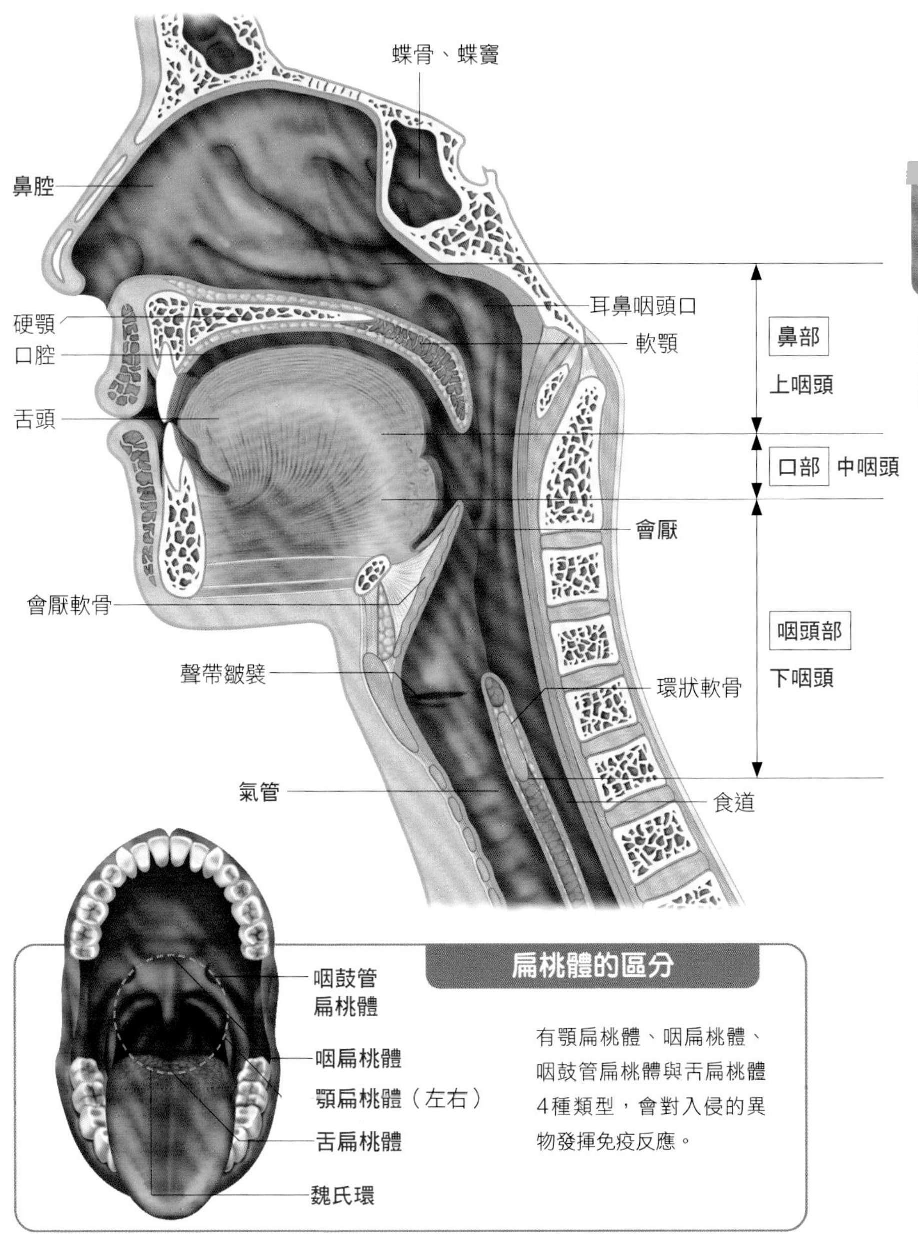

扁桃體的區分

有顎扁桃體、咽扁桃體、咽鼓管扁桃體與舌扁桃體4種類型，會對入侵的異物發揮免疫反應。

聲帶與發聲

重點

- 會厭至氣管上端的呼吸道稱為喉頭。
- 喉頭外有甲狀軟骨環繞，內部則有聲帶。
- 透過聲門的震動來發聲，喉頭肌則負責其開合。

聲音是從喉結附近發出來的

會厭至氣管上端（第6頸椎附近）的部分（長約5cm）稱為**喉頭**。特色在於有**喉頭軟骨**環繞其四周，而且內部有發聲器官：**聲帶**。喉頭軟骨主要是**甲狀軟骨**，下端連接通往氣管的**環狀軟骨**，上端則隔著**甲狀舌骨膜**與舌骨相連。甲狀軟骨從青春期開始變得發達，尤其是男性會往外側隆起，形成所謂的**喉結**，目測便可看出來。

聲帶位於能封閉喉頭之處，其構造是由覆蓋於甲狀軟骨之間的膜狀**聲帶皺襞**、**前庭皺襞**（**假聲帶**），以及作用於此的**喉頭肌**等所構成。聲帶皺襞與前庭皺襞為左右各一成對，其間的縫隙為**聲門**（**聲門裂**），呼吸時會打開，好讓吐出與吸進的空氣由此通過，發聲時則會關閉。此時，吐氣會讓聲帶皺襞與前庭皺襞產生震動而化作聲音。作用於聲門開合的肌肉包括：構成喉頭肌的**環杓後肌**（打開聲門）、**環杓側肌**及**橫・斜杓肌**（皆可關閉聲門）。此外，**環甲肌**會負責讓聲帶緊繃來發出高音，**甲杓肌**與**聲帶肌**則會讓聲帶放鬆以發出低音。

關鍵字

喉頭
從會厭到氣管上端為止的呼吸道。外側有甲狀軟骨環繞四周，內部則具備聲帶。

喉頭軟骨
由環繞在喉頭四周的甲狀軟骨、位於其下方而形成與氣管相接之部位的環狀軟骨，以及涉及聲帶開合的杓狀軟骨等所組成。

筆記

作用於聲門開合的喉頭肌
負責讓聲門開合、緊繃與放鬆的肌肉。由起始於環狀軟骨而終止於杓狀軟骨的「環杓後肌、環杓側肌、橫杓肌及斜杓肌」、起始於環狀軟骨而終止於甲狀軟骨的「環甲肌」，以及起始於甲狀軟骨而終止於杓狀軟骨的「甲杓肌」與「聲帶肌」構成。

COLUMN

為什麼會變聲？

變聲是出現於青春期的身體變化（第二性徵）之一，這是因為身體在這個時期會顯著地成長，導致聲帶的大小也隨之變化。基本上無論男女都會變聲，不過男生的甲狀軟骨格外發達，聲帶的長度與厚度都隨之產生大幅的變化，因此變聲幅度較為顯著（女生的聲帶變化不大，因此變聲幅度也較小）。有些人在變聲初期會因為肌肉的發育跟不上聲帶的成長而難以發出聲音（變聲障礙）。

喉頭的構造

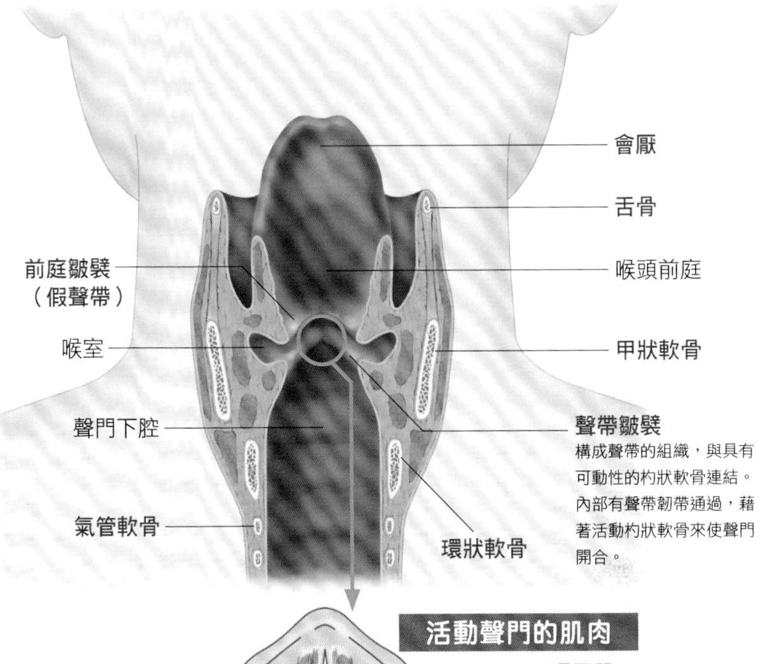

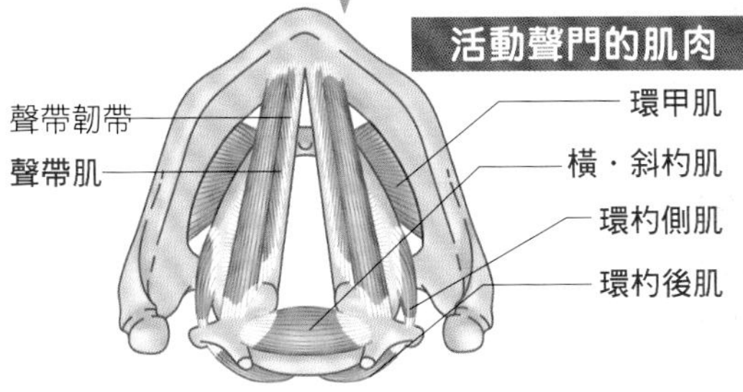

聲帶的動作

吐氣時

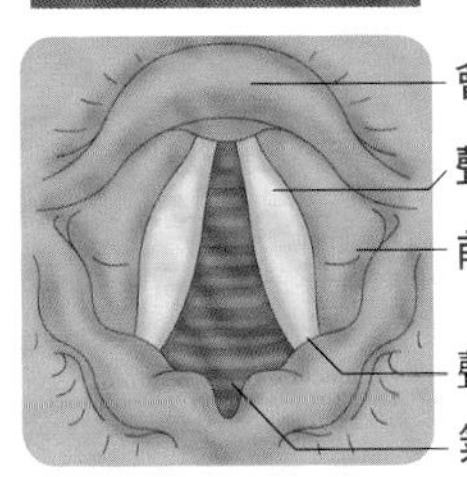

深吸氣時

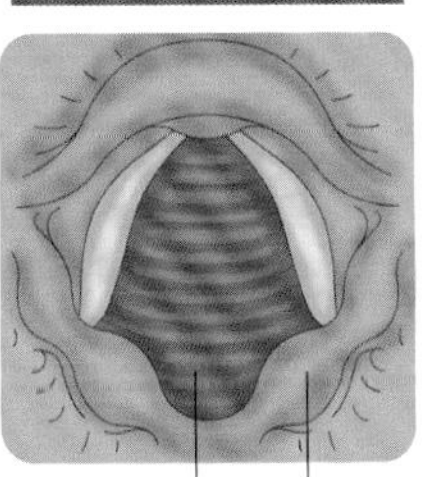

發聲時

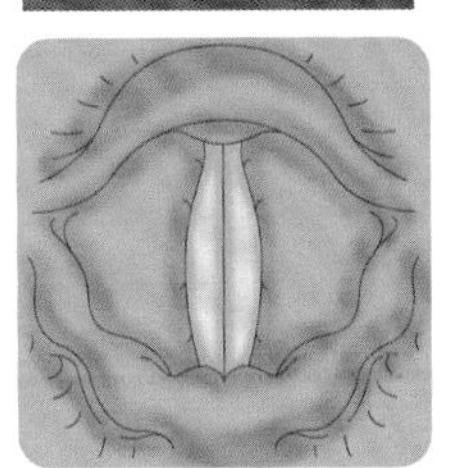

在聲門裂關閉的狀態下讓空氣通過，聲帶會震動而發出聲音。

下呼吸道（氣管與支氣管）

重點
- 下呼吸道可區分為氣管（喉頭至氣管分支處）與支氣管。
- 氣管前面與U字型軟骨相連來加以補強。
- 支氣管在不斷分支約20次後，抵達肺泡。

支氣管會分支多次而逐漸變細

下呼吸道可區分為氣管與支氣管。氣管（長約10cm）是指喉頭至氣管分支處（分支為支氣管的地方），前面外側與16～20根U字型軟骨相連，發揮補強的作用（後側沒有軟骨，以便與食道相接）。

氣管分支處位於胸骨角（路易士角，參照P.50）的位置。剛分支出來的支氣管稱為**主支氣管**，其角度左右各異，左主支氣管的斜度比右主支氣管還要大（右25度、左45度）。此外，長度也是左邊（4～5cm）比右邊（約3cm）還要長，直徑則是左方更細。這與心臟的位置較靠胸部左側有關。

主支氣管在那之後又分支為**肺葉支氣管**（右3支、左2支），並進一步分支變細，形成**肺節支氣管**、**細支氣管**、**終端細支氣管**與**呼吸性細支氣管**。至此支氣管的粗細已變成約0.5mm，之後還會再分支數次，形成**肺泡管**，與**肺泡**相連。從氣管分支處至肺泡為止的分支次數多達20次左右。

周遭有許多淋巴結也是支氣管的特色。

氣管
指接續於喉頭的呼吸道，到分支為支氣管的部分（氣管分支處）為止。與無數U字型軟骨相連來補強氣管的前面外側。

主支氣管
最初分支出來的支氣管。心臟靠胸部左側，因此主支氣管的分支角度、長度與粗度左右各異。隨後又不斷分支了20次左右，抵達肺泡。

支氣管的分支
支氣管會如下方所示逐一進行分支：
主支氣管⇒肺葉支氣管⇒肺節支氣管⇒細支氣管⇒終端細支氣管⇒呼吸性細支氣管
進入肺內的支氣管分支會將肺臟劃分為左右約10個區域，通常以B^1～B^{10} 的編號來標示各區域。

COLUMN

感冒是從何處而生？

氣管的黏膜為纖毛上皮，表面長滿了細毛。此外，黏膜表面的腺體會經常分泌黏液，包覆住吸氣時入侵的異物，再透過纖毛運動排出體外，這便是痰。然而，上呼吸道與下呼吸道皆會直接接觸外界空氣，因此黏膜容易受損，一旦黏液減少或纖毛剝落等而導致排出功能下降，就會引發呼吸道不適，甚至因病毒感染而發炎。這便是感冒的開端。

下呼吸道的構造

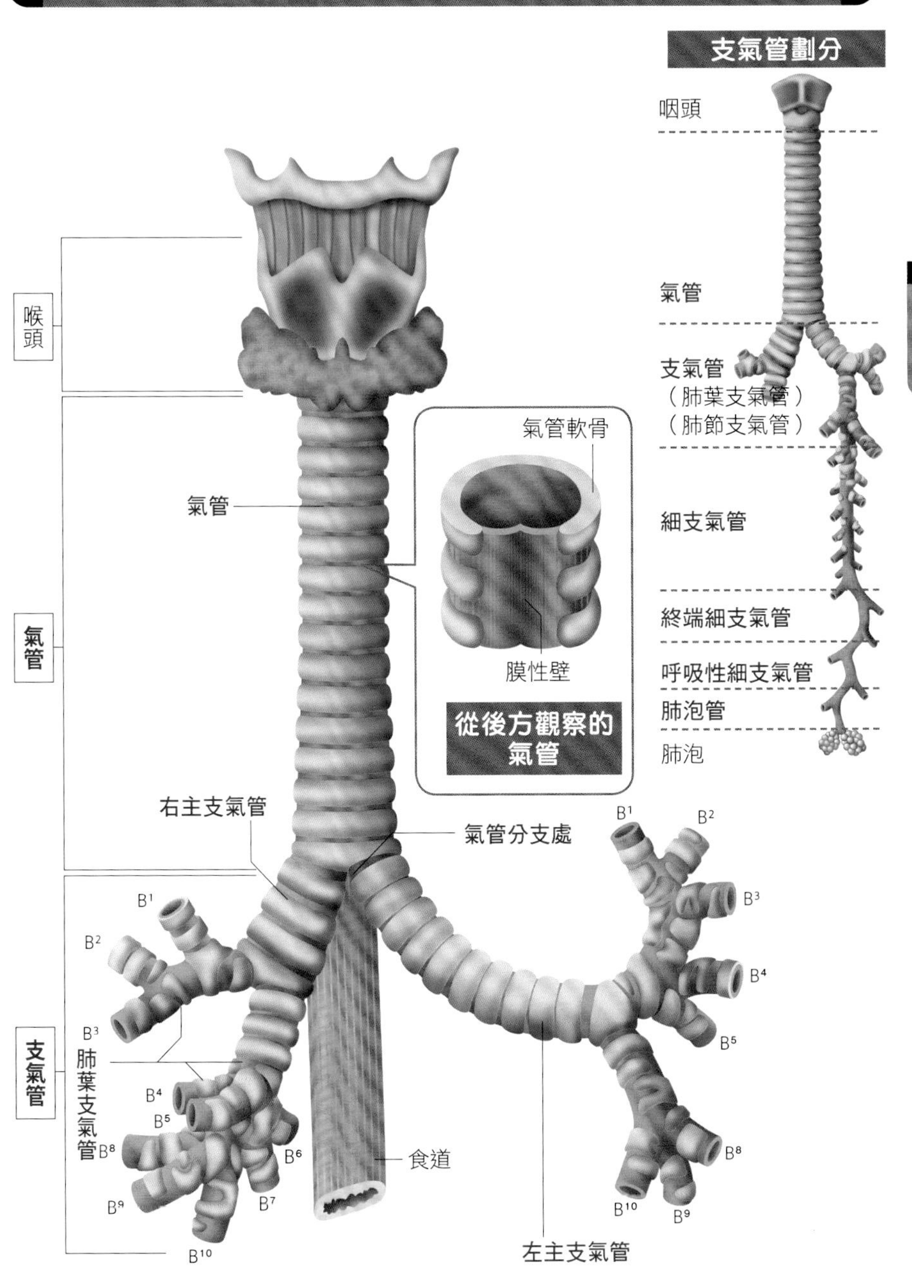

※B¹～B¹⁰ 的支氣管分支劃分中，有些從正面是看不到的。

肺臟

重點

- 肺臟的表面可區分為橫膈面、肋面與內側面。
- 右肺可分為3片肺葉，左肺只有2片肺葉。
- 肺臟為肺泡的集合體，是如海綿般的器官，飽含血液。

左右肺的大小各異

肺臟是擔任基本呼吸功能的器官，左右各一成對，安置於胸廓內。有著如縱向剖開火箭尖端般的形狀，表面則可區分為**橫膈面**（肺底）、**肋面**與**內側面**（縱隔面）。內側面中有個肺動脈、肺靜脈與支氣管出入的肺門，還有個稱為**壓痕**的凹陷，內有心臟與動脈。此外，最上端稱為肺尖。

以構造來看，左右肺臟皆可劃分成好幾個區塊。右肺有**上葉**、**中葉**與**下葉**3片（隔開上葉與中葉的界線稱為**水平裂**，中葉與下葉的交界則為斜裂），左肺則由上葉與下葉2

關鍵字

橫膈面
又稱為肺底，指接觸橫膈膜的肺臟下部。

肋面
指連接肋骨的那面。

內側面
環繞心臟的那面，又稱為縱隔面。

肺臟的外形

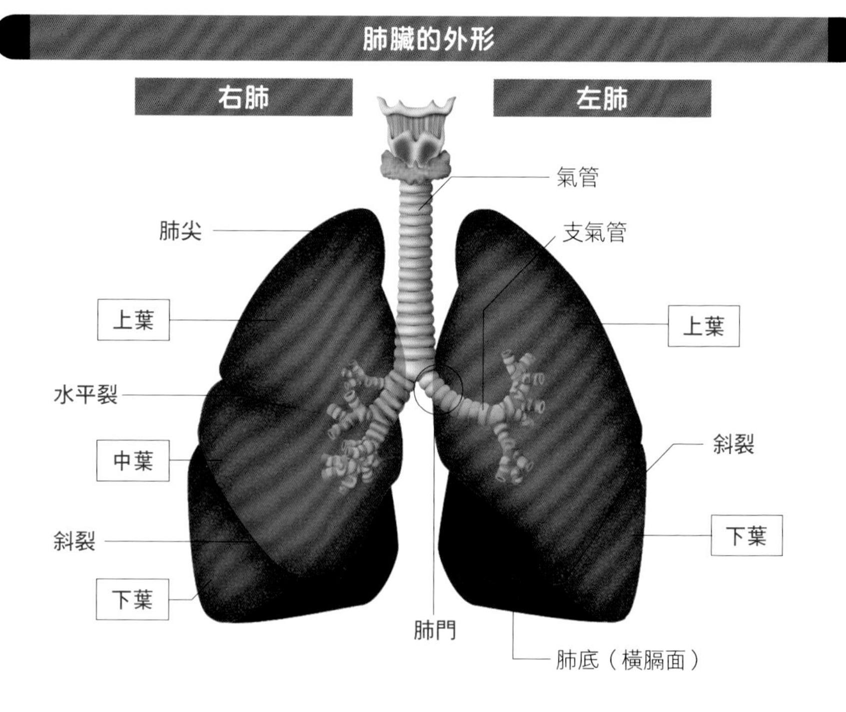

片（以斜裂分隔開來）所組成，又能進一步各自分成10個小肺節（肺葉與肺節是利用支氣管的分支處來加以劃分的區塊）。

左肺之所以只有2葉，是因為心臟的位置比較靠胸部左側，也因此左右肺的大小各異，成人的右肺重500～600g，左肺為400～500g。

筆記

如海綿般的器官

肺臟是由名為肺泡的細微囊狀構造所形成，有無數微血管覆蓋其表面。因此，肺臟成了所謂「飽含大量血液的海綿」。

COLUMN

是先有肺還是先有鰾？

肺臟和魚類的鰾是同一種器官。因此，長期以來人們都相信「肺臟是從鰾進化而來」。然而，近年來的研究發現其實正好相反，似乎是從肺臟演變成鰾。如今一般認為，在初期魚類的棲息地從大海轉移至淡水的過程中，由於淡水的溶氧量低於海水，因而開始具備原始的肺臟以便輔助鰓的呼吸，但是鰓呼吸的功能在進化中有所提升，便不再需要肺呼吸，故而演變成鰾。

肺臟的構造

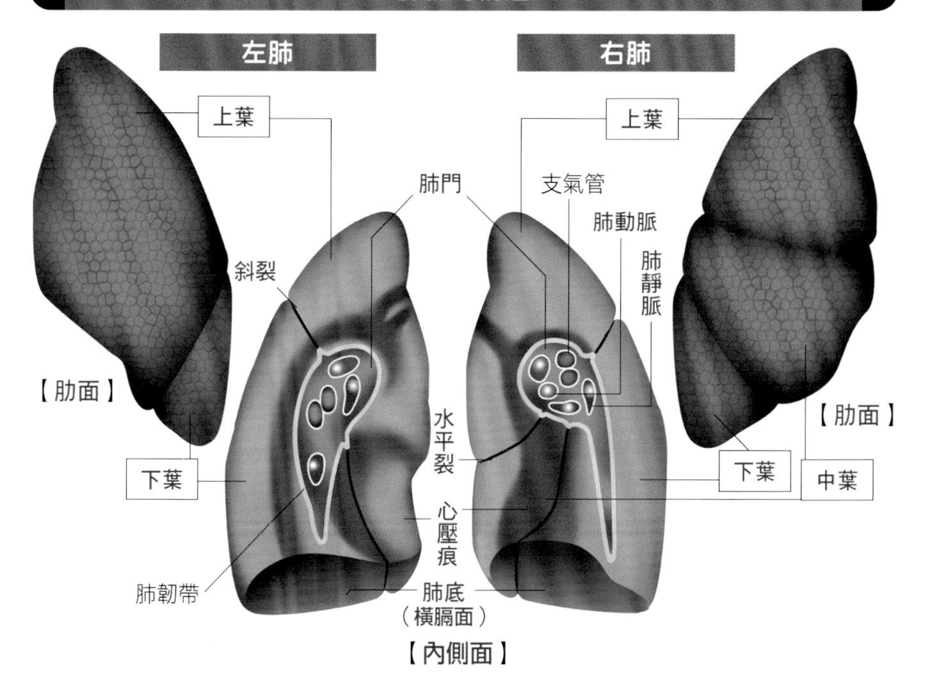

肺泡

重點

- ●肺泡是與細支氣管末端相連的細微囊狀構造。
- ●肺泡的表面有微血管包圍，藉此進行氣體交換。
- ●除了氣體交換用的血管外，另有輸送營養給肺臟的血管通過。

每一個都很微小，但加總起來十分龐大

構成肺臟的肺泡為囊狀構造，於細支氣管末端（**呼吸性細支氣管**）相連呈葡萄狀。直徑為0.1～0.2mm，極其細微，不過一根呼吸性細支氣管上相連的肺泡有1萬5000～2萬個，左右合計總數高達約6億個。此外，所有肺泡的總表面積（**呼吸面積**）為60～80㎡，有些人甚至還會高達80～100㎡。

呼吸性細支氣管與肺泡是透過名為**肺泡管**的管子相接，肺泡與肺泡間則以極薄的**肺泡間隔**（由結締組織與覆蓋肺泡內面的**肺泡上皮**所組成）加以區隔。表面有微血管包圍呈網狀，透過肺泡間隔進行氣體交換（參照P.104）。換言之，肺泡內的氧氣會轉交給血中的紅血球，而血漿中的二氧化碳則轉移至肺泡內。接收氧氣的血液經過肺靜脈返回心臟後，便會送至全身。

除了交換氣體用的血管外，另外用來輸送肺泡自身所需養分的血管也有通過肺臟（**支氣管動脈・支氣管靜脈**）。這些血管所經的路線為：從主動脈沿著支氣管進入肺臟，經過肺泡並離開肺臟，之後通過上、下腔靜脈返回心臟。

關鍵字

肺泡
與細支氣管末端相連的細微囊狀構造。有微血管包圍，藉此進行氧氣與二氧化碳的交換。

肺泡上皮
覆蓋肺泡內面的組織，隔著基底膜與微血管相接。由扁平狀的I型細胞與立方狀的II型細胞所構成，且II型是包夾於I型之間。

筆記

肺泡的表面積
所有肺泡的表面積合計高達60～100㎡，如果將其換算成榻榻米，相當於40～60片份的大小。

Athletics Column

有氧運動

Aerobics原本是指有氧運動本身。起源於1967年美國軍醫所構思的心肺功能提升計畫，以慢跑或騎自行車等訓練為主。多年以後，此理論被運用於舞蹈上，於是爆發性地普及開來，如今單說「有氧」時，大多是指這種舞蹈形式。然而，如果從其原意來說，舞蹈不過是有氧的一種類型罷了，稱為「有氧舞蹈」較為正確。

肺泡的構造

攝入的氧氣會通過肺動脈運送至肺泡，並通過肺靜脈返回心臟。

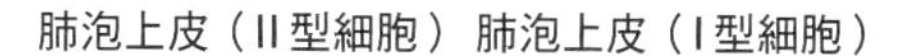
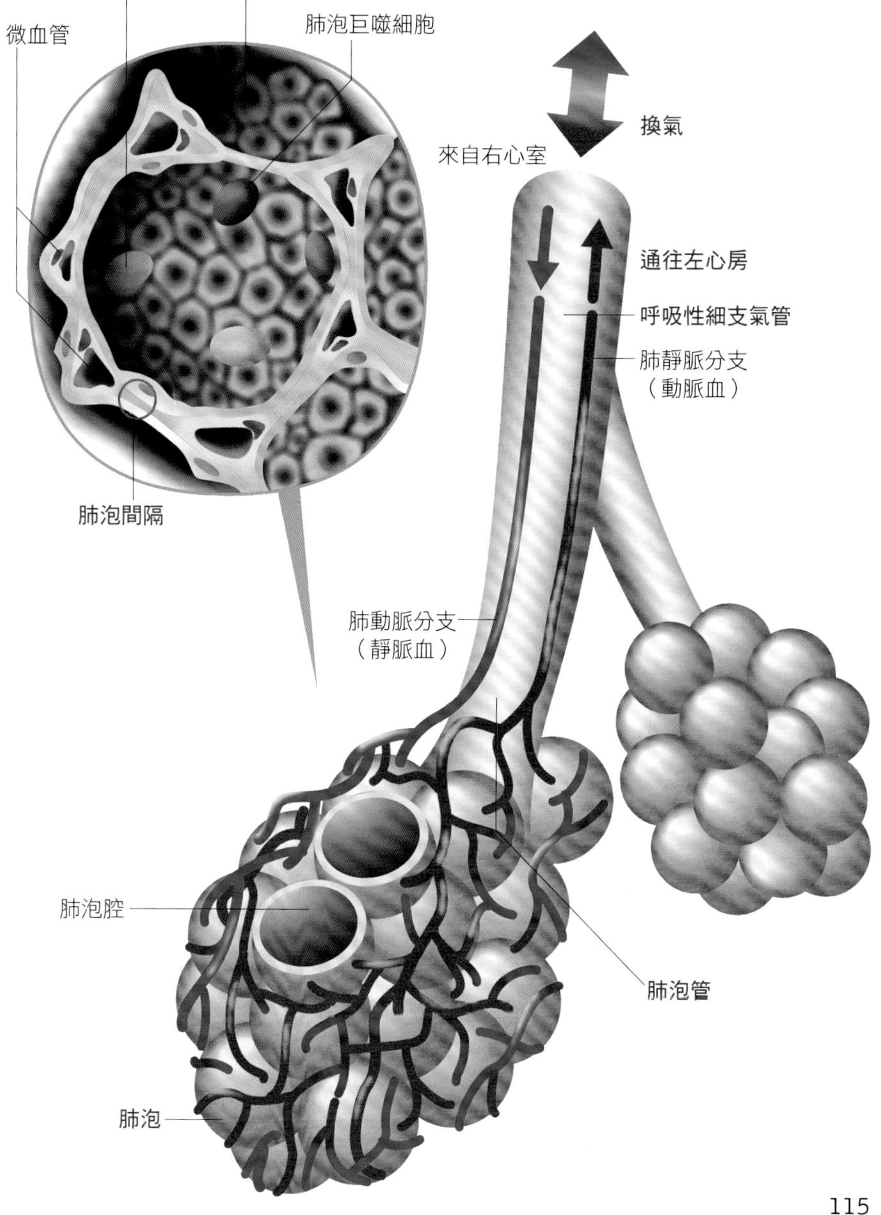

胸廓與呼吸運動

重點
- 肺臟沒有換氣的功能，呼吸是透過橫膈膜與胸廓的運動來進行。
- 橫膈膜下降讓胸腔內呈負壓，帶動吸氣（腹式呼吸）。
- 胸廓往外側擴張也能帶動吸氣（胸式呼吸）。

呼吸多半來自於橫膈膜的上下運動

肺臟本身並不具備讓空氣進出的功能。要進行換氣就必須從外部作用於肺臟。完成此任務的便是**橫膈膜**與**胸廓**所帶動的**呼吸運動**。

橫膈膜是延展於胸廓下口的膜狀肌肉，整體呈圓頂狀（起始於下口外緣，終止於肌膜的中心）。其機制為：橫膈膜一收縮，中央部位就會往腹腔側下降而變平坦，胸腔內的壓力也隨之下降，肺泡內也會轉為負壓，外部空氣就此流入體內（吸氣）。一旦橫膈膜放鬆並回歸原位，胸腔內的壓力也會上升，肺泡內的氣體就會排出體外（吐氣）。橫膈膜的上下運動（靜態呼吸約1.5cm，深呼吸則約10cm）也會影響腹腔，可以看到腹部鼓起、收縮，因此又稱為**腹式呼吸**。

胸廓本身的運動也會作用於呼吸。**外肋間肌**一收縮，胸廓就會往前後左右擴張，作用於吸氣；一放鬆，胸廓就會回歸原位，作用於吐氣，即所謂的**胸式呼吸**。

呼吸運動是腹式呼吸與胸式呼吸的「綜合之術」，不過整體約9成都是由腹式呼吸完成的。

關鍵字

橫膈膜
將胸腔與腹腔分隔開來的膜狀肌肉，起始於胸廓外緣，終止於中央部位（稱為中心腱）。整體呈往上突出的圓頂狀。

筆記

腹式呼吸
透過橫膈膜的上下運動來進行呼吸。腹腔會隨之變窄，因此腹部會配合呼吸往外側鼓起、收縮，故稱之為「腹式」。占呼吸整體的9成。

胸式呼吸
透過外肋間肌的收縮與伸展讓胸廓擴張並恢復原狀，藉此來進行呼吸。胸部會大幅上下移動，因而得名。一般占呼吸整體的1成，但孕婦的橫膈膜運動會受到阻礙，所以會改以胸式呼吸為主。

Athletics Column

瑜伽與皮拉提斯呼吸法

在健身俱樂部等處運動時，也很重視呼吸。尤其是墊上運動，呼吸法似乎成了關鍵。普遍的指導方針為：放鬆類的運動採腹式呼吸，訓練類的運動則有意識地使用胸式呼吸。前者以瑜伽為代表，試圖透過和緩的腹式呼吸來調整身心。後者則以近年來日漸普及的皮拉提斯為代表，特色在於讓腹部下凹，有意識地進行胸式呼吸，以求達到鍛鍊深層肌肉的目的。

胸廓與呼吸的運動

吸氣是擴張胸廓，將空氣攝入肺臟的動作，相反的，吐氣則是收縮胸廓，將空氣送出肺臟的動作。

吸氣（吸入氣體）

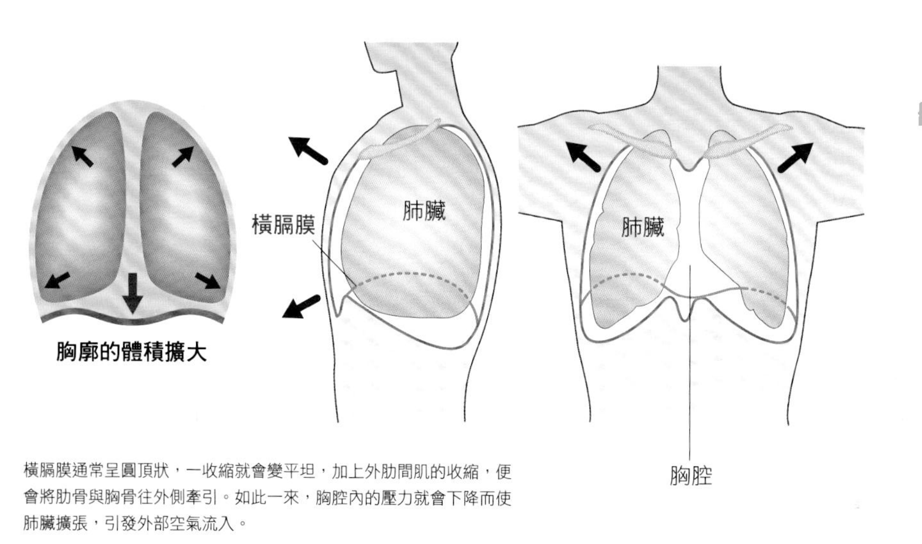

橫膈膜通常呈圓頂狀，一收縮就會變平坦，加上外肋間肌的收縮，便會將肋骨與胸骨往外側牽引。如此一來，胸腔內的壓力就會下降而使肺臟擴張，引發外部空氣流入。

吐氣（呼出氣體）

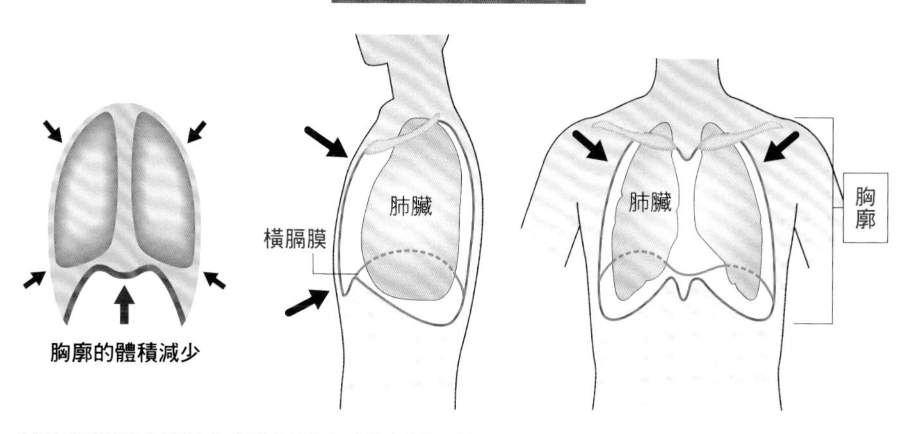

收縮的橫膈膜與外肋間肌在伸展而恢復原狀時，其恢復的力量會讓胸腔內的壓力上升，將空氣從肺臟擠出去。在自然呼吸中試圖進一步吐氣時，內肋間肌便會收縮。

胸膜

- ●肺臟包覆在胸膜之中，並收納於胸廓內。
- ●胸膜為雙層構造，外側稱為壁層胸膜，內側則稱為肺胸膜。
- ●兩層胸膜之間有個胸膜腔，充滿胸膜液。

整個肺臟被包覆在雙層囊袋中

肺臟與心臟一起收納在胸廓的內側（胸腔），其中間有層胸膜。換句話說，胸廓容納著被胸膜包覆的肺臟。胸膜為雙層構造，外側（接觸胸腔內面的那側）稱為**壁層胸膜**，內側（接觸肺臟的那側）則稱為**肺胸膜**（**臟層胸膜**），兩者中間呈封閉空間，稱為**胸膜腔**，充滿自胸膜分泌出來的**胸膜液**（好比用裝了液體的囊袋包裹起來的狀態）。如此便可發揮緩衝作用，減少胸廓的呼吸運動對肺臟造成的摩擦影響。

壁層胸膜可進一步區分為3種，分別為**肋骨胸膜**（接觸胸壁內面的那側）、**橫膈胸膜**（接觸橫膈膜的那側）與**縱隔胸膜**（心臟那側）。此外，壁層胸膜的最頂部（覆蓋肺尖的部位）特稱為**胸膜頂**，與**胸膜上膜**相連。胸膜上膜是從頸部延伸出來的筋膜，又稱為**西布森筋膜**（Sibson's fascia），發揮連接固定的作用以避免肺臟下垂。

支氣管與血管從肺門貫穿胸膜後進入肺臟內部，其連接部位則是利用**肺韌帶**加以補強，確保胸膜腔的封閉性。

胸膜
包覆住整個肺臟與心臟的漿膜。呈雙層構造，接觸胸廓的那側稱為壁層胸膜，接觸肺臟的那側則稱為肺胸膜或臟層胸膜。

胸膜腔
夾在壁層胸膜與肺胸膜之間的封閉空間，充滿胸膜液。內部壓力比周圍還小，也會作用於肺臟的吸氣，所以一旦喪失封閉性，呼吸運動就會受到阻礙（氣胸）。

COLUMN

橫膈膜的3個孔道

正如支氣管貫穿胸膜進入肺臟，橫膈膜也有食道、主動脈與下腔靜脈貫穿其中。食道通過的孔道為食道裂孔，主動脈通過的孔道為主動脈裂孔，下腔靜脈通過的孔道則稱為下腔靜脈孔。橫膈膜一般為圓頂狀，所以每個孔道所在位置的高度也各異。此外，所謂的「裂孔」是指會因應直徑變化（變粗或變細）的孔道。下腔靜脈的粗細幾乎不會變化，因此並非裂孔的構造。

胸膜與胸膜腔

胸膜是包覆肺臟表面與胸廓內面的漿膜。在肺門處反折而呈囊袋狀，裡面充滿名為胸膜液的少量液體，可減輕呼吸運動時所產生的摩擦。

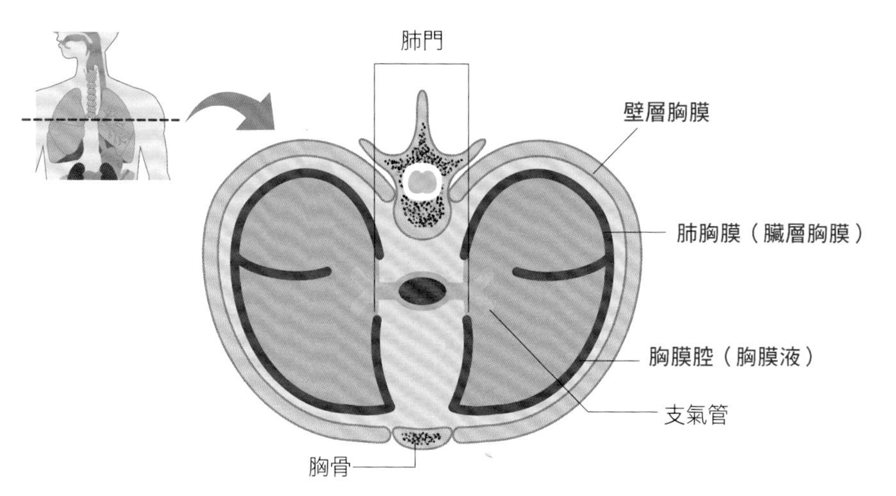

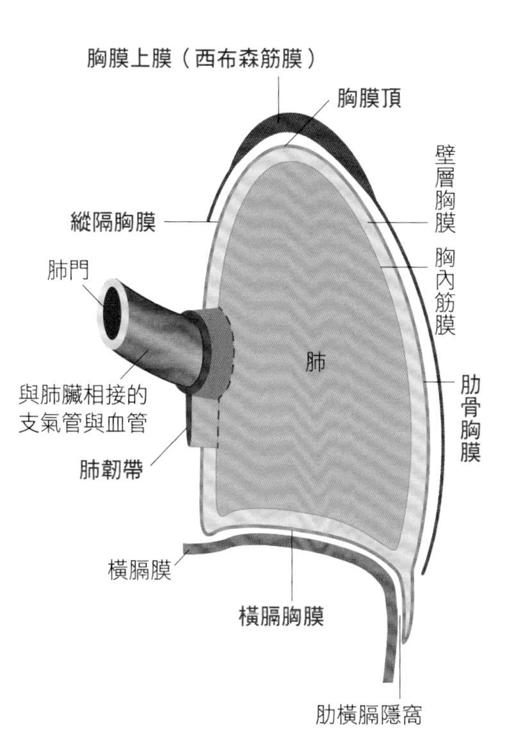

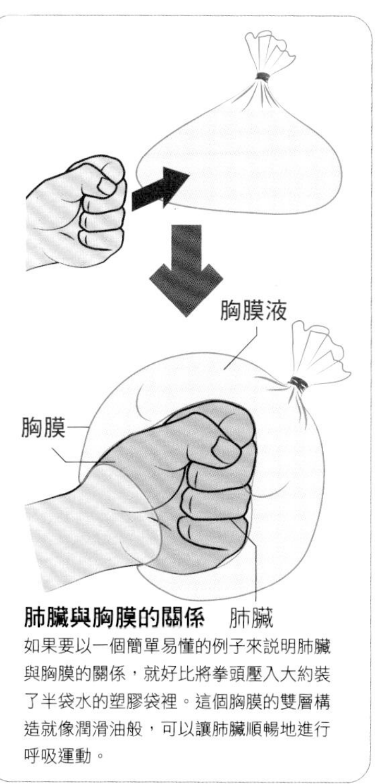

肺臟與胸膜的關係

如果要以一個簡單易懂的例子來說明肺臟與胸膜的關係，就好比將拳頭壓入大約裝了半袋水的塑膠袋裡。這個胸膜的雙層構造就像潤滑油般，可以讓肺臟順暢地進行呼吸運動。

咳嗽與打噴嚏

重點

- ●咳嗽與打噴嚏是阻止異物入侵呼吸器官的反射動作。
- ●打噴嚏是鼻腔的刺激經由三叉神經傳遞至反射中樞所引起的。
- ●咳嗽是氣管或支氣管的刺激透過迷走神經傳遞至反射中樞所引起的。

試圖以風速200km/h的吐氣來排出異物

咳嗽與打噴嚏是呼吸器官的防禦性反應，這2種反射動作的中樞都位於延髓，試圖一鼓作氣地吐氣好將異物排出體外，以免深入至呼吸道深處。

打噴嚏是鼻腔的黏膜受到刺激所引起的。刺激訊號經由三叉神經傳遞至延髓的反射中樞，反應的指令便會發送至作用於呼吸肌肉（橫膈膜・肋間肌・腹壁肌等）的神經（作用於橫膈膜的橫膈神經等）、顏面神經、舌咽神經等。收到指令後，便會出現一系列的反應：〈大口吸氣〉→〈關閉聲門以提高胸腔內的壓力〉→〈突然敞開，將肺內的氣體一口氣排出〉。據說此時打噴嚏的風速高達時速200km。

咳嗽是氣管或支氣管的黏膜受到刺激所引起的。迷走神經將刺激傳遞至反射中樞，再透過橫膈神經與肋間神經對橫膈膜或呼吸肌肉發出反應指令。就像打噴嚏一樣，人體會先大口吸氣，關閉聲門以提高呼吸道與肺臟的內部壓力，再突然敞開，一鼓作氣地吐出氣體。據說咳嗽的風速也高達時速200～300km。

三叉神經
傳遞臉部感覺的神經，由眼神經、上頷神經與下頷神經所組成。

迷走神經
廣泛分布於咽頭、氣管、支氣管、心臟與其他臟器等處的神經，也有多種類型，例如運動神經、知覺神經等。

COLUMN

看著太陽就打噴嚏，清理耳朵就咳嗽

有些人一看到太陽就會打噴嚏，此現象又稱為「光學噴嚏反射」，據說有25～30%的日本人會出現這種反應。其機制尚不明朗，不過研判光線會對鼻腔引發某種刺激並傳遞至反射中樞。咳嗽有時與呼吸道的刺激無關。如果是迷走神經，無論刺激哪個部位都有可能出現反應，所以也有人一清理耳朵就會咳嗽，因為外耳道有迷走神經分布。

打噴嚏的反射

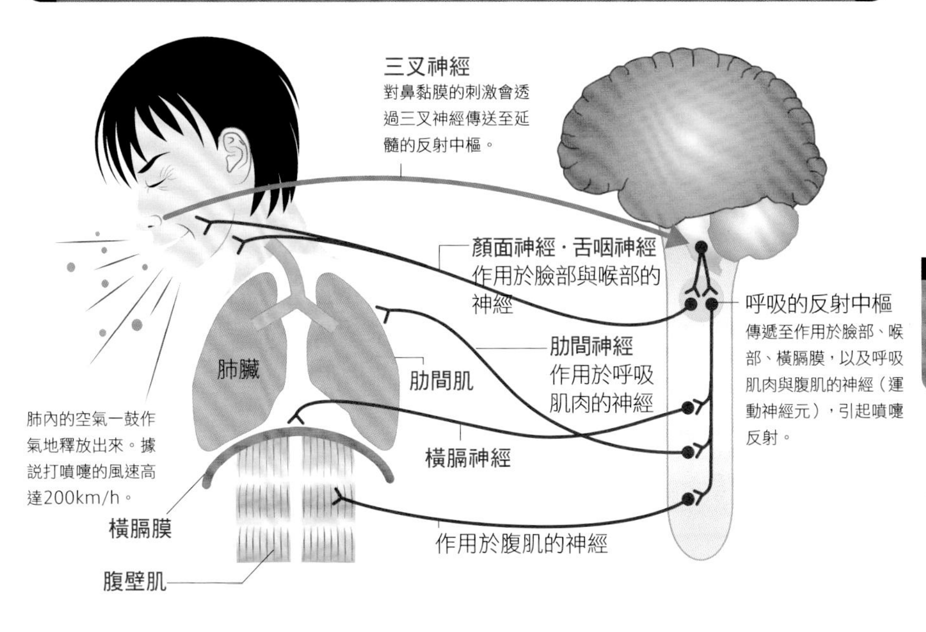

咳嗽的反射

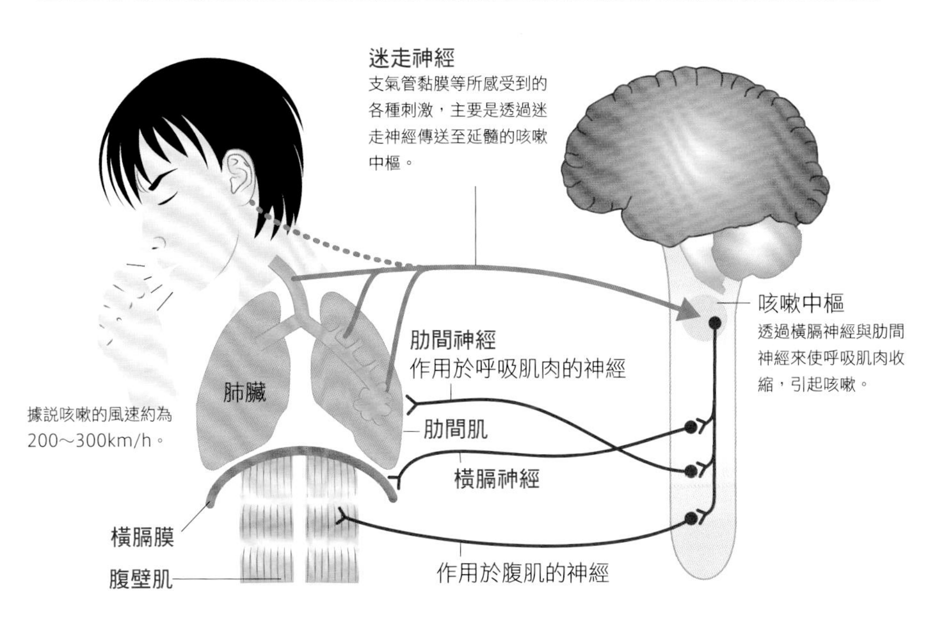

人體獲得能量的機制

正如第3章「肌肉概要②」（參照P.58）所提到的，肌肉組織會透過收縮與伸展來產生運動。這種肌肉收縮的能量源自於一種名為「ATP」（三磷酸腺苷）的物質。ATP的「原料」為醣類（碳水化合物）、脂質與蛋白質，即所謂的「三大營養素」，這些與產生能量息息相關，因此又稱為「熱源營養素」。然而，通常都以醣類與脂質為主，唯有醣類與脂質不足或是蛋白質過剩等時候，才會使用蛋白質。

ATP的合成有3個過程，「分解儲存於肌肉中的磷酸肌酸（CP）再合成的過程」、「分解醣類的過程」，以及「始於檸檬酸的循環式化學反應的過程」，分別稱為「ATP-CP系統」、「糖解系統」與「TCA循環系統」。這當中ATP-CP系統所能儲存的磷酸肌酸量極少，因此能量僅能持續不到10秒鐘。

另一方面，糖解系統與TCA循環系統則可以持續製造出能量。糖解系統是從肌肉內的糖原與血中的葡萄糖來製造ATP；在TCA循環系統中，則是將從糖解系統所產生的丙酮酸轉變而成的「乙醯輔酶A」（acetyl-CoA），投入始於檸檬酸的化學反應循環中，藉此合成ATP。此外，亦可從脂肪酸中製造乙醯輔酶A。

第6章

循環系統

血液循環概要

- 循環系統是透過血液將氧氣與養分輸送至全身的系統。
- 血液循環必須體循環與肺循環兩者同時發揮功能才能成立。
- 淋巴系統肩負輔助心血管系統的任務。

循環系統為體內的大物流系統

無論是肺臟所攝入的氧氣，還是小腸所吸收的養分，如果沒有運送到需要它們的組織中，便毫無意義。這些運輸由血液負責，而讓它們遍布全身的機制則稱為循環系統。

心臟是循環系統的核心，作為強勁的幫浦來運作，一輩子持續不懈，發揮將來自全身的血液再次送至全身的作用。

血液的流動有2條路線。一條是用來將血液運至全身各個組織，即從心臟出發的主動脈，在各組織分支成微血管後，再次匯合為上、下腔靜脈返回心臟，即所謂的體循環。返回心臟的血液中含有大量的二氧化碳，因此會暫時送回肺臟進行氣體交換，提高氧氣濃度後再送返心臟，這便是另一條路線，稱為肺循環。

1顆心臟對應2套循環

血液循環必須體循環與肺循環兩者同時發揮功能才能成立。因此，心臟的內部可分為4個腔室，具備能同時對應2套循環的結構。

循環系統中的「運送手段」不僅限於血液，還有淋巴，肩負輔助血液循環的任務，例如負責輸送血液無法運送的養分（脂肪等），並透過遍布全身的淋巴管在體內循環。這個體系又稱為淋巴系統。相對於此，血液循環的體系則稱為心血管系統。

考試重點名詞

肺循環與體循環
肺循環是一種血液循環，目的是在肺臟進行氧氣與二氧化碳的氣體交換；體循環則是為了將營養與氧氣送達全身組織，並回收二氧化碳與老廢物質的血液循環。

關鍵字

血液
用來將氧氣與營養送達組織細胞，並回收二氧化碳與老廢物質的運送手段。由固體成分的紅血球、白血球、血小板與液體成分的血漿等所組成。

淋巴
由淋巴漿所組成的一種液狀組織，其基本成分為淋巴球與間質液（組織液）。

血液循環的機制

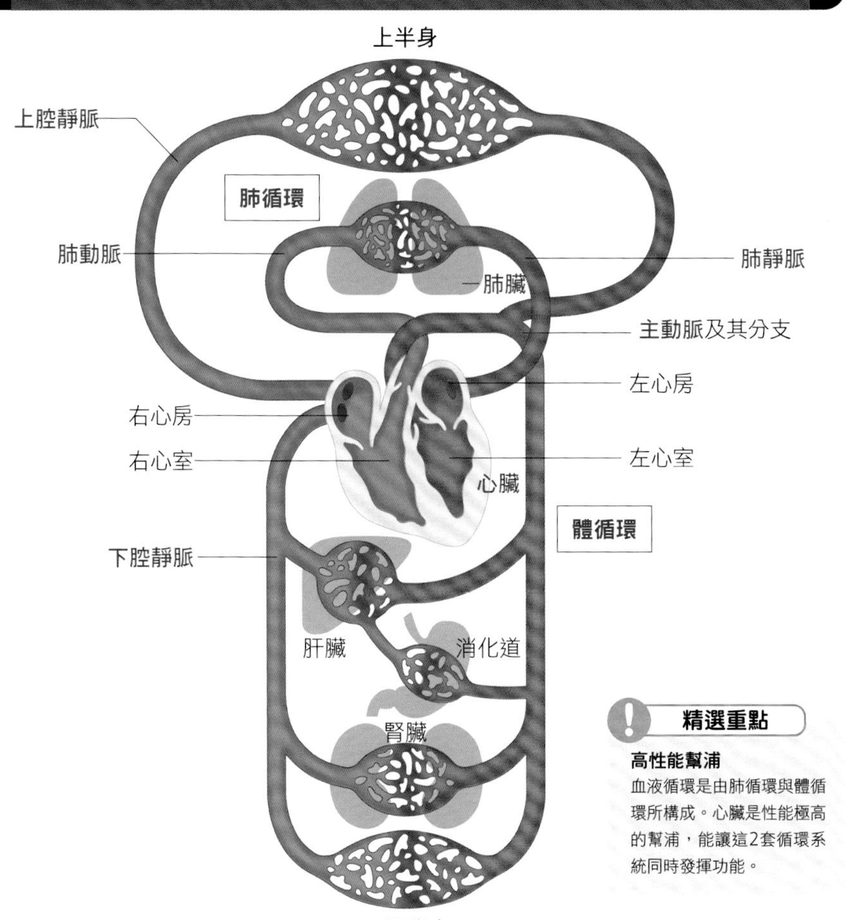

精選重點

高性能幫浦

血液循環是由肺循環與體循環所構成。心臟是性能極高的幫浦，能讓這2套循環系統同時發揮功能。

體循環與肺循環

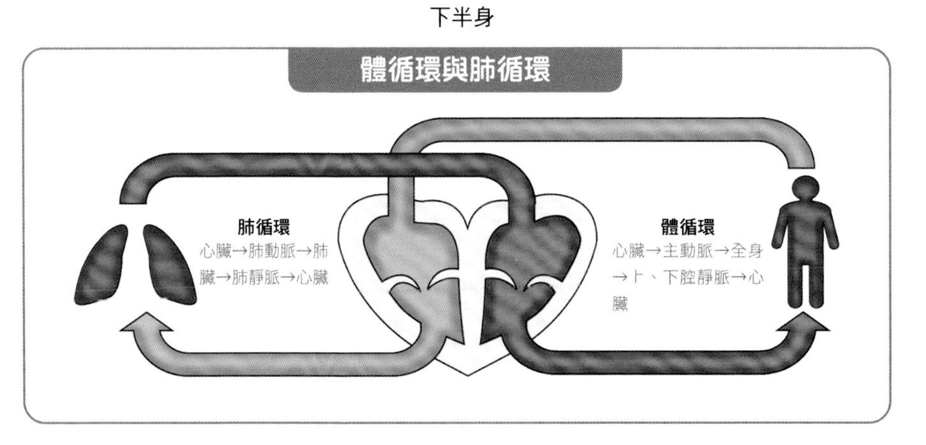

循環系統

紅血球與血小板

重點

- 紅血球具備運送氧氣的功能，占血液將近一半。
- 血小板具有止血的功能。
- 紅血球與血小板都是在骨髓中產生，老化後會在脾臟遭受破壞。

紅血球的構造與功能

紅血球占了血液的40～45%，1 $\mu\ell$（1mm³）的血液中有450～500萬個紅血球。

紅血球的直徑為7～8μm，呈中央凹陷的圓盤狀，這是因為紅血球在製造過程中失去了細胞核。紅血球憑藉著這樣的外形而得以進入直徑比自己還要細的微血管之中。

紅血球中含有一種名為**血紅素**的紅色色素。血液之所以是紅的，就是因為占了血液將近一半的紅血球是紅色的。血紅素具有易與氧氣結合的特質，可發揮將氧氣從肺臟運至全身的作用。

紅血球是**造血幹細胞**在骨髓中分化後所產生的，壽命約為120天，老化的紅血球會在脾臟遭受破壞，裡面的血紅素會被分解再利用，作為全新紅血球的原料或膽汁的成分。

血小板的構造與功能

血小板是沒有細胞核且呈不規則狀的微小**血球**，在血管內時呈圓盤狀。在骨髓內從造血幹細胞產生的過程中，主要是由巨核細胞分裂而成。1 $\mu\ell$（1mm³）的血液中有20～40萬個血小板，壽命約為10天，老化後便在脾臟遭受破壞。

血小板的功能是**止血**。一旦血管破裂，血小板便會聚集並附著於該處，釋放出一些物質來活化與止血相關的物質。

考試重點名詞

血紅素
由鐵與蛋白質所構成的紅色色素，具有易與氧氣結合的特質。與氧氣結合後會變成鮮豔的紅色，與氧氣分離便轉為暗紅色。

造血幹細胞
位於骨髓之中的細胞，為紅血球、血小板與白血球的來源。每個血球都是由此分化而成。

關鍵字

骨髓
位於長骨的骨幹部位或是髂骨、胸骨等扁平骨中，負責製造血球。造血功能旺盛而呈紅色的稱為紅骨髓，會隨著年齡增長而置換成脂肪並喪失造血功能的為黃骨髓。

止血
除了血小板之外，血漿中的纖維蛋白原與鈣離子等多種成分皆與止血功能有著複雜的關係。這些與止血相關的成分即稱為凝血因子。

筆記

血球
骨質中有哈氏管與弗克曼氏管之類的通道，人體便是藉著通過其中的血管，將在骨髓內形成的血球運送至骨頭之外。

血液內含有的成分

紅血球

直徑為7～8μm的無核血球。細胞質內充滿了血紅素，主要是負責進行氣體交換。

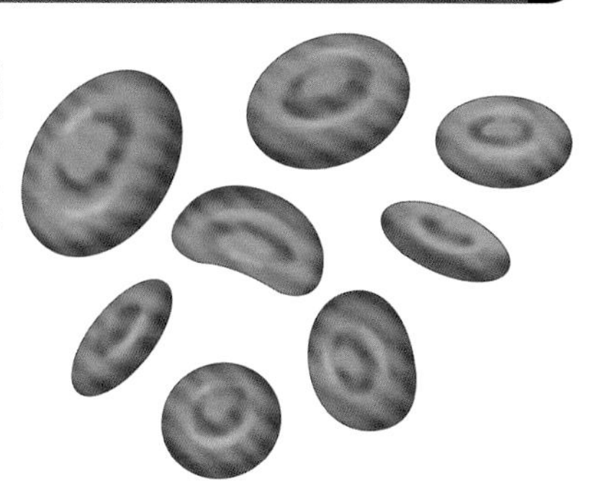

血小板

主要是由巨核細胞（參照P.129）的細胞質分裂而成，為直徑2～3μm的無核細胞片。

白血球

具有細胞核的血球（參照P.128）。

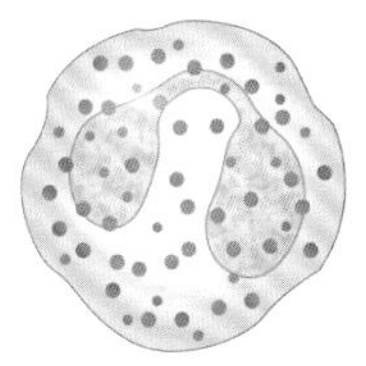

血球的分化

血液細胞會分化而逐漸變小（參照P.145）。

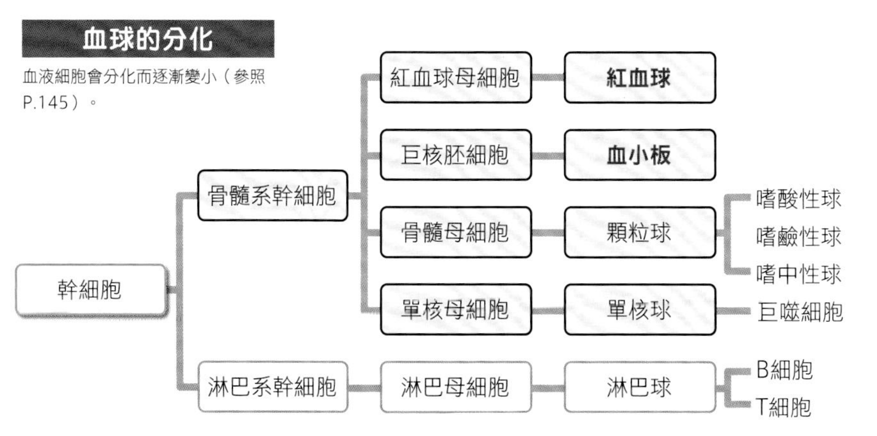

白血球

重點
- 白血球又分為顆粒球、單核球與淋巴球3種類型。
- 占白血球60～70%的嗜中性球具有吞噬作用。
- 淋巴球有若干種類型，肩負免疫功能的核心。

由3種類型的白血球負責免疫功能

白血球是具有細胞核的血球，與免疫功能相關，負責守護身體免於遭受細菌、病毒或異物等的攻擊。白血球是血球中數量最少的一種，通常1$\mu\ell$（1㎣）的血液中約有6000～8000個。

白血球又分為顆粒球、單核球與淋巴球3種類型，功能各異。

所謂的顆粒球，是指可於細胞內看到名為顆粒體這種顆粒的白血球。顆粒球又分為**嗜中性球**、**嗜酸性球**與**嗜鹼性球**，直徑皆為12～15μm左右。

嗜中性球占白血球的60～70%，一旦有細菌等入侵就會迅速聚集，攝入外敵並將其殺死，這樣的功能稱為**吞噬作用**。嗜酸性球與嗜鹼性球的數量不多，一般被認為與過敏有關，但是尚未完全釐清其功能。

打倒外敵的巨噬細胞

單核球是直徑約20～30μm的巨大白血球，無顆粒。在血液中時呈圓形，離開血管進入外面的組織後，就會變成外形如變形蟲的**巨噬細胞**。巨噬細胞也具備吞噬作用，會攝入外敵並將其殺死，還會將攝入並破壞後的外敵碎片提呈給淋巴球的T細胞，因具有通知外敵入侵的功能，所以又稱為**抗原呈現細胞**。

淋巴球的直徑為6～15μm，屬於稍小的白血球，占白血球的20～30%。有**T細胞**與**B細胞**等類型，分別具有不同的作用，負責人體的免疫功能。舉例來說，T細胞在接收到入侵外敵的訊息之後，便會自行繁殖，並對B細胞發出製造抗

考試重點名詞

吞噬作用（吞食作用）
此作用是將入侵的細菌等外敵攝入細胞內並殺死，為嗜中性球與巨噬細胞的功能。

抗體
淋巴球的B細胞所製造的蛋白質，又稱為免疫球蛋白。負責處置某一特定外敵的B細胞會製造出對付該外敵的特定免疫球蛋白。

抗原呈現細胞
巨噬細胞會延伸偽足，逐步攝入細菌等再加以吞食。

關鍵字

嗜中性球
數量最多的白血球，具有吞噬作用。傷口化膿時所出現的膿液，即為攝入細菌等而死亡的嗜中性球的屍體。

T細胞
又稱為T淋巴球，包含作為免疫功能司令塔的輔助T細胞、破壞被外敵入侵的細胞並加以清除的殺手T細胞，以及排除外敵後便會抑制免疫功能的調節T細胞。

體的指示，而其他特殊的T細胞則是負責處置被外敵入侵的細胞。

白血球的分類

顆粒球

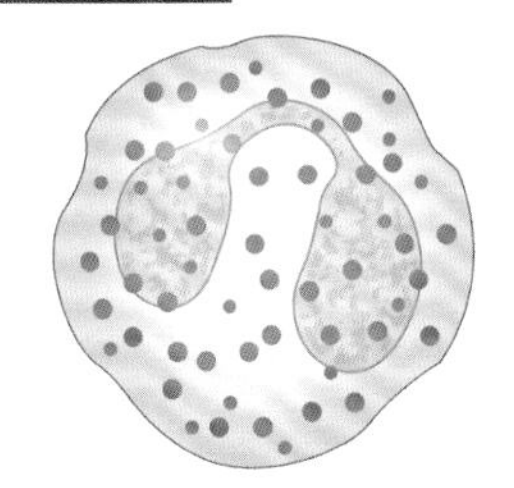

嗜酸性球

大小約14μm的白血球，多見於黏膜，在哮喘等過敏性疾病中數量會增加。

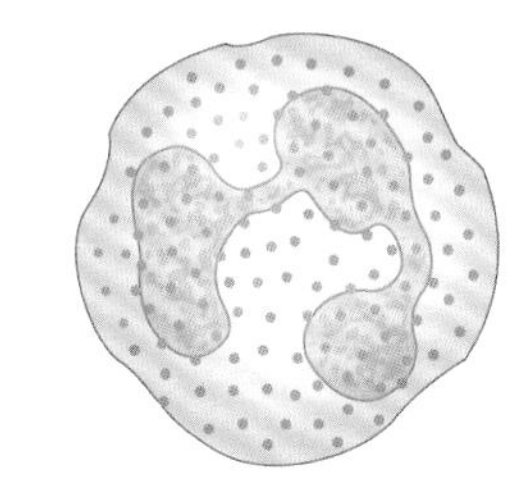

嗜中性球

大小約12～14μm的球狀，會直接前往發炎部位或是感染之處吞噬細菌。

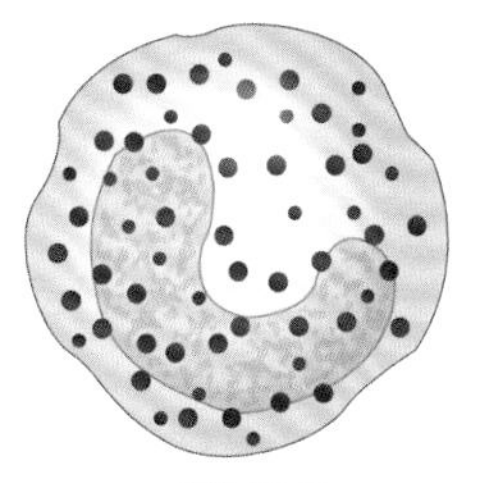

嗜鹼性球

大小約12～14μm的白血球，顆粒中含有肝素與組織胺等。

淋巴球

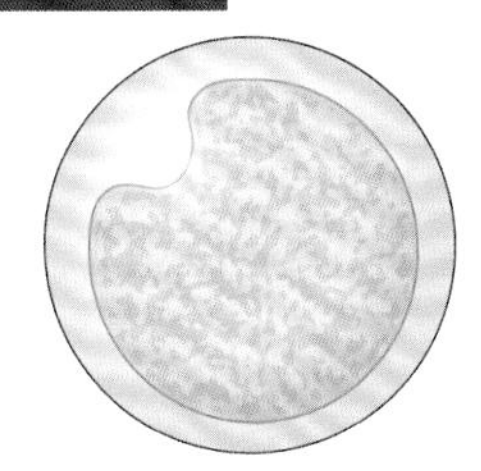

大小約10μm，在免疫反應中發揮核心作用，是數量僅次於嗜中性球的一種白血球。

單核球

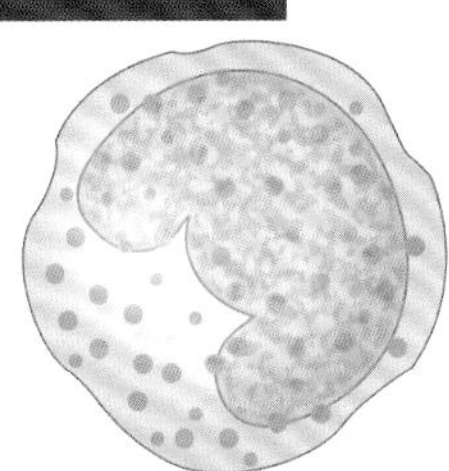

大小20～30μm，是體積最大的白血球，會吞噬並分解細菌、異物、被病毒感染的細胞與癌細胞等。

從巨核細胞到血小板

巨核細胞是骨髓中最大的細胞。成熟後，細胞質會形成突起，並從骨髓的血竇壁小孔把該突起伸入血管內。這些突起會被血流撕碎，碎片即化為血小板（一個巨核細胞可產出數千個血小板）。產出血小板後，剩除的巨核細胞的細胞核會被巨噬細胞分解。

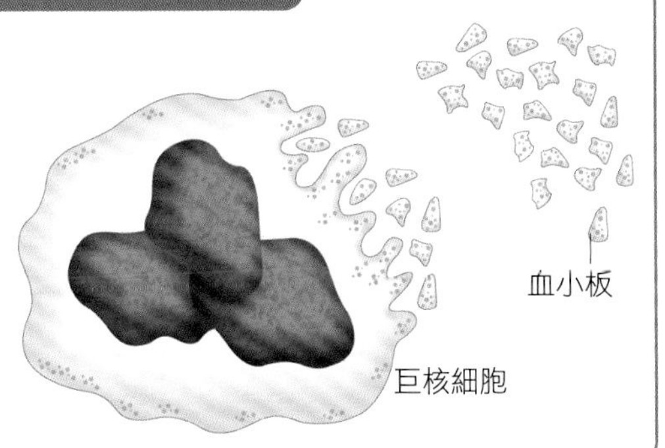

心臟的構造

重點

- ●心臟是由左右2對心房與心室所組成的幫浦。
- ●心房與心室的交界處，以及心室的出口處，都有防止回流的瓣膜。
- ●整顆心臟被包覆在心包膜所構成的囊袋裡。

心臟是強勁的「雙缸引擎」

心臟是作為血液幫浦來運作，有著如雙汽缸合體般的內部構造，以便應對體循環與肺循環2套循環。具體來說，心臟有左右2對內腔，劃分為**右心房**、**右心室**與**左心房**、**左心室**，左右成對的心房與心室好比幫浦，發揮著不同的功能（右心房與右心室讓從全身回收的血液進入肺循環，左心房與左心室則讓從肺臟返回的血液進入體循環）。心房與心室是以**房室瓣**相隔，而右心室的**肺動脈口**與左心室的**主動脈口**也有**動脈瓣**，都能防止血液回流（房室瓣是從心室延伸出來的繩狀腱索，動脈瓣則會往心室側呈鼓起狀，藉此防止回流）。

厚實的心肌層為心臟壁的主體

心臟壁是由3層所構成，以厚實心肌組織所組成的心肌層為主，而負責將血液送往全身的左心室特別厚實（約為右心室的3倍）。此外，心房與心室的肌肉被交界處的**纖維環**隔開，確保其伸縮的獨立性，再加上心肌層在固定間隔內伸縮時需要龐大的能量，因此心臟具有半獨立於體循環之外的「專用血管」（冠狀血管，參照P.134）。

心內膜與**心外膜**從內外包夾著心肌層。順帶一提，心臟的瓣膜是來自心內膜（並非心肌，因此無法自行開合）。此外，整顆心臟都被包覆在**心包膜**之中。心包膜與心臟之間所形成的空間稱為**心包腔**（**心囊**），其內部的漿液會減輕伴隨心跳而來的摩擦。

關鍵字

心房・心室
心房是接收血液的空間，心室則是將血液送出的空間。隔開相鄰的左右心房的壁層稱為心房中膈，隔開左右心室的壁層則為心室中膈，心室中膈較厚。

房室瓣
隔開心房與心室的瓣膜，右房室瓣稱為三尖瓣，左房室瓣則稱為二尖瓣。

心內膜・心外膜
心內膜是由單層鱗狀上皮所組成的內皮細胞與結締組織所構成；心外膜則是由漿膜與脂肪組織所構成。心內膜與血管內膜相接。

纖維環
形成左右心房與心室之交界的結締組織，藉此區隔心房肌與心室肌，僅透過心臟傳導系統來聯繫。電位傳導路徑只有一條，與心律的維持息息相關。

心包膜
包覆心臟且缺乏彈性的膜狀組織，呈囊狀的內部稱為心包腔或心囊，內面有層漿膜包覆。

心臟內腔的結構

心臟的內部區分為4個腔室。右心房與右心室是負責把血液送往肺臟的幫浦，而左心房與左心室則是負責把血液送往全身的幫浦。

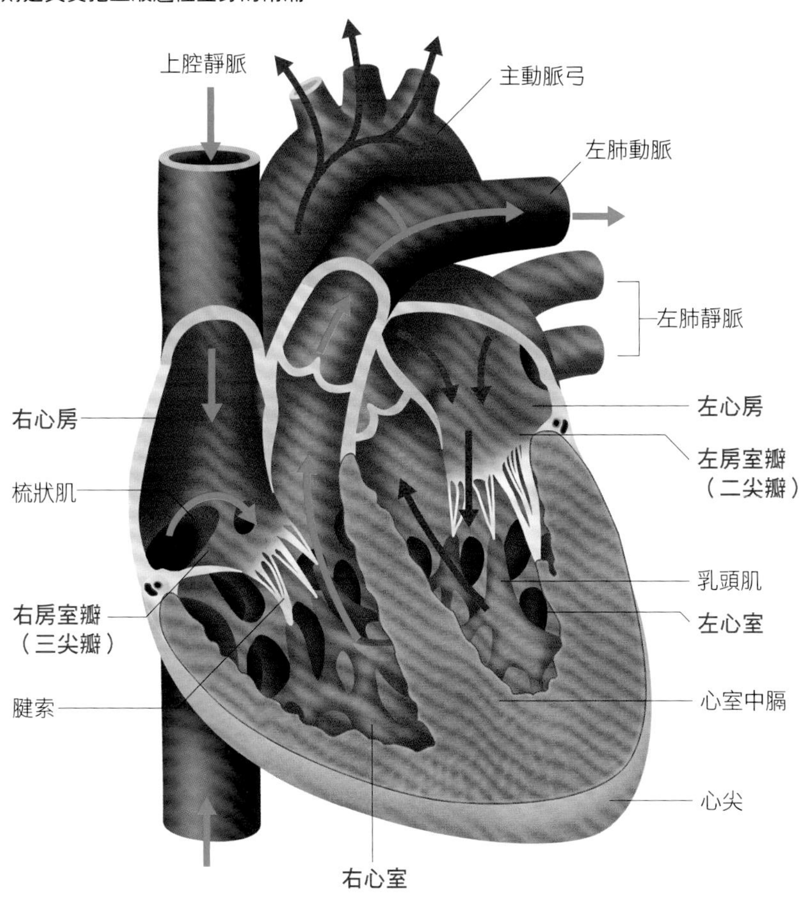

心臟壁的3層構造

心臟是由十分發達的血管所構成的器官，和血管一樣，都是由3層膜（心內膜、心肌層與心外膜）所構成。

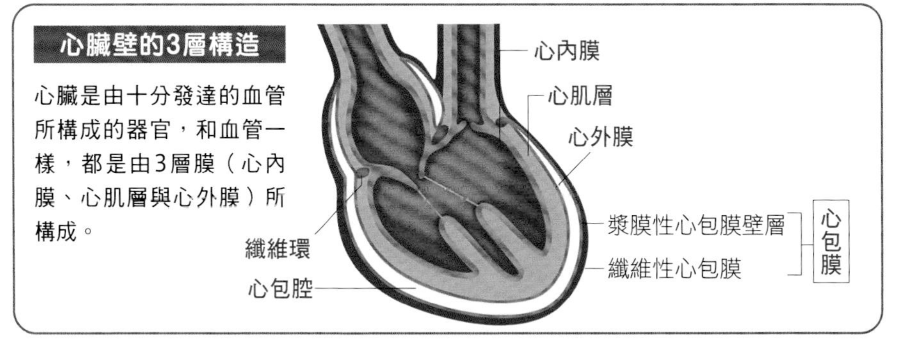

循環系統

心臟的功能

重點

- 心臟內的血液會先送至肺臟，返回心臟後再送至全身。
- 特殊心肌在竇房結所發生的興奮會擴散開來，藉此讓心臟收縮。
- 傳遞特殊心肌之張力的路徑即稱為心臟傳導系統。

心臟的跳動也有「起點」

以心臟為中心的血液流向為「**右心房→右心室→肺動脈→肺臟→肺靜脈→左心房→左心室**」（從全身回收的血液進入右心房，再從左心室往全身排出血液）。首先讓血液進行肺循環以攝入氧氣（同時排除二氧化碳），暫時回到心臟後，再送往全身。

心肌的伸縮為血流的原動力，會同時發生在左右的心房與心室，因此整顆心臟會週期性地跳動。具體來說，發生於右心房**竇房結**（**Keith-Flack node，基－弗二氏結**）的張力會傳遞至心房中膈下部的**房室結**（**田原結**），並進一步傳至左右心室引起收縮（從房室結延伸出來的**希氏束**往左右分支後，便會化為網狀的**浦金氏纖維**往心室內面擴散）。涉及這種張力傳達的心肌即稱為**特殊心肌**，傳遞路徑則稱為**心臟傳導系統**。心肌的興奮只能經由這條路線傳遞，因此會維持一定的跳動，不受其他肌肉張力的影響。此外，特殊心肌的收縮為自主性的反應，而心臟傳導系統則是由自律神經系統所控制。

考試重點名詞

心臟傳導系統
將特殊心肌的張力傳遞至心室的路徑，由自律神經系統所控制（作用於竇房結）。交感神經具有促進心跳的作用，而副交感神經則是抑制心跳。

關鍵字

竇房結
又稱為基－弗二氏結或節律點（pacemaker）。每分鐘約有70次的張力傳遞至心臟傳導系統。

房室結
又稱為田原結，作為中繼站負責將竇房結的張力擴展至整體心室。

特殊心肌
形成心臟傳導系統的心肌，具備自主性收縮的能力。其他心肌則稱為普通心肌。

Athletics Column

心率訓練

據說進行強度適中的運動，比盲目進行激烈的運動更能提升訓練效果。心率為判斷的基準，眾所周知，一般常用的方法是以「220－年齡」來取得「最大心率」。舉例來說，以最大心率的60～70％作為「目標心率」，運動時維持該心率便可有效燃燒體脂肪。另有一種計算目標心率的方式，則會把最大心率與「靜態心率」都考慮在內。

心臟傳導系統

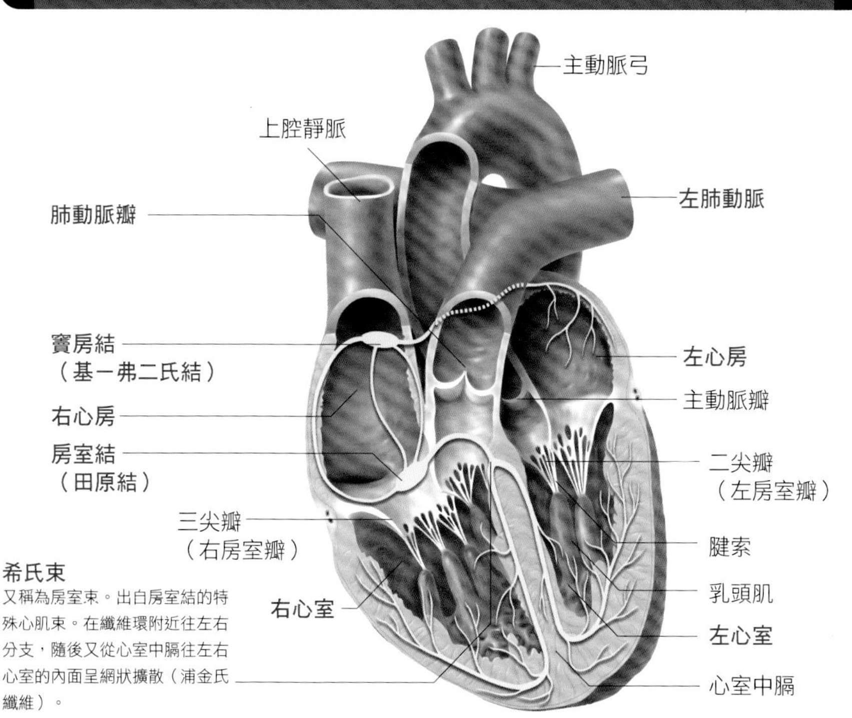

希氏束
又稱為房室束。出自房室結的特殊心肌束。在纖維環附近往左右分支，隨後又從心室中膈往左右心室的內面呈網狀擴散（浦金氏纖維）。

心臟內的血液流動

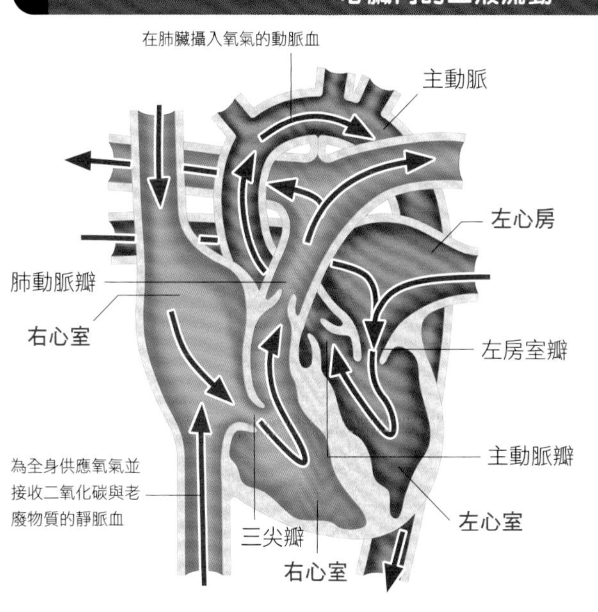

從全身送來此處的靜脈血會先進入右心房，再從右心室送至肺臟。在肺臟與二氧化碳分離並獲得氧氣的動脈血則會先進入左心房，隨後從左心室排出送往全身。此流動是單向的，心房與心室的出口處都具有瓣膜以防止回流。

精選重點

心跳的機制

脈動是心臟的週期性伸縮運動，可以區分為2個階段，「心室開始收縮～動脈瓣關閉」為收縮期，「動脈瓣關閉～心室開始收縮」則為舒張期。在心室收縮時，從心房開始舒張並擴散至心室。

冠狀血管

重點

- ●從主動脈分支出來的專用動脈（冠狀動脈）會在心臟上延伸開來。
- ●冠狀動脈有左右2套系統，分別負責半邊的心臟。
- ●冠狀動脈的「分支」彼此並不相通，因此一旦堵塞就會非常危險。

心臟享有接收新鮮血液的VIP待遇

心臟會反覆地伸展不休，所消耗的能量比其他器官還要多，因此有專用的血管經過心臟，為其供應氧氣與營養。

此血管如皇冠般纏繞心臟，因而稱作**冠狀血管**。不過，從心臟外壁只能看到左右2條**冠狀動脈**，靜脈則分支成細支運行於心臟壁上，並沒有主要的血管。換句話說，所謂的冠狀靜脈是靜脈群（**左房斜靜脈**、**心大靜脈**、**心中靜脈**與**心小靜脈**等）的總稱，遍布整顆心臟且最終匯聚於心臟背面的**冠狀竇**。

靜脈是經由冠狀竇返回右心房，不過有一部分是直接與右心房相接。

冠狀動脈幾乎沒有連結

冠狀動脈是最先從主動脈分支出來的動脈，這也就意味著它們為心臟供應最新鮮的血液（送至冠狀動脈的血液占了運出心臟的血液的5～10%）。以位於主動脈基部的左右主動脈竇（Sinus of Valsalva）為起點，右冠狀動脈負責心臟右側至後半部，**左冠狀動脈**則負責左側至前半部。右冠狀動脈又進一步分出**右緣支**（**銳緣支**）與**後室間支**（**後降支**），還有其他支線延伸至竇房結。此外，左冠狀動脈也分為**前室間支**（**前降支**）、**迴旋支**與**左緣支**（**鈍緣支**）。這些支線皆為幾乎互無聯繫的**終動脈**，因此一旦發生阻塞，血液便無法到達其末端，會有組織壞死（**心肌梗塞**）的危險。

考試重點名詞

終動脈
這種動脈並沒有所謂的「旁路」（繞道路徑）。血管之間幾乎互無連結，因此一旦發生阻塞，血液便無法到達其末端。

關鍵字

冠狀動脈
供應血液給心肌的動脈。是最先從主動脈分支出來的動脈，有右冠狀動脈與左冠狀動脈。

右緣支（銳緣支）
右冠狀動脈的支線，分布於心臟的右側面。

後室間支（後降支）
右冠狀動脈的支線，分布於右心房與心室後部。

前室間支（前降支）
左冠狀動脈的支線，分布於心室前部。

迴旋支
左冠狀動脈的支線，分布於左心房。

左緣支（鈍緣支）
左冠狀動脈的支線，分布於左心房。

心臟的冠狀血管

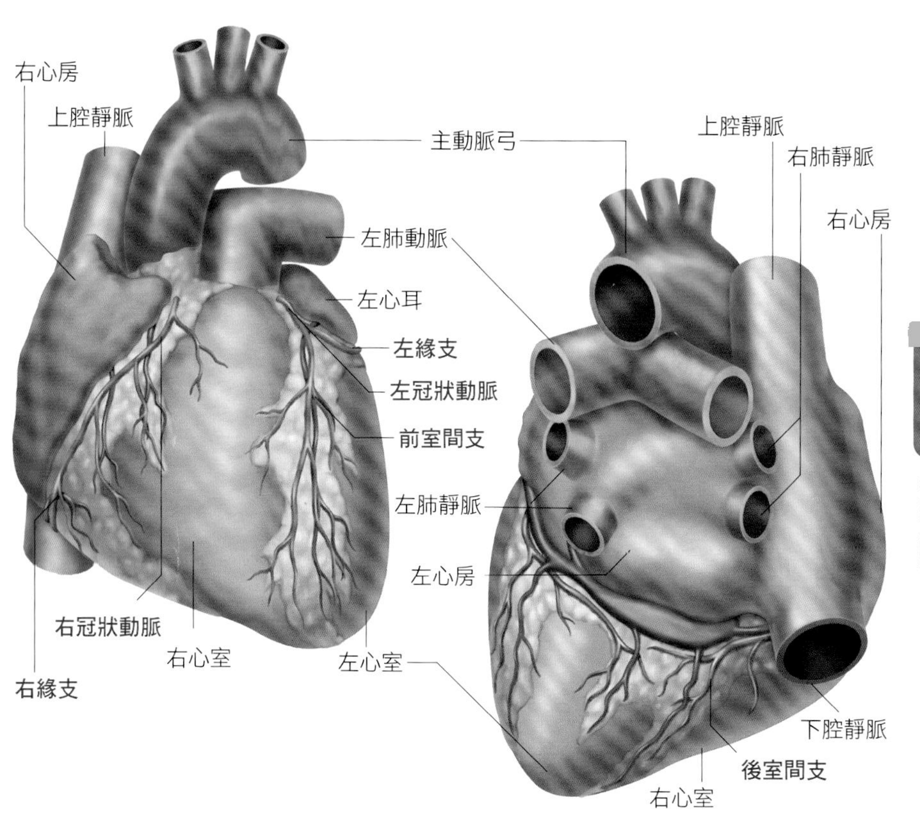

冠狀血管與心臟瓣膜的位置

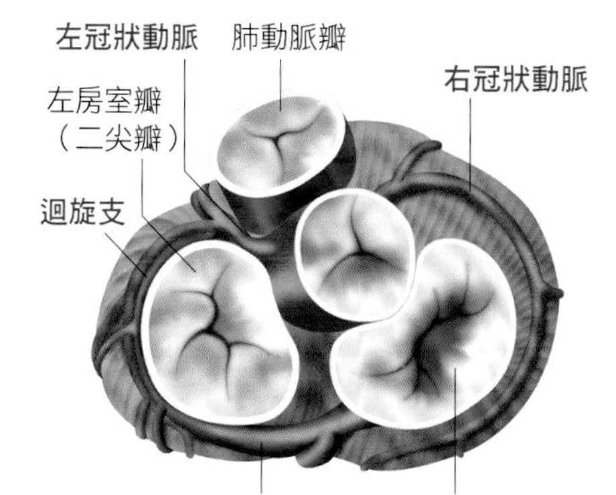

冠狀動脈共有2條，左右各一，兩者皆是從主動脈竇（主動脈連接心臟的部位）出發，為整體心肌供應動脈血（冠狀動脈的血流於心臟的舒張期會增加）。灌注後，約80%的靜脈血會匯聚於心臟後側的冠狀竇，從下腔靜脈的內側進入右心房，其餘約20%的靜脈血則從較細的靜脈直接返回右心房（沒有作為主軸的血管可稱為「冠狀靜脈」）。

血管的組織構造

重點

- 血管管壁是由內膜、中膜與外膜所組成，但動脈與靜脈的厚度各異。
- 動脈壁的中膜厚實且發達，維持高度彈性。
- 靜脈壁較薄，內側各處皆有瓣膜可防止血液倒流。

血管是能因應內部壓力的精密管道

從心臟出發的血管為動脈，返回心臟的血管則為靜脈，因此流經動脈的血液（動脈血）含有大量氧氣，通過靜脈的血液（靜脈血）則含有大量二氧化碳，靜脈血流經肺動脈，動脈血則流經肺靜脈。

動脈與靜脈的管壁皆為3層構造，分別為**內膜**（由內皮細胞與**彈性纖維**構成的**內彈性膜**所組成）、**中膜**（由**平滑肌**與**彈性纖維**所組成）與**外膜**（由疏鬆結締組織所組成），管壁則是動脈壁較厚，尤以中膜最為發達，保有高度彈性。其中又以離開心臟的**主動脈**彈性最佳（中膜的彈性纖維豐富），彈性也有維持血流的作用（這類稱為**彈性動脈**）。

另一方面，如果是管徑較細的動脈，中膜的平滑肌比例高，藉其作用來調整血流（**肌性動脈**）。

靠血壓來維持正常的血流

靜脈壁比動脈壁薄，尤其是內膜與中膜變得較薄。另一方面，靜脈的內膜各處皆可見動脈所沒有的瓣膜（**靜脈瓣**），用以防止血液倒流。

動脈與靜脈的管壁厚度差異或是瓣膜的有無，都與血管管壁所受到的血流壓力有關，也就是會因**血壓**而異。心臟收縮時的血壓最高，心臟內可高達120mmHg，主動脈則達到100mmHg（**收縮壓與最高血壓**）。舒張時，心臟內的血壓幾乎為0，不過動脈管壁的彈性則發揮了作用，維持在80mmHg左右（**舒張壓與最低血壓**），因而得以維持正常的血流。

另一方面，上、下腔靜脈的血壓極小，單靠這點壓力無

考試重點名詞

血壓
廣義是指心臟壁與靜脈壁所承受的血液壓力，但臨床上所說的「血壓」則是指動脈血壓。心臟收縮時的血壓稱為收縮壓（最高血壓），舒張時的血壓稱為舒張壓（最低血壓），兩者的差異則稱為脈壓差。正常血壓的範圍為120～80mmHg，脈壓差通常為50mmHg。

關鍵字

血管管壁的構造
動脈與靜脈皆為3層構造，分別是內膜、中膜與外膜。動脈的中膜又厚又發達，靜脈壁較薄，但是內部具有防止血液倒流的瓣膜。

彈性動脈
連接主動脈等的動脈，中膜的彈性纖維極多，展現出高度彈性。

肌性動脈
這種動脈的內膜有著十分發達的平滑肌，又稱之為分配動脈。

靜脈瓣
存在於靜脈內面的瓣膜。血壓極低的靜脈內仍維持著正常的血流，因此瓣膜會朝血流方向打開以防止倒流。

法讓血液回流至心臟，因此胸腔、心房的負壓與肌肉收縮都會支援血流。

動脈與靜脈的組織構造

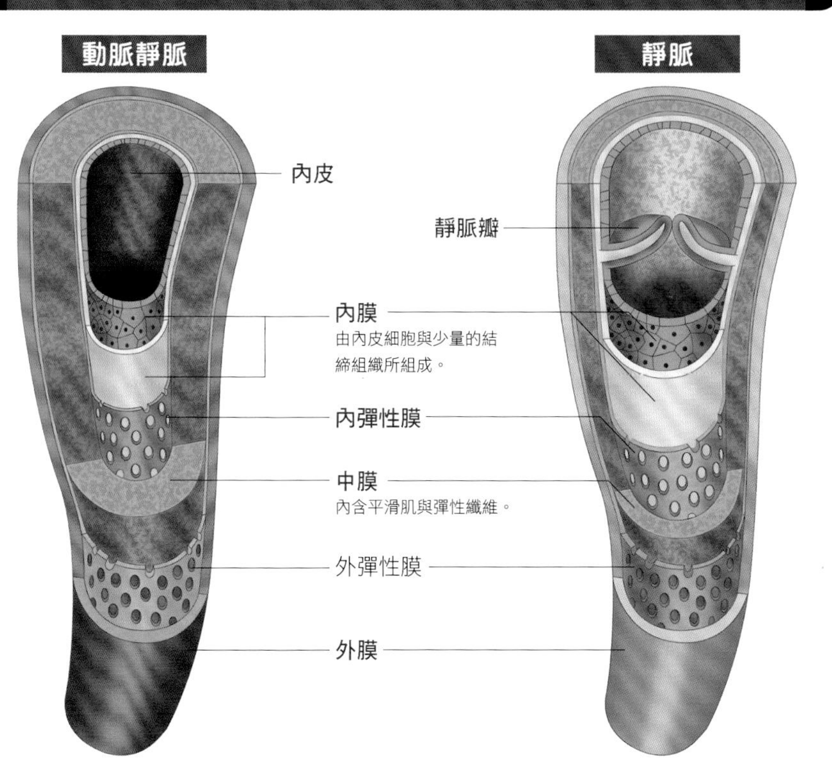

血管吻合與梗塞

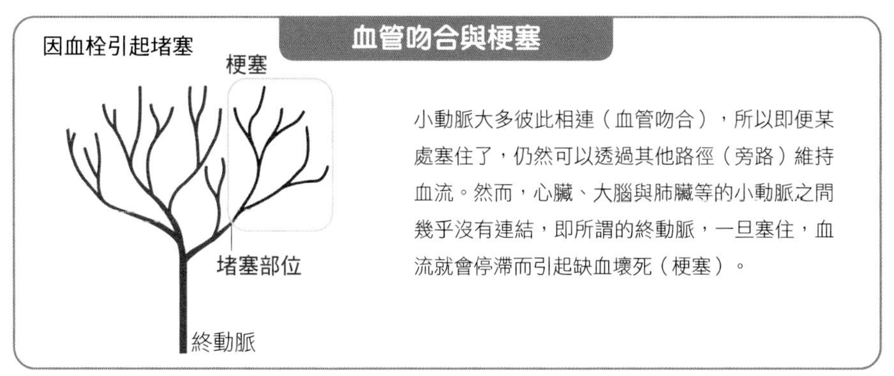

小動脈大多彼此相連（血管吻合），所以即便某處塞住了，仍然可以透過其他路徑（旁路）維持血流。然而，心臟、大腦與肺臟等的小動脈之間幾乎沒有連結，即所謂的終動脈，一旦塞住，血流就會停滯而引起缺血壞死（梗塞）。

動脈系統

重點

- 主動脈可大致區分為升主動脈、主動脈弓與降主動脈。
- 降主動脈又可以橫膈膜為界，區分為胸主動脈與腹主動脈。
- 主動脈最大的分支位於主動脈弓附近與骨盆附近。

主動脈在離開心臟不久後便出現U型轉彎

從左心室出發的**主動脈**會先往上走（**升主動脈**），不久後便來個U型轉彎（**主動脈弓**），繼續往下延伸（**降主動脈**），隨後結束於骨盆上方，分支成左右**髂總動脈**。直至此處為止，中間也經過好幾次「分支」。最初的分支便是位於**主動脈竇**的**冠狀動脈**，這點在P.134已經提過了。緊接著便是主動脈弓處的左右分支。先往右分支出**頭臂動脈**，隨後又分出經過右後頸肌通往頭部的**右總頸動脈**，以及通往右臂的**右鎖骨下動脈**。此外，由主動脈弓直接分支出從左後頸肌通往頭部的**左總頸動脈**，以及通往左臂的**左鎖骨下動脈**。

降主動脈以橫膈膜為界，區分為**胸主動脈**與**腹主動脈**。胸主動脈又進一步分支（**支氣管動脈**、**食道動脈**等）並通往胸部器官（心臟除外），腹主動脈的「分支」（**腹腔動脈**、**上・下腸繫膜動脈**、**腎動脈**等）則是分布於腹部的臟器與腹壁。前述的**髂總動脈**又分支出分布於骨盆臟器上的**內髂動脈**與通往下肢的**外髂動脈**（進入下肢後即為**股動脈**）。

考試重點名詞

主動脈竇
可見於主動脈基部的隆起，左右冠狀動脈於此處分支。

筆記

胸主動脈的分支
包含沿著肋骨的肋間動脈、為肺臟供應營養的支氣管動脈（分布於肺臟）、為食道供應營養的食道動脈等，皆分布於心臟以外的胸部。

腹主動脈的分支
分布於腹部，包含分布於消化器官的腹腔動脈與上・下腸繫膜動脈、分布於泌尿器官的腎動脈，以及分布於生殖器官的睪丸動脈與卵巢動脈等。

Athletics Column

動脈與耐力訓練

動脈一直以來因為負責運送血液而受到矚目，對於運動所帶來的影響則少有研究。然而近年來逐漸證實，耐力運動會對動脈的型態造成影響。具體來說，持續進行慢跑或騎自行車這類耐力訓練的人，可以看出動脈內徑會變大，管壁的彈性也會提升。當動脈內徑變大，心臟收縮一次所送出的血液量就會增加。

主要動脈的分布

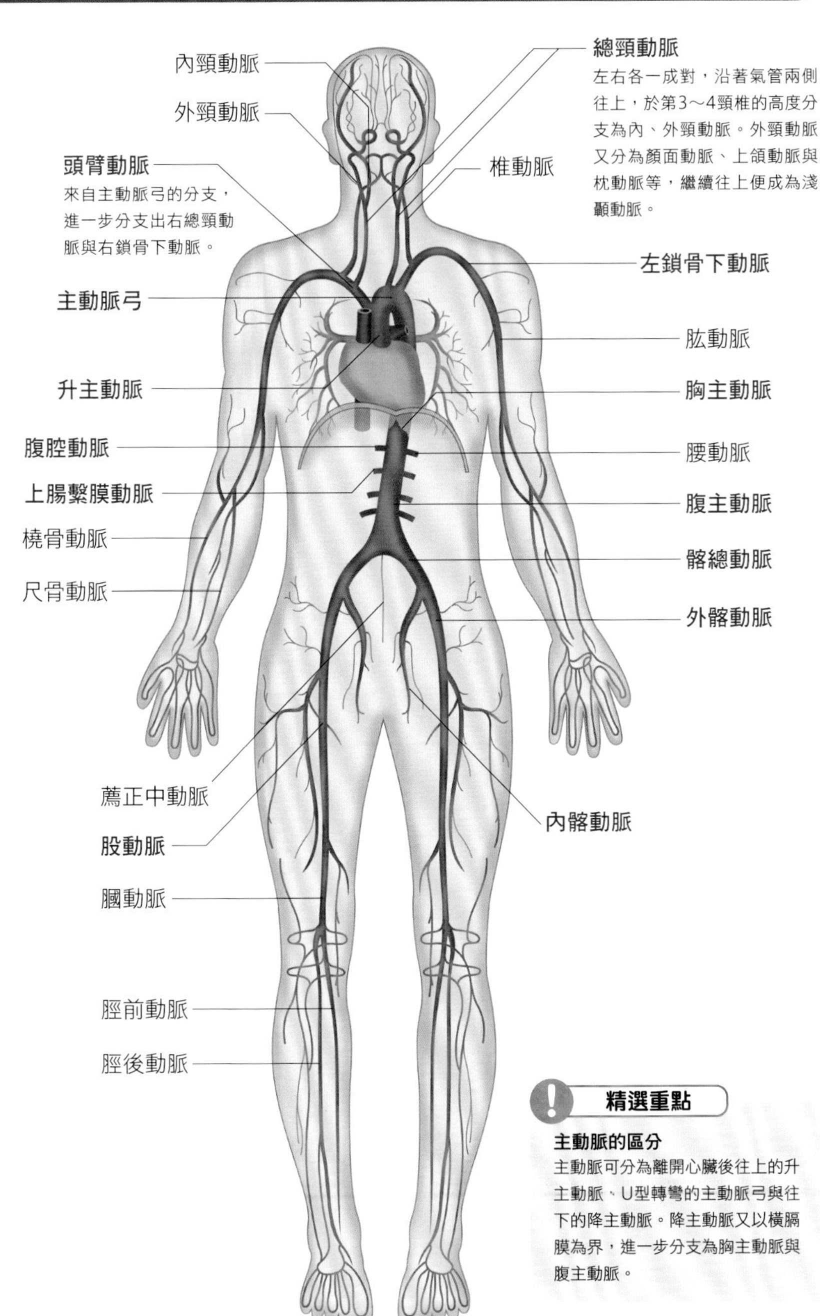

精選重點

主動脈的區分

主動脈可分為離開心臟後往上的升主動脈、U型轉彎的主動脈弓與往下的降主動脈。降主動脈又以橫膈膜為界，進一步分支為胸主動脈與腹主動脈。

靜脈系統

重點

- 物質交換活躍區內的微血管管壁具有絕佳的滲透性。
- 在靜脈系統中，血流的原動力是來自胸廓與右心房所帶動的抽吸作用。
- 上腔靜脈與下腔靜脈是透過奇靜脈相連。

靜脈系統是讓血液返回心臟的路徑

從主動脈分支出來的動脈還會進一步反覆分支，最終化為微血管，廣布於組織之中。其管壁是由單層的內皮細胞與基底膜所組成，尤其在腎臟等物質交換活躍的區域內，內皮細胞上有許多孔洞，因而提高了物質的滲透性（有孔微血管）。

血液在微血管中完成與組織細胞間的物質交換後，會再次返回心臟，此即所謂的靜脈回流，負責的血管系統則稱為靜脈系統，不過其血流主要來自胸廓與右心房舒張而產生的負壓所帶動的抽吸作用，而非如動脈般來自血壓的推力。

靜脈基本上會與動脈並行（伴行靜脈），但也有些靜脈是獨自延伸。靜脈系統中的兩大血管——上腔靜脈與下腔靜脈也屬於此類，兩者分別匯集了橫膈膜以上、以下的靜脈血，再回流至右心房。上、下腔靜脈透過名為奇靜脈的細靜脈（有肋間靜脈與食道靜脈等的血液流入）相連。此外，靜脈還包含在人體深處與動脈並行延伸的深層靜脈，以及運行於皮下而與動脈無關的淺層靜脈。

關鍵字

微血管
管徑極細，僅5～10μm，不過肝臟上的血竇（竇狀微血管）例外，格外地粗。另有一些靜脈是微血管匯集成一條之後，又再次分支成微血管，即所謂的肝門靜脈。

伴行靜脈
與動脈並行延伸的靜脈，但是獨自運行的靜脈也不在少數（例如上．下腔靜脈、奇靜脈、肝門靜脈、腦靜脈、皮靜脈）。

奇靜脈
連接上、下腔靜脈的細小靜脈。有半奇靜脈（從奇靜脈下部分支出來，平行而走）等隨行。

深層靜脈．淺層靜脈
深層靜脈是延伸至人體深處的靜脈，為伴行靜脈；淺層靜脈則是呈網狀運行於皮下的靜脈（皮靜脈）。

Athletics Column

微血管與耐力訓練

眾所周知，透過持續性的耐力訓練可以增加肌肉內的微血管密度。一般認為是因為耐力運動的負荷會活化血管內皮細胞的生長因子與纖維母細胞生長因子。只要微血管增加，對肌肉的供氧量就會增加，血流也會變得穩定，所以也有助於與肌肉細胞之間的物質交換。另一方面，肌力訓練會同時增加微血管與肌肉纖維，因此微血管的密度不會有太大的變化。

主要靜脈的分布

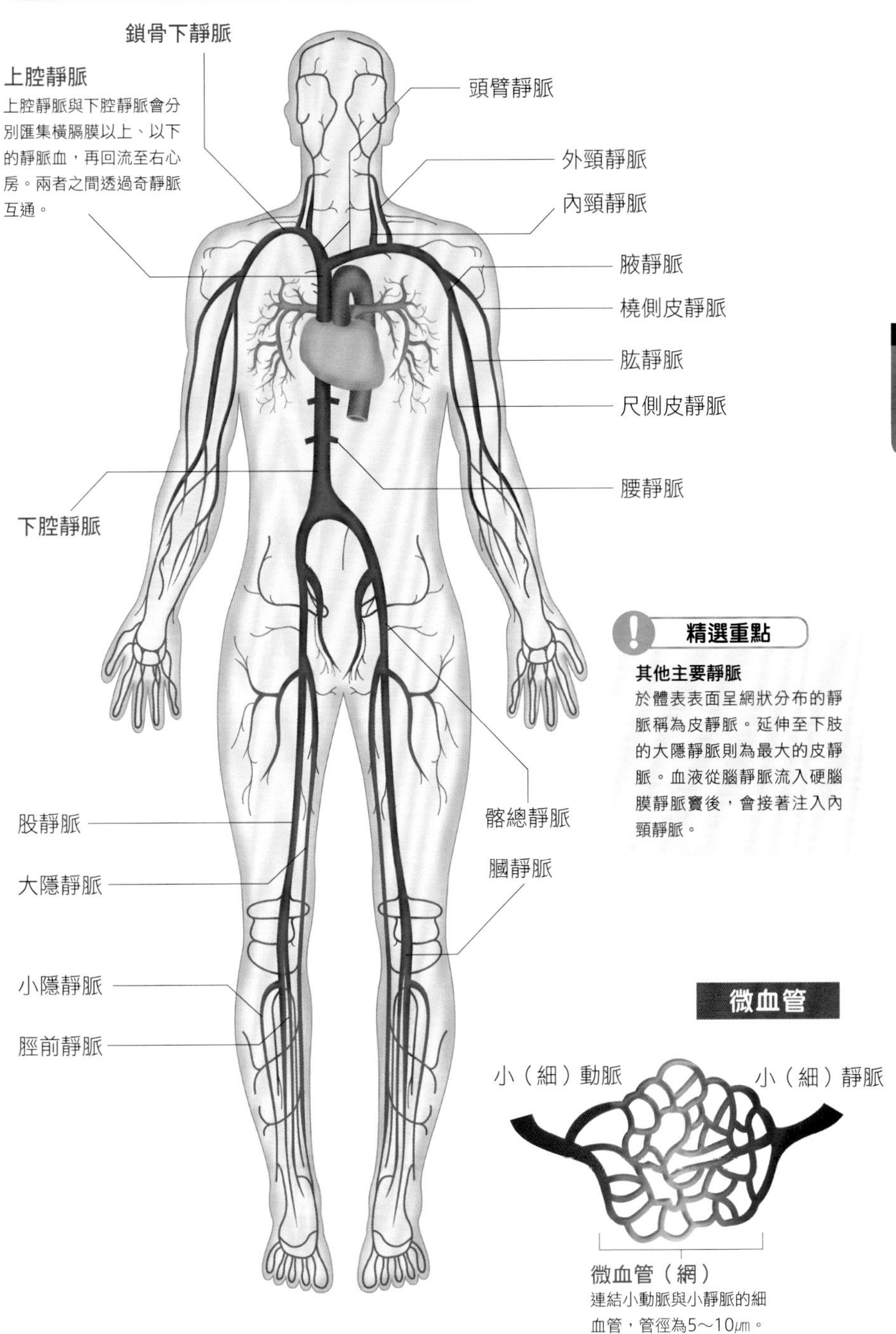
鎖骨下靜脈
上腔靜脈
上腔靜脈與下腔靜脈會分別匯集橫膈膜以上、以下的靜脈血，再回流至右心房。兩者之間透過奇靜脈互通。
頭臂靜脈
外頸靜脈
內頸靜脈
腋靜脈
橈側皮靜脈
肱靜脈
尺側皮靜脈
腰靜脈
下腔靜脈
精選重點
其他主要靜脈
於體表表面呈網狀分布的靜脈稱為皮靜脈。延伸至下肢的大隱靜脈則為最大的皮靜脈。血液從腦靜脈流入硬腦膜靜脈竇後，會接著注入內頸靜脈。
股靜脈
髂總靜脈
大隱靜脈
膕靜脈
小隱靜脈
脛前靜脈
微血管
小（細）動脈
小（細）靜脈
微血管（網）
連結小動脈與小靜脈的細血管，管徑為5～10㎛。

淋巴系統

●淋巴系統是由淋巴管與淋巴結所組成，負責輔助血液循環。
●淋巴的主要流向為淋巴微血管→淋巴幹→靜脈角。
●淋巴系統可區分為兩大部分（右上半身與左上半身＋下半身）。

淋巴系統是運送物質的子系統

氧氣、二氧化碳與大半的養分都是由血液負責攜帶運送，不過也有像脂肪這類血液無法運送的物質。**淋巴系統**即為應對這種狀況的「子運輸系統」。

淋巴系統是由遍布全身的**淋巴管**與位於各處的**淋巴結**所構成。在淋巴管中流動的淋巴則是由**淋巴球**與**淋巴漿**所組成。淋巴球是負責免疫作用的**白血球**的同類，淋巴漿則是源自組織液（**間質液**）的液體成分，原本是從微血管滲入組織中的血漿（被**淋巴微血管**吸收而成為淋巴）。

淋巴是一套網絡系統

淋巴系統分為兩大部分：右上半身的淋巴系統匯集右上肢與右軀幹上部的淋巴微血管，形成**右淋巴幹**，與右頸部的淋巴管一起回流至**右靜脈角**；左上半身與下半身的淋巴系統則是形成一套廣闊的網絡。下半身的淋巴微血管與腰淋巴幹、腸淋巴幹匯流後集結至**乳糜池**，**胸管**（**左淋巴幹**）從此處往上，與左上肢、左頸部的淋巴管匯流後，注入**左靜脈角**。靜脈血流中也看得到這樣的機制，這些淋巴系統跟靜脈一樣，淋巴管內部也具有防止倒流的**淋巴管瓣**。

位於淋巴系統各處的淋巴結是由**網狀組織**所組成的器官，有大量淋巴球長駐於此，作用在於防止混入淋巴內的異物進入血液循環之中。腋窩、鼠蹊部與頸部等處的淋巴結則格外集中、發達。

淋巴球
為白血球的一種，有B細胞與T細胞2種類型。B細胞涉及抗體（免疫球蛋白）的產生，T細胞則包含直接攻擊抗原的殺手T細胞，以及協助B細胞產生抗體的輔助T細胞等。

左．右靜脈角
為左右內頸靜脈與鎖骨下靜脈的匯流點。淋巴幹由此處出發，最終注入靜脈。

乳糜池
此為位於腰淋巴幹與腸淋巴幹等下半身淋巴管匯流處的囊袋。淋巴內含有從小腸吸收的脂肪而呈白濁狀（稱為乳糜），故得此名。

肌肉幫浦
淋巴系統並無像心臟般的器官可以發揮幫浦的作用，主要是憑藉血管周圍的肌肉收縮來促進流動，這樣的機制不僅限於淋巴管，亦可見於靜脈。

網狀組織
呈網狀的結締組織。

全身的淋巴與構造

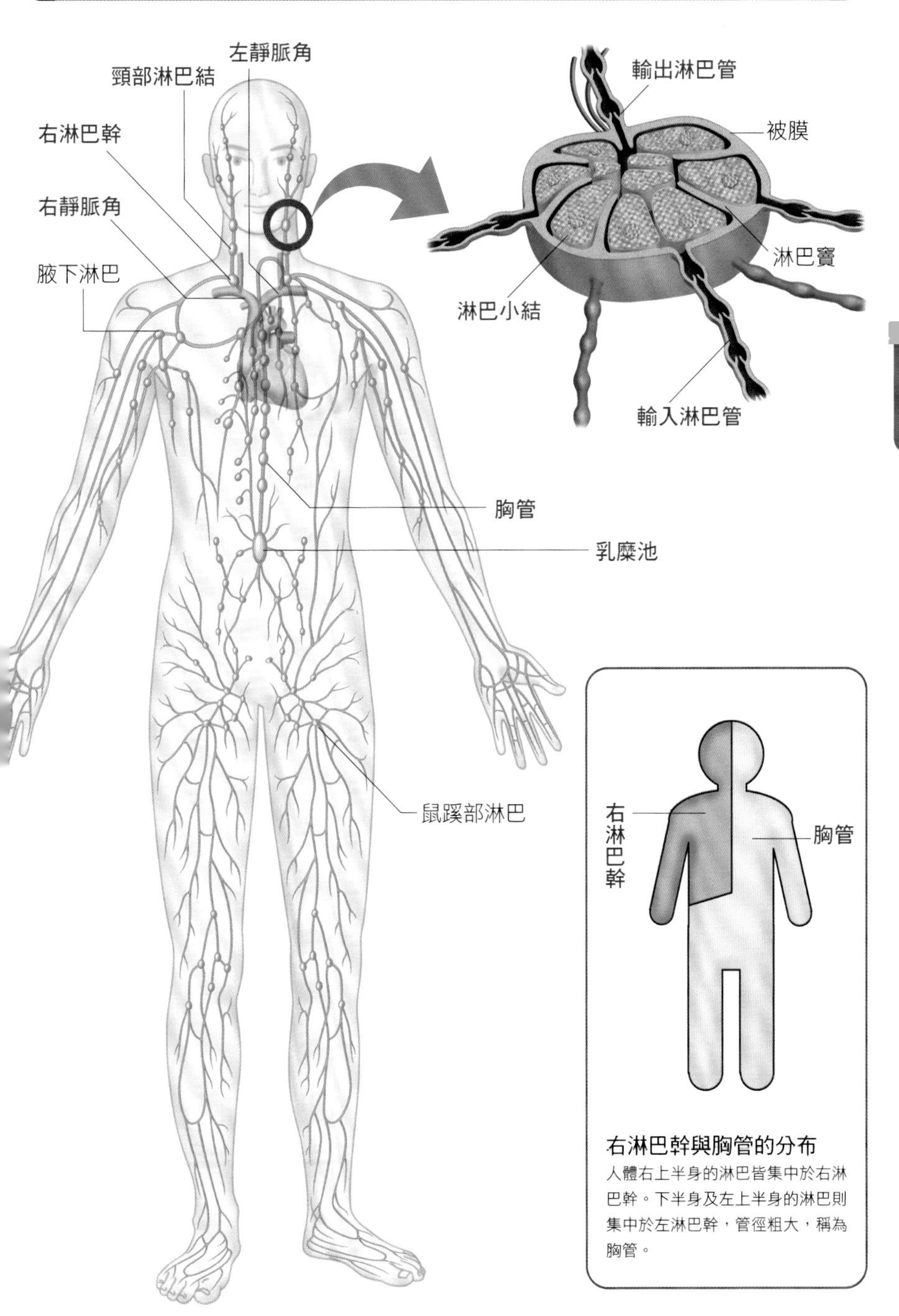

右淋巴幹與胸管的分布

人體右上半身的淋巴皆集中於右淋巴幹。下半身及左上半身的淋巴則集中於左淋巴幹，管徑粗大，稱為胸管。

循環系統

血液與淋巴的產生

重點

- 紅血球、白血球與血小板是在骨髓中產生的。
- 造血幹細胞為所有血液細胞成分的始祖。
- 從造血幹細胞分化出紅血球系統、白血球系統與血小板系統。

血液的細胞成分自骨髓產生

血液的液體成分血漿、淋巴的液體成分淋巴漿，以及填滿組織的組織液（間質液），這3種液體在成分上並無差別，實質上是一樣的東西，只不過依據其所在之處而有不一樣的稱呼，並不表示有特定器官集中生產（血漿滲入組織中便成了組織液，再進入淋巴管則化為淋巴漿，反之亦然）。

另一方面，細胞成分（**紅血球、白血球與血小板**）是在骨髓中產生的（胚胎期除外）。骨髓形成一個細密的網狀構造，名為**造血骨髓**（**紅骨髓**）的組織（約占整體骨髓的一半）在此處進行造血。此處的**造血幹細胞**為所有細胞成分的始祖，並分化出**紅血球系統**、**白血球系統**與**血小板系統**這三大系統。其中的白血球系統又可進一步分為3個系統：**顆粒球系統**、**單核球系統**與**淋巴球系統**。從顆粒球系統中形成**嗜中性球**、**嗜酸性球**與**嗜鹼性球**；從單核球系統中則經由**單核球**形成**巨噬細胞**，這2套系統是在骨髓內進行分化，相對於此，淋巴球系統有一部分會移至脾臟或胸腺後才成熟。因此有時候會與骨髓造血做出區隔，歸為其他範疇。

關鍵字

造血幹細胞
未分化的細胞，為所有血球的始祖。存在於骨髓中，亦可從臍帶血中採集以供移植之用。

巨噬細胞
白血球的一種，屬於免疫細胞。在血液中稱為單核球，到了血管之外就會像變形蟲般在組織中移動，吞噬並排除異物。

筆記

胚胎期的造血
受精後18天左右，才會開始在卵黃囊中造血。胚胎期前半段也會在肝臟與脾臟進行造血，但進入胚胎期後半段便會轉以骨髓造血為主。

COLUMN

骨髓移植並非削骨

治療起因於造血功能異常的白血病等難治疾病時，一般會進行骨髓移植。名稱給人一種削骨來移植的印象，實際上是採集含有造血幹細胞的骨髓液，注射進患者的靜脈中，目的於在使其進入骨髓產生造血幹細胞。然而，倘若白血球的血型不合便會發生排斥反應（據說即便是血緣關係者，適合的機率最高也才25%，非血緣關係者則為數萬分之一），所以經常呼籲大眾去登記所謂的「骨髓銀行」。

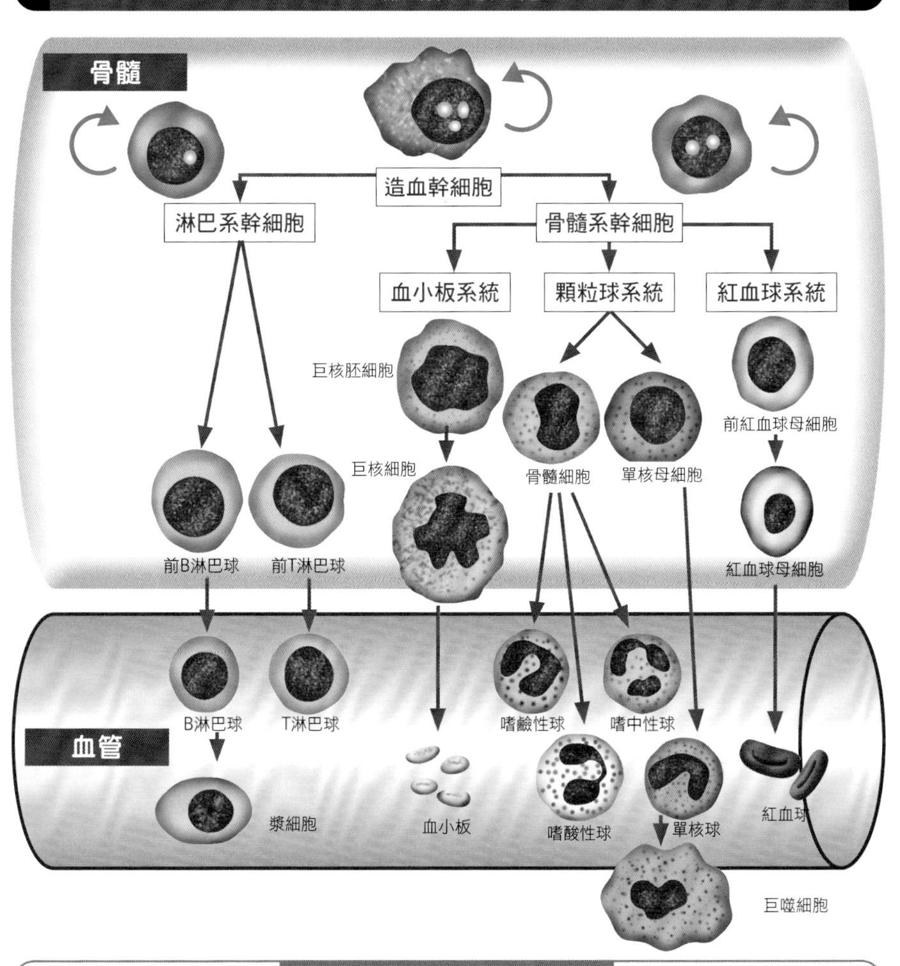

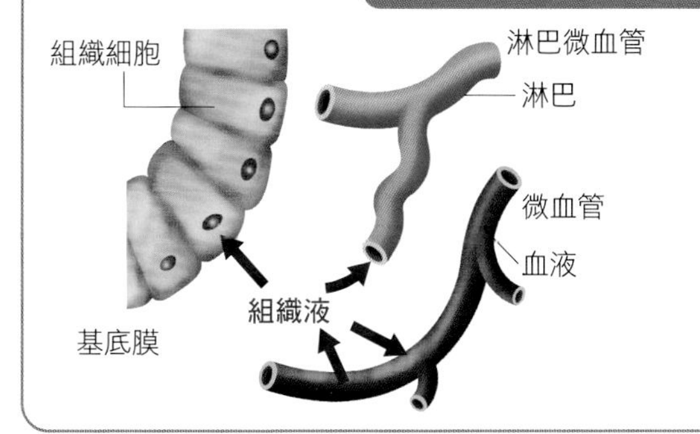

血漿、淋巴漿與組織液（間質液）的成分幾乎都是一樣的（不過淋巴漿中的血漿蛋白較少）。基本上這三者是同樣的物質，進出於組織細胞、血管與淋巴管之間。細胞的組織液過剩時，便會經由淋巴管回到血液循環之中。

脾臟與胸腺

- 骨髓的造血功能會隨著年齡增長而衰退。
- 老化的紅血球會被送至脾臟處置。
- 胸腺會把未成熟的淋巴球培育成T淋巴球再送出去。

脾臟是老化紅血球的最終處理場

血液的細胞成分（紅血球、白血球與血小板）是在骨髓中產生的，其造血功能會因為年齡增長而退化，尤其是肢骨，成人後便會停止造血。另一方面，軀幹骨（椎骨、胸骨與髖骨等）則會終生持續造血。

紅血球也會隨著時間的推移而衰退，導致功能退化，因此老化的紅血球會被送至脾臟處置。脾臟是位於腹腔左上部的臟器，內部劃分為兩大區，分別稱作**紅髓**與**白髓**。紅血球的處置是在紅髓中進行，紅血球會被常駐於此的**巨噬細胞**吞食（原本內含的鐵會再次利用於產生新的紅血球）。送入的血液量為每分鐘約300mℓ，處理掉的紅血球則是一天高達約20g。另一方面，白髓為淋巴組織之一，製造出的B淋巴球會對入侵的異物產生反應，成熟後成為抗體形成細胞，開始產出抗體。

胸腺是未成熟的淋巴球的訓練道場

胸腺位於上部胸骨的後方，附著於心臟的上部前面，亦為淋巴組織。然而，直到青春期為止都很發達，之後會逐漸縮小，由脂肪組織替代，但並不會完全消失。

內部又區分為**皮質**與**髓質**。皮質中存有大量源自於骨髓、不具免疫功能且發育不全的淋巴球。未成熟的淋巴球會進一步與樹突細胞、巨噬細胞等共存，藉此讓其轉換成攻擊性強的T淋巴球，再經由髓質釋出至末梢循環之中。

脾臟
與橫膈膜、胃底相接的小型臟器，內部可區分為紅髓與白髓。

胸腺
此為附著於心臟上部的淋巴組織之一，到了青春期達到最大，之後會逐漸萎縮。負責將未成熟的淋巴球培育成攻擊性強的T淋巴球。

停止骨髓造血
結束造血功能的骨髓會替換成脂肪組織，即所謂的黃骨髓。另一方面，造血活躍的骨髓則稱為紅骨髓。化為黃骨髓後，有時仍可因應需求替換成紅骨髓，重新恢復造血功能。

脾臟的位置與構造

脾臟位於腹腔的左上部，與橫膈膜、胃底相接，是重約150g的臟器。可區分為處置老廢紅血球的紅髓，以及負責讓B淋巴球成熟（產生抗體）的白髓。

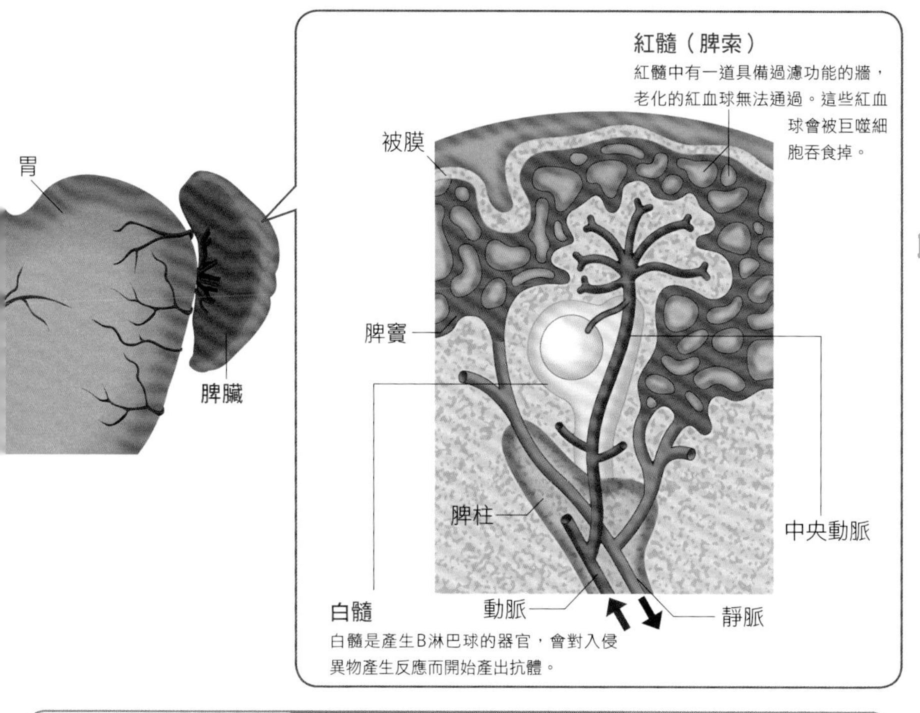

胸腺的位置與變化

胸腺的位置位於心臟的前方上部。在新生兒身上為10～15g，進入青春期達到最大，為30～40g，之後會逐漸替換成脂肪組織而縮小。皮質是由上皮細胞形成網狀構造，裡面存有大量未成熟的淋巴球。

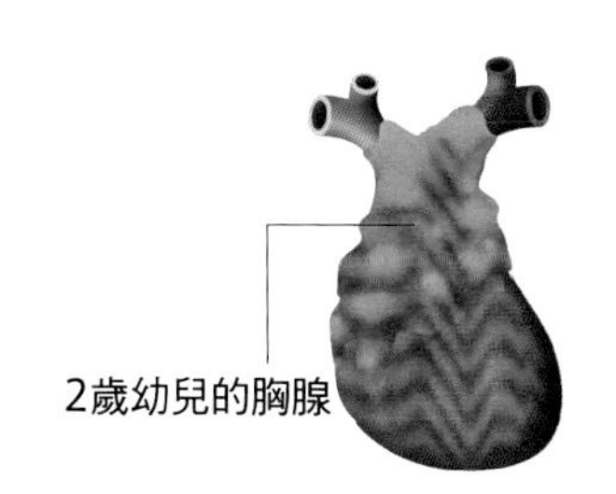

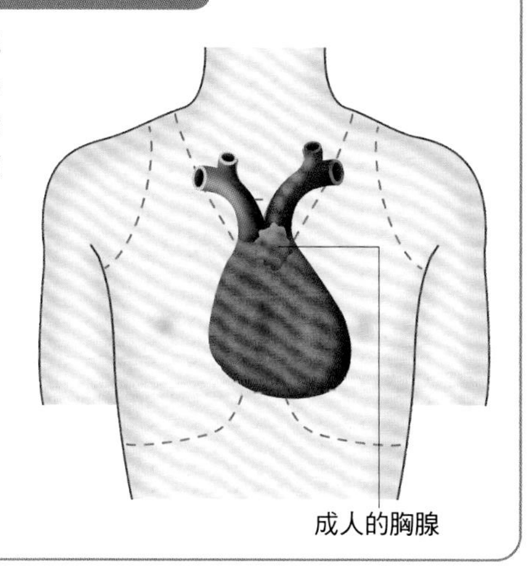

解剖學雜學 COLUMN ⑥

無氧運動與有氧運動

在「糖解系統」與「ATP-CP系統」這2種用以獲得能量的過程中，ATP的合成進度迅速，因此可於短時間內需要龐大力量的情況下發揮效果。有些運動活用了這些系統所產生的能量，其中最具代表性的便是短跑與肌力訓練等。這2種系統並無氧氣參與其中（統稱為「無氧系統」），所以這類運動在提升表現時不需要氧氣，故稱為「無氧運動」。

另一方面，TCA循環系統合成ATP的速度比糖解系統或ATP-CP系統還要慢，因此在需要長時間的耐力運動中較為有效。長跑、慢跑與騎自行車等運動即屬於此類，TCA循環系統需要大量的氧氣（故稱為「有氧系統」），因此這類運動稱為「有氧運動」。

然而，即便是「有氧運動」，在運動開始後的一段期間內，糖解系統還是較占優勢。不過肝醣與葡萄糖這些原料會隨著時間的推移而逐漸減少，因此糖解系統在整體中所占的比例也會隨之遞減。取而代之的是逐漸遞增的TCA循環系統，其原料的乙醯輔酶A原是取自碳水化合物，接著會轉為取自脂肪，最終變成「取自碳水化合物＜取自脂肪」（不過碳水化合物的消耗比率並不會變成0%）。

這就是為什麼一般會認為有氧運動能有效消耗體脂肪。

第7章

泌尿系統與生殖系統

泌尿系統概要
腎臟
腎盂與輸尿管
膀胱
尿道
男性生殖器的構造
乳房
女性生殖器的構造
子宮
精巢與精子
卵巢與卵子
從受精到誕生

泌尿系統概要

重點

- 泌尿系統的作用是清除血中的老廢物質並將之排出體外。
- 泌尿系統是由腎臟、輸尿管、膀胱與尿道所構成。
- 泌尿系統並非單純的排泄器官，也是調整體內環境的器官。

清除血中老廢物質的淨化系統

送至體內各個組織的血液會傳送養分並接收老廢物質。這些是人體不需要的物質（在某些情況下甚至有害），所以必須從血液中去除。腎臟便是為此而運作的器官，尿道、輸尿管與膀胱則負責將清除的老廢物質排出體外。

具體來說，送入腎臟的血液會經過過濾，老廢物質會以尿液的形式經由輸尿管送進膀胱，並由此處排出體外。參與這一系列功能的所有器官統稱為泌尿系統。

調整體內的水量與電解質

泌尿系統不僅會排出血中的老廢物質，還會發揮調整體內環境的重要功能。換言之，這套系統會考慮體內的水量與電解質的組成等來發揮作用，排出多餘的物質，並減少不足物質的排出。

從這層意義上來看，泌尿系統並非單純只是「終端處理場」，可說是體內環境的「控制中心」。

還能發揮生殖器官的功能

此外，與尿液排泄相關的器官，有一部分也具備生殖器的功能（具體來說，男性的尿道開口位於陰莖前端，女性則位於外陰部內）。

有鑑於此，本章也會針對生殖器官來進行解說。

關鍵字

泌尿系統
與去除血中老廢物質相關的器官群，由腎臟、輸尿管、膀胱與尿道所構成。負責調整體內的水分與電解質，還有調整體內環境的作用。

老廢物質
舉例來說，蛋白質消化後會形成胺基酸，如果為了產生能量而被分解，就會產生有害的氨。此外，酒精在肝臟被分解後所產生的乙醛也是劇毒。

生殖器
此為與生殖功能密切相關的諸多器官。指的是男性的精巢（睪丸）與陰莖等，女性則是卵巢、子宮與陰道等。

腎臟與膀胱的位置

泌尿系統肩負著將老廢物質排出體外的功能。在腎臟經過過濾的老廢物質會化為尿液，從輸尿管送至膀胱，經尿道排出體外。

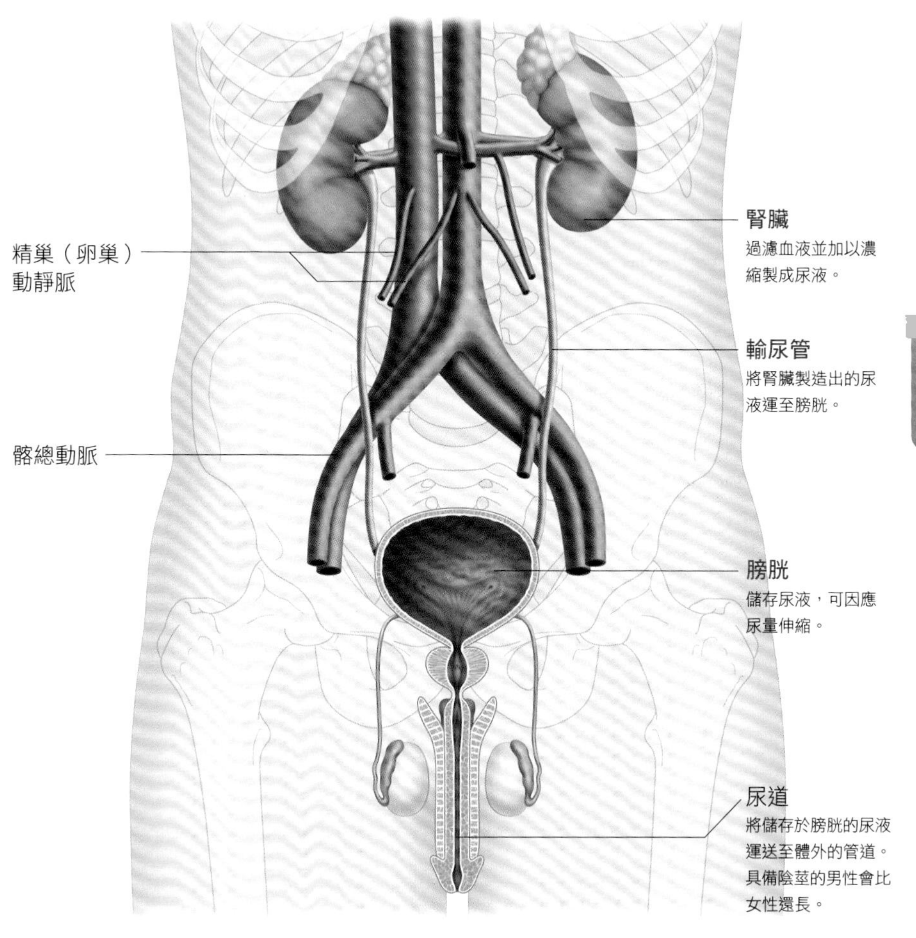

COLUMN 人工透析

人一旦罹患腎衰竭而喪失腎臟功能，便會無法淨化血液而有生命之憂，所以會進行「人工透析」，以人為方式淨化血液。此療法可分為兩大類，分別是利用機械裝置來進行的血液透析（在醫院執行），以及透過自身的腹膜來進行的腹膜透析（在自家插入導管來執行），其中又以血液透析為主，不過必須每隔一天進行好幾小時，對患者加諸了極大的負擔。

腎臟

重點

- 腎臟位於背部，是隔著脊柱左右成對、呈蠶豆狀的臟器。
- 腎小體（過濾裝置）與腎小管（輸送管）為產生尿液的基本單位（腎單位）。
- 產生的尿液會聚集於每個腎錐體中，再從腎盂送至膀胱。

腎臟是負責過濾血液的裝置

腎臟是隔著脊柱左右成對並排於背部的臟器。位置相當於肘部高度，不過右腎的正上方有肝臟，所以會比左腎低1～2cm。整體包覆在脂肪組織中，與後腹壁相接。然而，**腎臟**與周圍的連結性弱，即便呼吸也只會上下移動2～3cm（**呼吸性移動**）。形狀被比擬為蠶豆，**腎動脈**、**腎靜脈**與**輸尿管**皆從內側的凹陷部位（**腎門**）進出。

負責過濾血液的是散布於皮質的**腎小體**，由**腎絲球**（從延伸自腎動脈的**入球小動脈**分支出來的微血管，纏繞呈毛線球狀的構造）與包覆其外的**腎絲球囊**（**鮑氏囊**）所組成，腎絲球囊會收集腎絲球所製造的**原尿**並送往**腎小管**。腎小體與腎小管為產尿裝置的基本單位，合稱為**腎單位**（**腎元**）。

以腎盞匯集尿液

腎小管往下延伸至髓質後，便會U型轉彎返回皮質（**亨利氏環**），匯流於**集尿管**。然而在抵達此處之前，99%的原尿會在輸尿管中被血管重新吸收，唯有剩餘的1%會化為尿液。集尿管是往腎臟內部延伸，反覆與其他集尿管匯流形成**乳頭管**後，開口於**腎乳頭**。

從腎乳頭分泌出來的尿液會由名為**腎盞**的構造承接。腎盞是以**腎錐體**為單位來匯集尿液，再送往腎臟最深處（**腎竇**）的**腎盂**。自各個腎盞送來的尿液皆會集結於此處，再送至通往膀胱的**輸尿管**。

關鍵字

腎臟
過濾血液並產生尿液，為泌尿系統的核心器官。左右各一成對。亦為內分泌器官，腎臟會分泌負責調節血壓的腎素與促進紅血球生成的促紅血球生成素等。

腎小體
由微血管纏繞呈毛線球狀的腎絲球與包覆其外的腎絲球囊（鮑氏囊）所組成。腎絲球會過濾血液製成原尿，再經由腎絲球囊收集後送往腎小管。

腎單位（腎元）
由腎小體與腎小管所組成，為製造尿液的基本單位。

腎錐體
此為形成腎臟髓質的三角錐構造，裡面為腎小管與集尿管的集合體。

腎盞
以腎錐體為單位來收集已分泌的尿液，呈杯狀構造。

腎盂
位於腎臟最深處（腎竇）的空洞，集結各腎盞所接收的尿液並送往輸尿管。

腎臟的構造

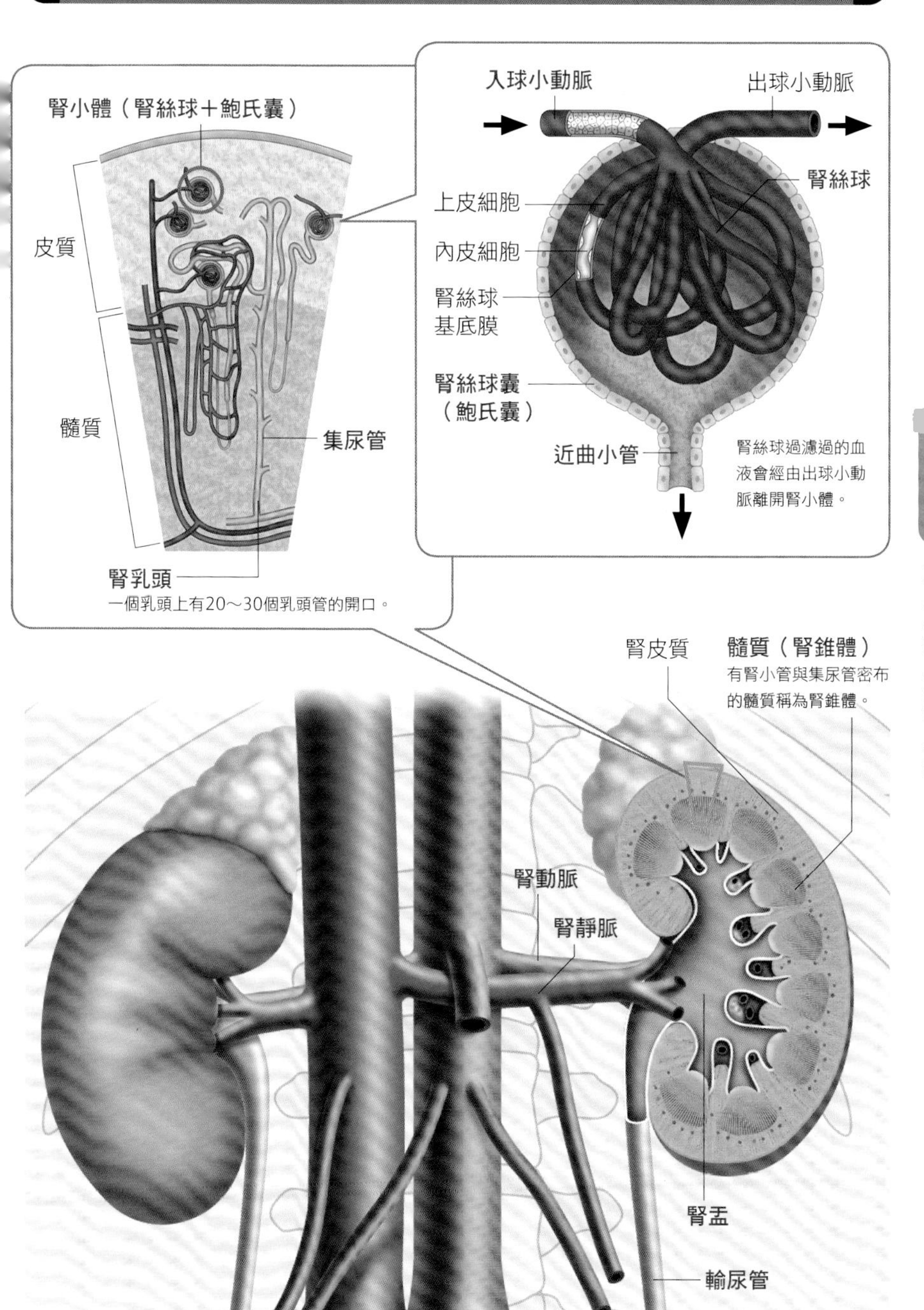
腎小體（腎絲球＋鮑氏囊）
皮質
髓質
集尿管
腎乳頭
一個乳頭上有20～30個乳頭管的開口。
入球小動脈
出球小動脈
腎絲球
上皮細胞
內皮細胞
腎絲球
基底膜
腎絲球囊
（鮑氏囊）
近曲小管
腎絲球過濾過的血
液會經由出球小動
脈離開腎小體。
腎皮質
髓質（腎錐體）
有腎小管與集尿管密布
的髓質稱為腎錐體。
腎動脈
腎靜脈
腎盂
輸尿管

腎盂與輸尿管

重點

- 腎盂會收集腎臟所產生的尿液，輸尿管則將這些尿液送往膀胱。
- 輸尿管有3處生理性狹窄部位。
- 輸尿管宛如斜向扎入般地進入膀胱的後壁。

腎盂會收集在腎臟產生的尿液

腎盂位於腎臟的內側，如漏斗般收集著尿液。腎錐體並排於腎臟中，腎盞則附著於其頂端的腎乳頭上，承接一點一點釋出的尿液。2～3個腎盞匯流後，進一步匯流為一，形成腎盂。聚集於腎盂的尿液會透過接續於腎盂的輸尿管送進膀胱。

腎盂不光只是承接尿液，還會進行蠕動運動，主動將尿液送往輸尿管。

將尿液送往膀胱的輸尿管

輸尿管是連接腎盂與膀胱的管道，粗約5～7mm、長約25cm。

輸尿管有3處變得稍細，分別是從腎盂接至輸尿管的部位、輸尿管與髂總動脈的交會處，以及貫穿膀胱壁的地方，這些稱為**生理性狹窄部位**。**輸尿管結石**是尿液的成分結晶後變成結石，卡在輸尿管上而突然引發劇痛，大多發生在生理性狹窄部位。

輸尿管是從後上方往前下方斜向扎入般地進入膀胱的後壁。尿液會積聚於膀胱，膀胱壁被拉伸開來的同時，膀胱內壓也隨之升高，輸尿管的貫穿部位便會如垮下般閉合起來。此結構是為了防止膀胱內的尿液逆流回輸尿管。輸尿管也會進行蠕動運動，主動將尿液送往膀胱，因此即便臥床不起，尿液也會逐漸積聚於膀胱內。

考試重點名詞

腎盞與腎盂
嵌合於腎錐體的腎乳頭上，呈杯形的部位即為腎盞，數個腎盞匯流而呈漏斗狀的部位則為腎盂。

生理性狹窄部位
輸尿管變得稍細的地方，共有3處。分別為腎盂與輸尿管的接合部位、與髂總動脈的交會部位，以及貫穿膀胱壁的部位。

關鍵字

髂總動脈
指腹主動脈往左右下肢分支出來的2條動脈。

蠕動運動
指管狀器官透過管壁的平滑肌做出如蟲子爬動的動作，讓內容物往特定方向推進的運動。一般可見於輸尿管與消化道。

輸尿管結石
輸尿管結石是指尿液成分中的尿酸與鈣等結晶後逐漸變大，塞在輸尿管的生理性狹窄部位等處而引起的疾病，會突然造成腹部或腰部感到劇痛。

腎盂與輸尿管

聚集於腎盂的尿液會通過輸尿管送至膀胱。輸尿管有3處變得稍細的生理性狹窄部位。

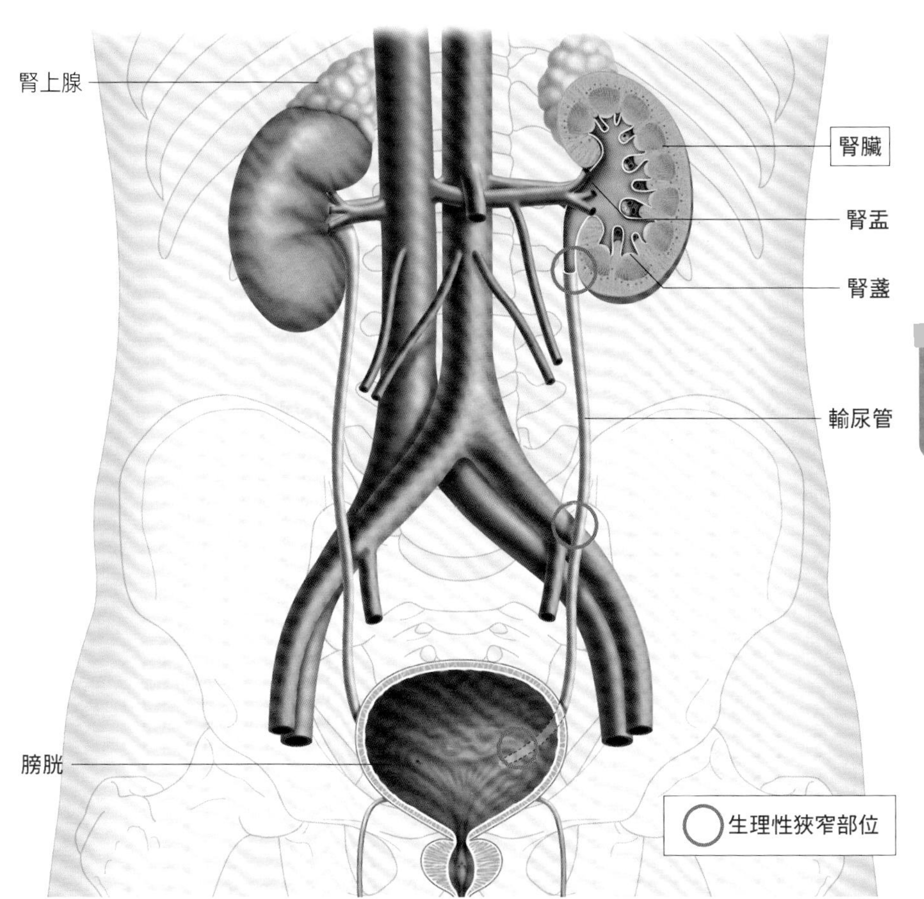

COLUMN

汗水與尿液

汗水的主要功能是調節體溫，和尿液一樣肩負著排出血中老廢物質的任務。實際上，汗水與尿液中含有相同的成分，只是濃度各異。汗水是由位於皮下組織的汗腺所分泌。汗腺包含外泌汗腺（小汗腺）與頂漿腺（大汗腺），只說「汗腺」時，指的是前者。其分泌部位是由細管彼此交織成如毛線球般的構造，與運行於皮下組織下部的微血管相連。

膀胱

重點
- ●膀胱是在排尿之前暫存尿液的袋子。
- ●膀胱壁上有平滑肌，內面的黏膜是由移形上皮所組成。
- ●膀胱膨脹時，主要是頂部會鼓脹呈圓球狀。

暫時儲存身體不需要的物質

膀胱是在排泄之前暫存尿液的袋子。尿液是在腎臟一點一滴不間斷地製造而成，所以如果沒了膀胱，尿液就會直接排放出來。膀胱緊連著骨盆的恥骨旁邊內側，女性的後面是子宮與陰道，男性則是直腸。

膀胱前方呈尖尖的三角錐狀。前方尖起的部位為**膀胱頂**，以名為**臍正中韌帶**的結締組織往肚臍的方向垂掛著。此外，後壁部位稱為**膀胱底**，膀胱頂與膀胱底之間的部位為**膀胱體**，往下方的尿道有個變細的部位則稱為**膀胱頸**。

膀胱內的後壁有個由2個輸尿管口（輸尿管進入下方）與尿道內口（通往尿道的出口）所形成的三角形，稱為**膀胱三角**。

配合尿量伸縮的膀胱

膀胱壁上有一層平滑肌，內面則有黏膜覆蓋。膀胱淨空時，膀胱壁的厚度約15mm，因為尿液積存而膨脹的話，則會變薄至3mm左右。這是因為平滑肌會伸縮，再加上黏膜也是由可以改變厚度、名為**移形上皮**的組織所構成。然而，膀胱三角的部位幾乎不具伸縮性。

當膀胱因尿液積存而膨脹時，主要是膀胱體的頂部會變圓鼓起，而非整個膀胱如氣球般膨脹起來。據說膀胱可以儲存超過500mℓ的尿液，勉強一點的話則可容納約800mℓ。

考試重點名詞

膀胱三角
由2個輸尿管口與尿道內口所形成的三角形。有別於其他部位，此處幾乎不具有伸縮性。

移形上皮
一種上皮細胞，可讓構成組織的細胞大幅改變厚度而變成圓柱狀或扁平狀。除了膀胱壁之外，亦可見於腎盂與輸尿管。

關鍵字

臍正中韌帶
附著於膀胱頂，接續至肚臍的結締組織。

尿道內口
膀胱通往尿道的出口。相對於此，尿道對外的開口則稱為尿道外口。

筆記

尿意的機制
當膀胱內積存了約200mℓ的尿液時，便會感受到膀胱內壓增加或是膀胱壁伸展，此一訊息會傳遞至大腦而引起尿意。

膀胱的外形

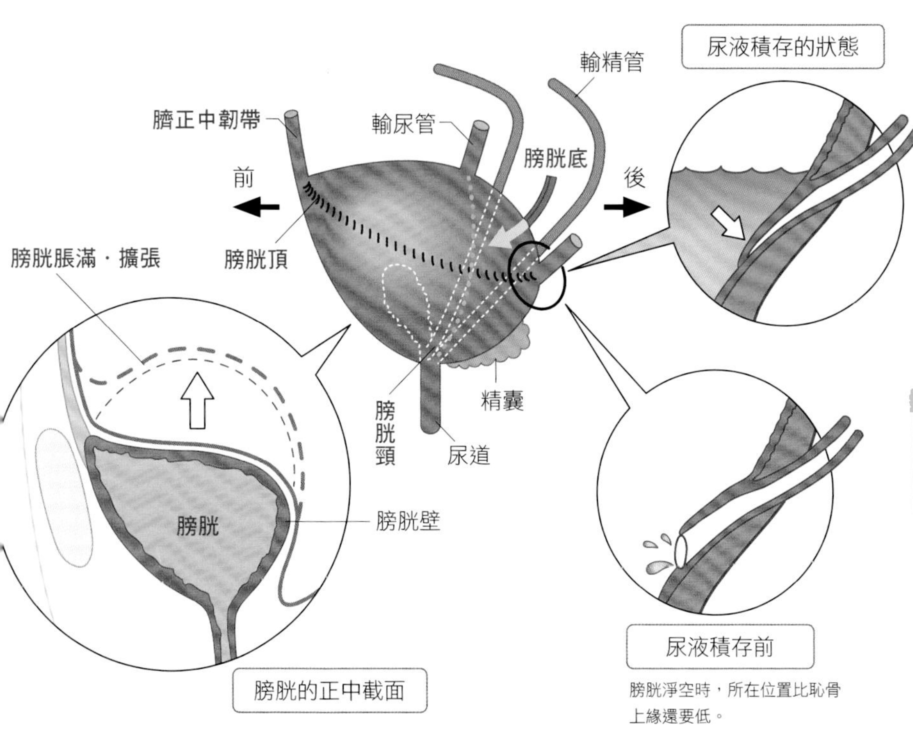

膀胱淨空時，所在位置比恥骨上緣還要低。

膀胱的放鬆與收縮

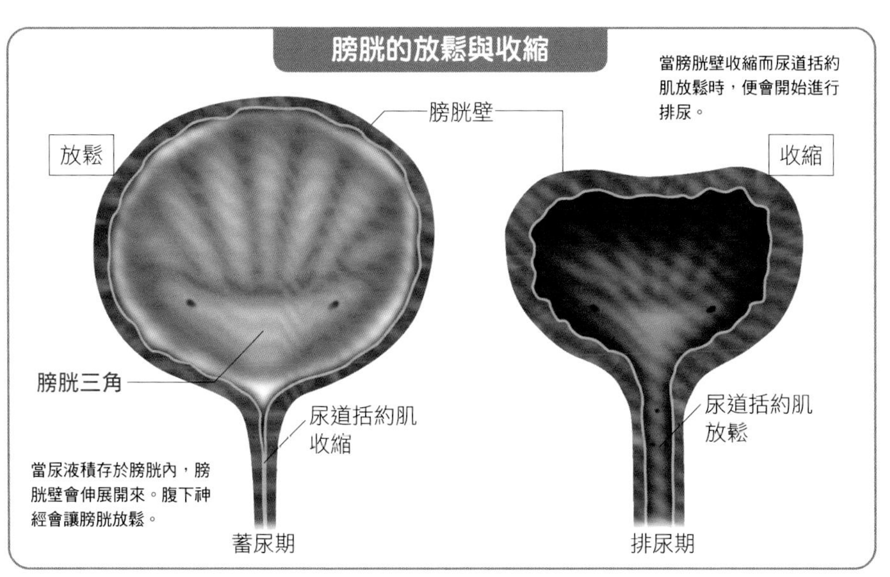

當膀胱壁收縮而尿道括約肌放鬆時，便會開始進行排尿。

當尿液積存於膀胱內，膀胱壁會伸展開來。腹下神經會讓膀胱放鬆。

泌尿系統
生殖系統

尿道

重點

- 尿道內口至尿道外口為止是尿道，男女的構造大不相同。
- 女性的尿道短，尿道內口的開口筆直通往尿道外口。
- 男性的尿道同時也是生殖器，路徑長且複雜。

男女的尿道大不同

尿道是從膀胱的尿道內口延伸至尿道外口（相當於將尿液排出體外的出口）。女性與男性的尿道構造之間存在很大的差異。

女性的尿道是從膀胱下部筆直延伸至前下方，尿道外口開口於小陰唇內側、陰道口前的陰道前庭，長3～4cm。

男性的尿道則為15～20cm，同時也是生殖器，途中與運送精子的**射精管**、來自**尿道球腺**的管子匯流。男性的尿道可分為3個部位，分別是**前列腺部**、**膜部**與**海綿體部**。前列腺部是指剛出尿道內口就穿過下方前列腺內部的部位。從該處延伸穿過泌尿生殖隔膜（由打造骨盆底部的肌群所構成）的這一小段為膜部，變得稍微細窄。尿道從此處往前彎曲，成為通過尿道海綿體內部的海綿體部，開口於尿道外口。

控制尿道開合的尿道括約肌

男女的尿道內口處皆有**尿道內括約肌**。尿道內括約肌是調節尿道內口開合的平滑肌，屬於無法憑自己的意志來控制的非隨意肌。

此外，尿道穿過泌尿生殖隔膜的部位有**尿道外括約肌**。尿道外括約肌是可以憑意志控制的隨意肌。在男性體內以360度圍繞於尿道的四周，在女性體內則是僅從前方圍繞呈Ω字狀，因此尿道後方的陰道後側部位較為脆弱。

考試重點名詞

尿道內括約肌
指膀胱頸部位的平滑肌。屬於無法憑意志控制的非隨意肌。然而，尿道內括約肌並非獨立的肌肉，而是指膀胱壁的平滑肌的肌肉纖維聚集於膀胱頸所形成的部位。

尿道外括約肌
為泌尿生殖隔膜的一部分，位於尿道的四周，是可以憑意志控制的隨意肌，負責閉合或敞開尿道。在女性體內並未360度圍繞尿道，所以較為脆弱。

關鍵字

泌尿生殖隔膜
此為封住骨盆底部的肌群的前方部位。尿道或女性的陰道穿過此處。不包含肛門部位。尿道外括約肌構成其一部分。

筆記

男女尿道的差異
男性的尿道穿過前列腺，所以前列腺肥大有時會導致排尿困難。另一方面，女性的尿道比男性短，因此雜菌容易從外部入侵。

尿道的位置

男性

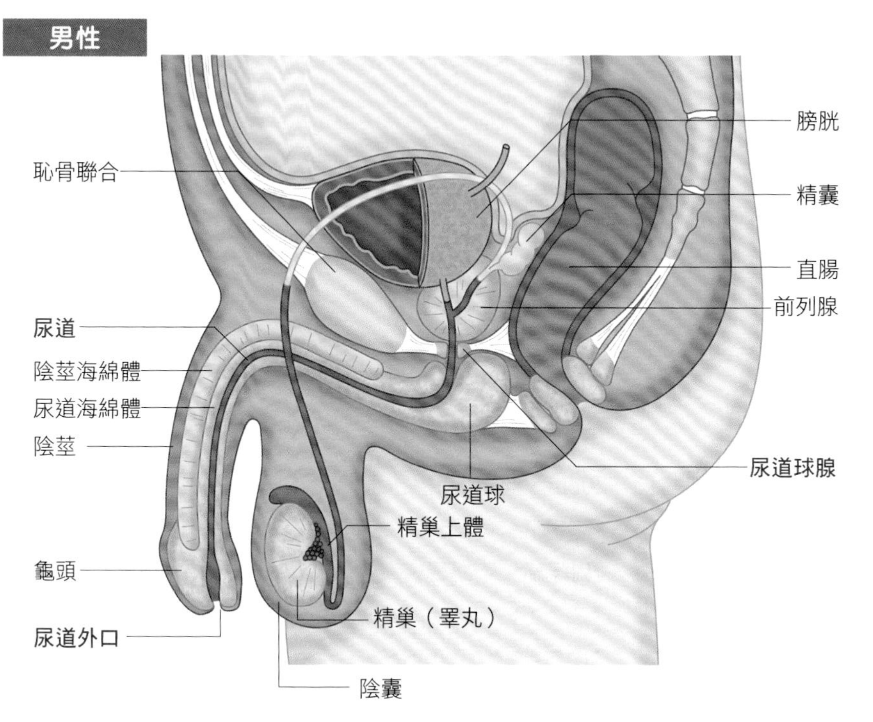

膀胱
恥骨聯合
精囊
直腸
前列腺
尿道
陰莖海綿體
尿道海綿體
陰莖
尿道球腺
尿道球
精巢上體
龜頭
精巢（睪丸）
尿道外口
陰囊

女性

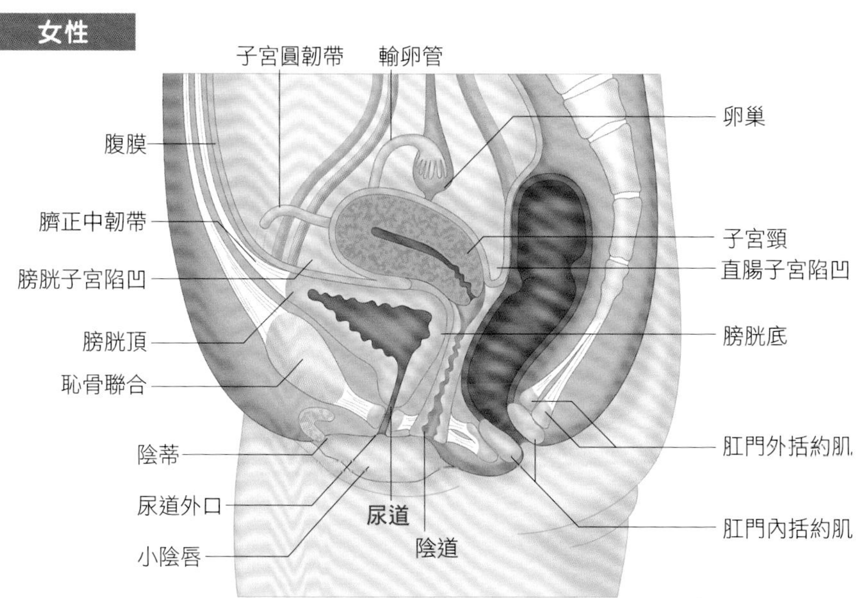

子宮圓韌帶
輸卵管
卵巢
腹膜
臍正中韌帶
子宮頸
直腸子宮陷凹
膀胱子宮陷凹
膀胱頂
膀胱底
恥骨聯合
肛門外括約肌
陰蒂
尿道外口
尿道
肛門內括約肌
陰道
小陰唇

泌尿系統
生殖系統

男性生殖器的構造

重點

- ●男性的生殖器是由精巢、精巢上體、輸精管、陰莖與陰囊等所組成。
- ●精子是於精巢形成，從精巢上體出發，經輸精管與尿道後射精。
- ●陰莖在射精時會因為內部的海綿體充血而勃起。

從精子產生至射精為止是條漫漫長路

男女的生殖器皆可區分為**內生殖器**與**外生殖器**。男性的內生殖器是指**精巢（睪丸）**、**精巢上體**、**輸精管**與**副性腺**，外生殖器（**外陰部**）則是指**陰莖**與**陰囊**。

精巢是男性生殖功能的中樞，與精巢上體等一起收納於袋狀的陰囊裡，既負責形成精子，亦為分泌**雄激素**（**男性荷爾蒙**）的內分泌器官。精子是在內部的**生精小管**中形成的，從**睪丸網**經過10條左右的**睪丸輸出小管**送至**精巢上體**。

精巢上體是由**副睪管**、與之相接的**輸精管**所構成，精子會先在副睪管內待機，再送至輸精管。輸精管出了精巢上體後便通往骨盆底，經過膀胱上部，開口於尿道，途中會與來自**精囊**的導管匯流，成為**射精管**。精囊為附屬生殖器之一，會分泌富含果糖的鹼性黏液。此外，**前列腺**位於膀胱下方，圍繞著尿道上部與射精管，亦為附屬生殖器，會分泌乳白色的漿液。**尿道球腺**（**考伯氏腺**）也會分泌透明的黏液（導管開口於尿道途中）。這些液體與精子的混合物即為精液，會隨著性興奮而**射精**。

精液是從陰莖頂端部位（**龜頭**）的**尿道口**釋放出來，不過陰莖在射精時會**勃起**，以利於與女性生殖器交合。勃起是陰莖內部的**海綿體**（包含環繞尿道的**尿道海綿體**及一對位於背側的**陰莖海綿體**）充血所引起。海綿體與**內陰部動脈**相通，平常由平滑肌加以封閉。然而，性興奮時肌肉會放鬆，便會有大量的血液流入海綿體。

關鍵字

精巢（睪丸）
收納於陰囊之內，左右各一成對的器官，形成精子的同時，還會分泌男性荷爾蒙。內部則以睪丸小隔加以區隔（小葉），在裡面的生精小管中形成精子。生精小管聚集於睪丸網後，經由睪丸輸出小管連接至副睪管。

精巢上體（副睪丸）
位於精巢後方上部的胞器，由一條副睪管與延伸出來的輸精管所組成。一般認為精子是在此處獲得生殖能力。

輸精管
從精巢上體行經骨盆底，開口於膀胱正下方的尿道後壁的管道。途中與精囊的導管匯流，形成射精管。

筆記

精液
精囊所分泌的黏液占了精液的70%，有使精子活躍的作用。20%為前列腺的漿液，乳白色且帶有栗子花般的氣味。隨著性興奮而分泌的尿道球腺黏液的量不多，可發揮潤滑尿道的作用。

男性生殖器的構造

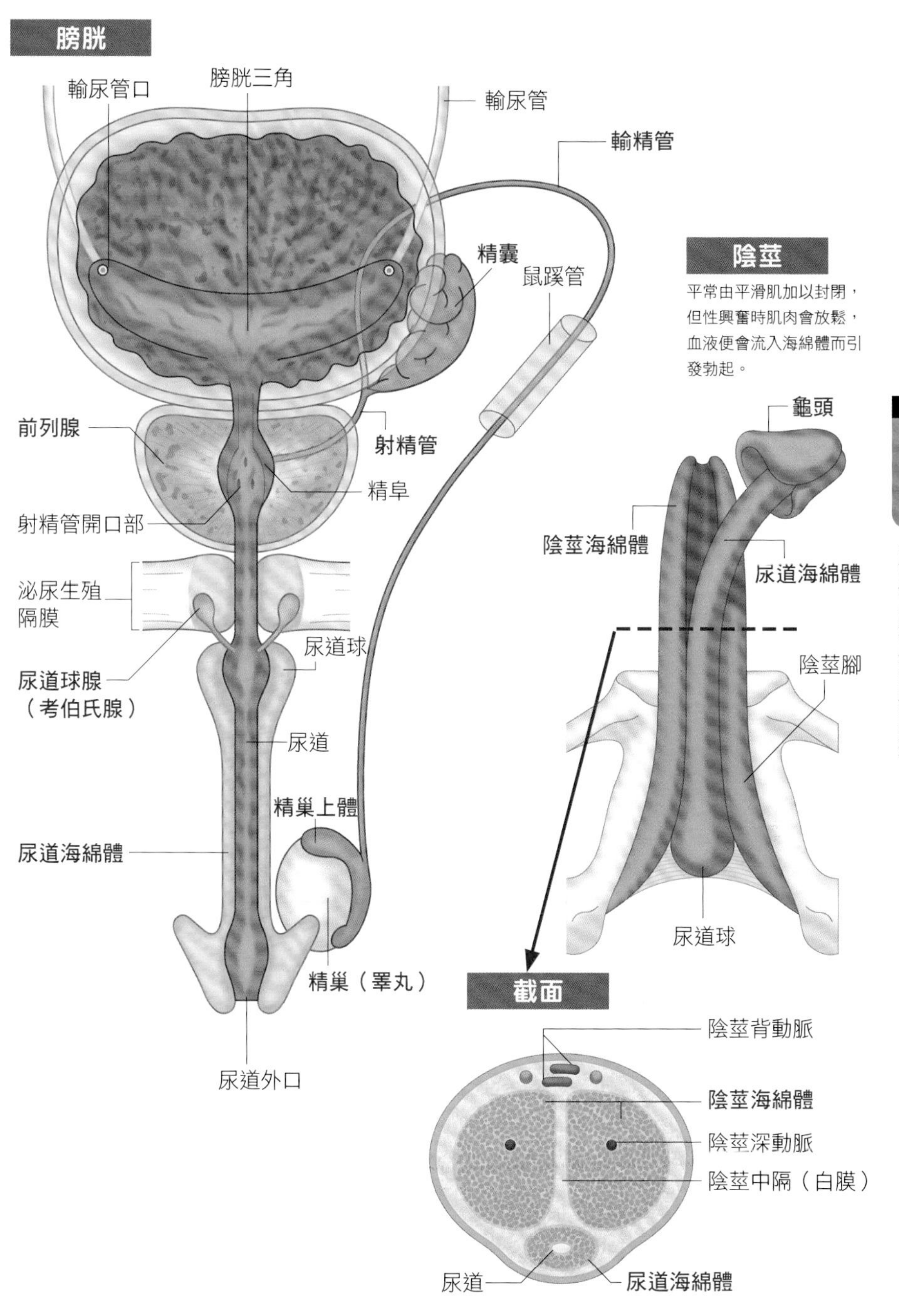

膀胱
輸尿管口
膀胱三角
輸尿管
輸精管
精囊
鼠蹊管
前列腺
射精管
精阜
射精管開口部
泌尿生殖隔膜
尿道球
尿道球腺（考伯氏腺）
尿道
精巢上體
尿道海綿體
精巢（睪丸）
尿道外口
陰莖
平常由平滑肌加以封閉，但性興奮時肌肉會放鬆，血液便會流入海綿體而引發勃起。
龜頭
陰莖海綿體
尿道海綿體
陰莖腳
尿道球
截面
陰莖背動脈
陰莖海綿體
陰莖深動脈
陰莖中隔（白膜）
尿道
尿道海綿體

乳房

- 女性的乳房十分發達；男性也有乳房，但並不發達。
- 乳腺打造出名為乳腺葉的構造，延伸出一條條輸乳管。
- 有豐富的淋巴管運行於乳房及其周圍。

乳房位於胸部的肌肉上

乳房是位於前胸部的半球狀組織，男性也有，但以女性尤為發達。整體的3分之2位於**胸大肌**上，3分之1位於**前鋸肌**上。

乳房的中央有個富含色素的乳暈，該處有12個左右的**乳暈腺**（蒙哥馬利氏腺）。乳暈腺為皮脂腺的一種，突出於乳暈中心的部分則為**乳頭**。

乳房中有名為**乳房懸韌帶**（庫柏氏韌帶）的纖維束，藉此支撐乳房的形狀。乳房懸韌帶連接著皮膚與胸部的骨骼肌筋膜，將乳房的內部隔成一個個小腔室。此外，乳房內有大量的脂肪組織。成人的乳房大小因人而異，不過主要是取決於脂肪組織的量。

於乳房內製造乳汁

乳房的主要任務是在產後製造乳汁來哺育孩子。製造乳汁的**乳腺**會聚集並形成名為**乳腺葉**的構造。乳腺葉收納於乳房懸韌帶所隔開的小腔室中，單邊胸部有15～20個乳腺葉，以乳頭為中心呈放射狀排列。

每個乳腺葉上都具有一條作為乳汁導管的**輸乳管**，開口於乳頭處。輸乳管於乳頭開口附近變得稍粗，此即所謂的**輸乳竇**。

乳房周圍有許多淋巴管運行。乳房外側的淋巴管匯流後集結於腋下的**腋下淋巴結**，內側的淋巴管則聚集於**胸骨旁淋巴結**。

考試重點名詞

乳腺
分泌乳汁的腺體，女性較為發達。打造出名為乳腺葉的塊狀。單邊乳房有15～20個乳腺葉。

乳房懸韌帶
支撐乳房、區隔乳房內部的纖維束。

關鍵字

腋下淋巴結
腋下及其周圍具有許多淋巴結，統稱為腋下淋巴結。包含鎖骨下的上窩淋巴結、腋窩的中央淋巴結，以及位於上臂根部的外側淋巴結等。

筆記

發達的乳腺
從受精卵開始發育的過程之中，由腋下通過恥骨、名為乳腺嵴的線上會生出發達的乳腺。除了一般的乳房外，此線上有時還會形成乳腺組織，並在出生之後仍保留下來，即所謂的副乳。

乳房的構造

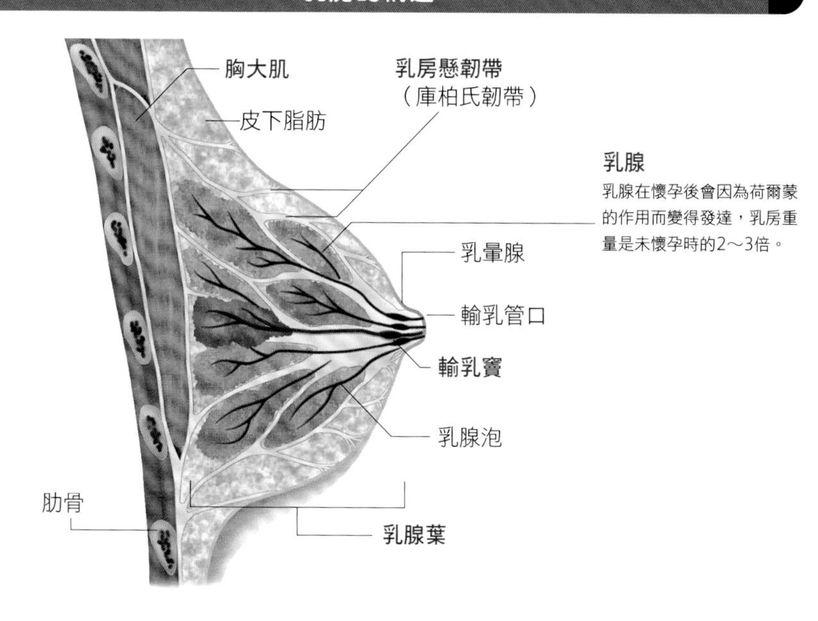

乳腺

乳腺在懷孕後會因為荷爾蒙的作用而變得發達，乳房重量是未懷孕時的2～3倍。

乳房周圍的淋巴管與淋巴結

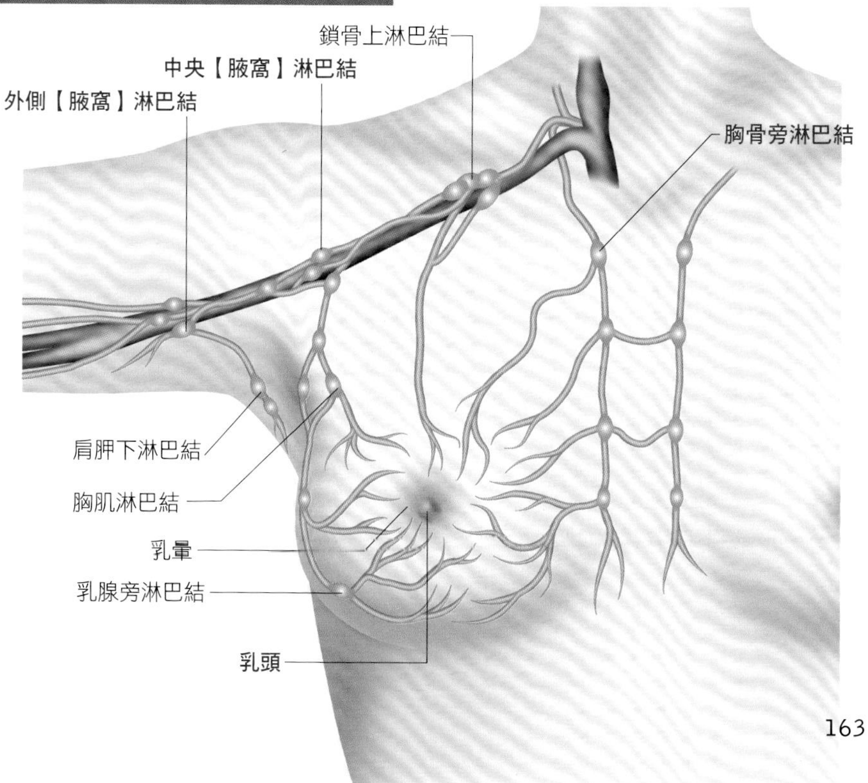

女性生殖器的構造

重點
- 女性的生殖器是由卵巢、輸卵管、子宮、陰道與陰道前庭等所組成。
- 卵子是於卵巢形成，在輸卵管內受精，隨後於子宮著床。
- 陰道既是性交器官，亦為產道，開口於陰道前庭。

女性生殖器如管道般連續相接

女性的生殖器也區分為**內生殖器**與**外生殖器**。內生殖器是指卵巢、輸卵管、子宮與陰道，外生殖器（外陰部）則是指陰阜、大陰唇、小陰唇、陰蒂、陰道前庭等。此外，有時也會把**乳房**與**乳腺**加入外生殖器之列。

卵巢是女性生殖功能的中樞，會形成卵子，亦為分泌雌激素（動情素）與助孕酮（黃體素）的內分泌器官。**卵泡**（包覆於上皮細胞囊中的卵細胞）於卵巢中形成，約28天後便會成熟並將卵子排入腹腔，此即所謂的**排卵**。排卵後，卵泡會立即閉合，轉變成**黃體**。

釋放出來的卵子會移動至**輸卵管**等待受精，但是受精機會只有24小時，逾時就會被自動處理掉。輸卵管是連接子宮的管道，愈接近卵巢則內徑愈寬，卵巢側開口部的前面不遠處稱為壺腹。

受精卵會一邊進行細胞分裂，一邊在輸卵管內移動，進入子宮後便鑽進內膜（**著床**），在此處漸漸成長為胎兒。

陰道為與陰莖交合的器官，還身兼產道

陰道與子宮相連，既是與男性的陰莖交合的器官，亦可於生產時發揮產道的功能。陰道開口於尿道口的後方（陰道口），此部位被皺襞構造的小陰唇包圍，稱為陰道前庭，除了尿道口與陰道口之外，後方還有2個**前庭大腺**（**巴爾氏腺**）的開口。此外，小陰唇的前方交會部位處有陰蒂。大陰唇包圍這些部位，前方有個皮膚隆起部，即陰阜。

關鍵字

輸卵管
連繫卵巢與子宮的管道，愈接近卵巢則內徑愈寬，尤其是卵巢側開口部的前面不遠處稱為輸卵管壺腹。開口部的邊緣則呈現如花萼般擴散開來的構造（輸卵管傘）。

子宮
為了讓受精卵在內壁著床並成長的袋狀器官，可大致區分為子宮體與子宮頸。

陰道
接續於子宮的管狀構造，擁有作為性交器官與產道的功能。開口於陰道前庭。

前庭大腺（巴爾氏腺）
此器官相當於男性的尿道球腺，會分泌鹼性黏液。

女性的內生殖器

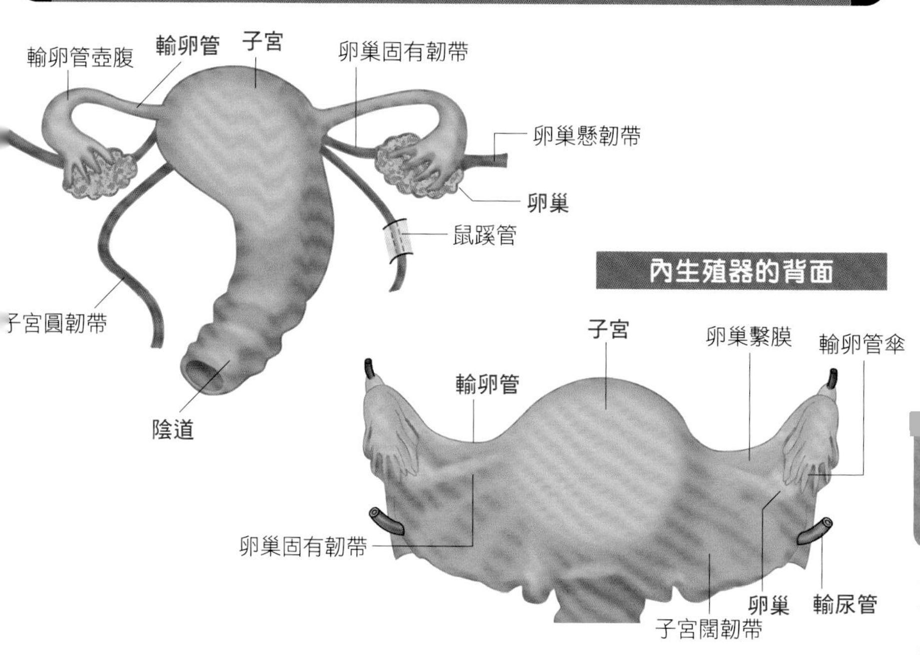

女性的外生殖器

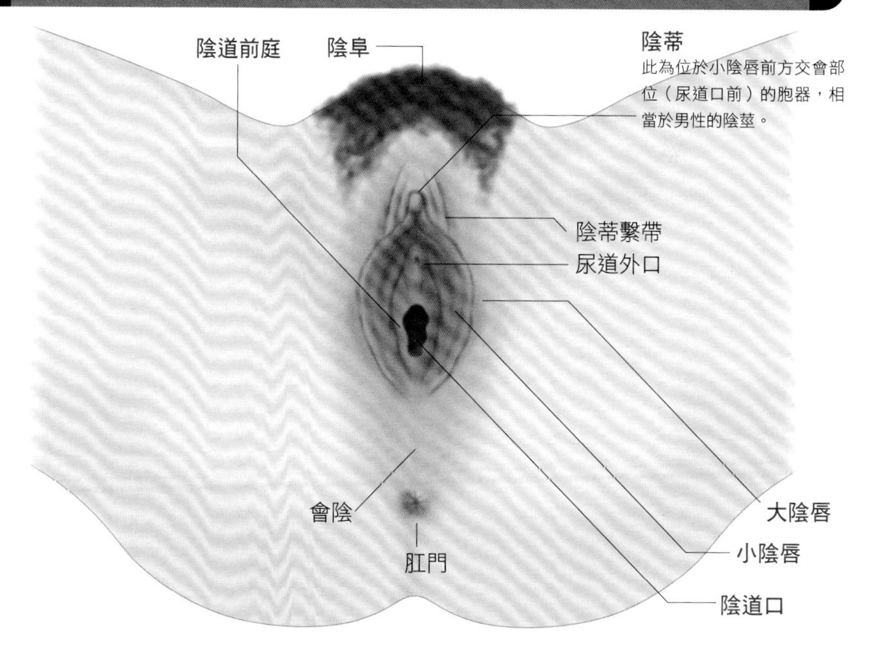

子宮

●子宮的位置前傾，靠在膀胱上部。
●整體區分為子宮體與子宮頸，內部則分為子宮腔與子宮頸管。
●未懷孕的子宮內膜會以約4週為週期，反覆剝離與再生（月經）。

子宮內膜的表面會反覆剝離與再生

子宮是個形狀像茄子的袋狀器官，透過**輸卵管**與左右的**卵巢**聯繫。其位置前傾，靠在膀胱上，與直腸、膀胱之間各有個大空隙，分別為**直腸子宮陷凹**與**膀胱子宮陷凹**。這些並未出現在男性體內，研判是為了因應懷孕後隨之而來的子宮膨脹。此外，整個子宮都包覆在腹膜之中。

內部可區分為兩大部位。上部的3分之2稱為**子宮體**，通往陰道的下部3分之1則為**子宮頸**。兩者交界處的內部稍微變窄（從構成子宮體內部的**子宮腔**接至構成子宮頸內部的**子宮頸管**的部位），稱為**子宮峽部**。此外，突出於子宮頸開

子宮內膜異位症
子宮的內膜組織在本應存在的部位（子宮內腔）之外增殖的異常狀態。會隨著荷爾蒙週期而產生嚴重的經痛等症狀，也可能造成不孕。

女性生殖器

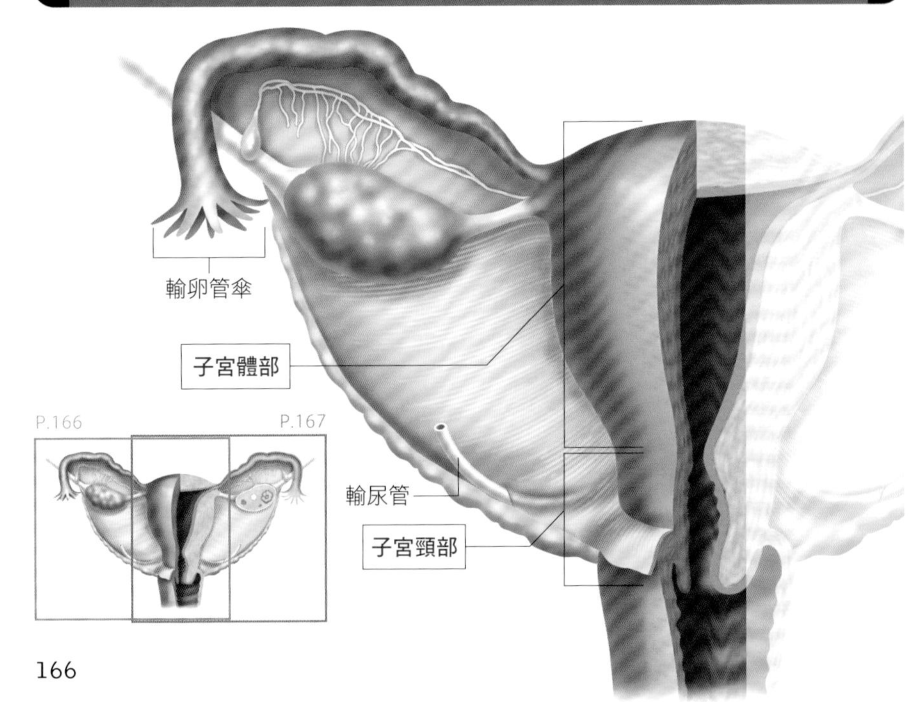

部的陰道內的部位稱為**子宮陰道部**，其另一側為子宮體的頂部（比輸卵管開口部更上面的部位），稱為**子宮底**。

子宮壁為3層構造，由內而外可區分為**子宮內膜**、**子宮肌層**與**子宮外膜**。子宮內膜是一層黏膜（單層柱狀上皮），從輸卵管移動過來的受精卵接觸到此處後，便會鑽進黏膜內（**著床**）。內膜會配合著床的時期增加厚度，但若是並未著床，變厚的部位就會剝離（此時會伴隨著出血），從陰道排出體外，此即**月經**，剝落後只剩下淺薄的基底層。然而，內膜會透過基底層細胞增殖而再生，最終恢復至月經前的厚度。直到受孕之前，內膜會以約4週為週期，反覆剝離與再生（**月經週期**）。

子宮肌層是一層厚厚的平滑肌層（約1cm），會因應胎兒的成長來擴張子宮腔。子宮外膜則是一層漿膜。

關鍵字

子宮壁

子宮壁共有3層，由子宮內膜、子宮肌層與子宮外膜所組成。內膜為受精卵著床的地方，直到受孕之前會以約4週為週期，反覆進行表面的剝離與再生（月經）。

筆記

月經

子宮內膜會變肥厚以備受精卵著床之用，如果未受孕則會剝離，這時便會發生出血現象。剝離之後會留下基底層，最終會再生回原本的厚度（此部位稱為功能層）。此過程會以4週為週期不斷反覆直到受孕。

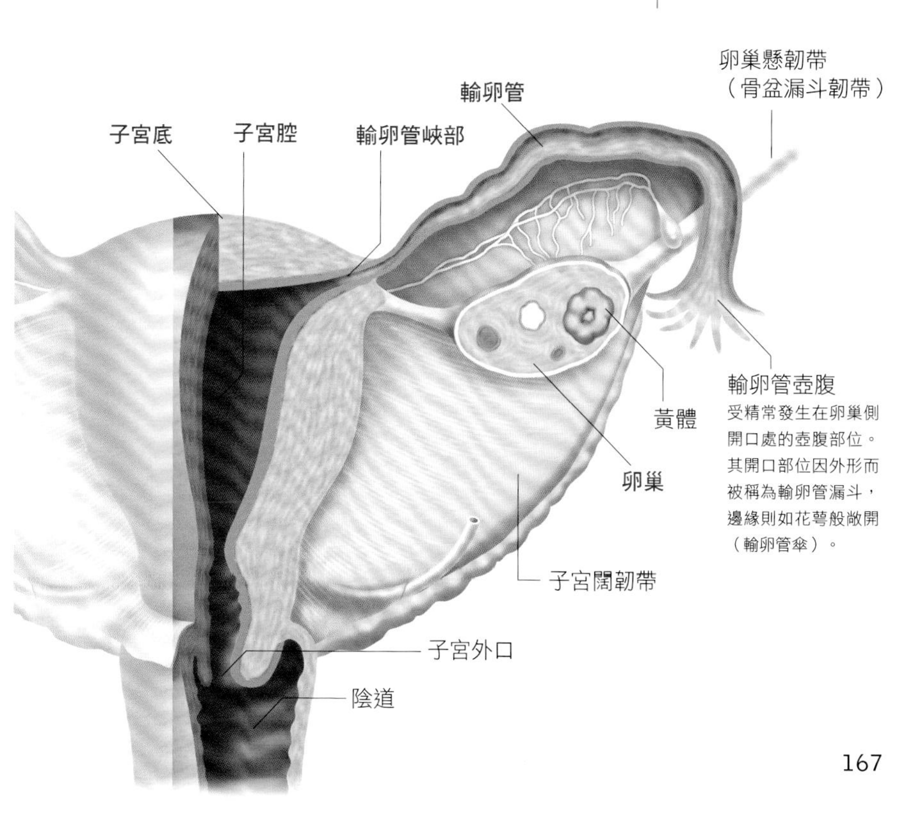

泌尿系統
生殖系統

精巢與精子

重點

- 生精小管位於精巢內的小葉中，精子便是在管內形成的。
- 精母細胞在分裂的過程中，收納其中的染色體數量會減半。
- 精子是在形成後才獲得運動與生殖功能。

製造精子需要 74 天

精巢（睪丸）的內部被睪丸小隔（表面白膜的延伸）區隔成若干個小葉。其內部的**生精小管**是精子成形的地方，位於上皮的**精原細胞**成了精子的「根源」。精原細胞有2種類型：A型精原細胞與其分裂而成的B型精原細胞；從B型精原細胞分化出**精母細胞**。精母細胞也有2種類型：初級精母細胞與次級精母細胞，但是兩者截然不同，因此有不少情況下會加以區分，將初級精母細胞視為狹義的精母細胞，次級精母細胞則稱為**前精細胞**。最大的差異在於染色體數，初級精母細胞與體細胞一樣都是46條，相對的，從初級精母細胞分裂而成的次級精母細胞則減半為23條（**減數分裂**）。

前精細胞會立即進入第二階段的分裂，形成**精子細胞**。此細胞再次分裂便形成**精子**。直到此階段大約需要74天，據說1個精原細胞可形成4個精子，一天可形成約4000萬～1億個精子。

精子後來才獲得生殖能力

精子是由儲存細胞核的**頂體**與從其**中心粒**延伸出來的長長**尾巴**（**鞭毛**）所組成（尾巴還可進一步區分為**中段**、**主段**與**末段**），是可以自行移動的細胞。然而，剛從精子細胞中分化出來的精子並不具備運動能力與生殖功能。研判精子是在送進**副睪管**待機期間才獲得這些能力。此外，一般認為精子在射精後往輸卵管移動的過程中，會受到其分泌物的作用而提高受精能力。

關鍵字

精原細胞
此細胞為精子的「根源」，起源於發育期出現的原始生殖細胞，移動至性腺便轉為精原細胞並進入休眠狀態，直到青春期才開始活動。

減數分裂
在體細胞的分裂中，細胞核內的染色體會一分為二，所以分裂後的細胞染色體數不變，然而精子與卵子會經過2個階段的分裂，染色體數會減少為原本細胞的一半。

精子
長約60μm，由儲存細胞核的頂體與尾巴（鞭毛）所組成。頂體與尾巴的連結部位稱為中心粒，尾巴則可區分為中段、主段與末段。透過活動尾巴來運動。

筆記

從生精小管到輸精管
精巢內部各個小葉的生精小管會集結於睪丸網，經過睪丸輸出小管，於精巢上體處轉為副睪管，再匯集成一條輸精管。此外，男性荷爾蒙（雄激素）是由填埋生精小管之間的結締組織中的萊氏細胞（間質細胞）所分泌。

精巢的構造

精巢原本是腹部器官，所以是由腹部的自律神經所控制。

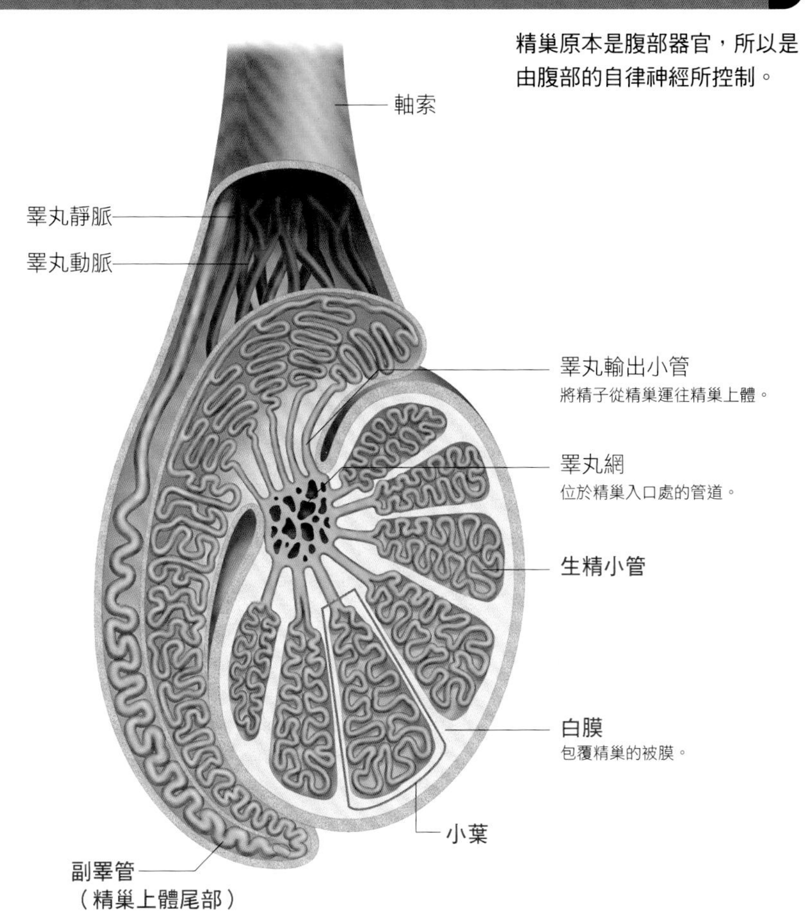

精子的構造

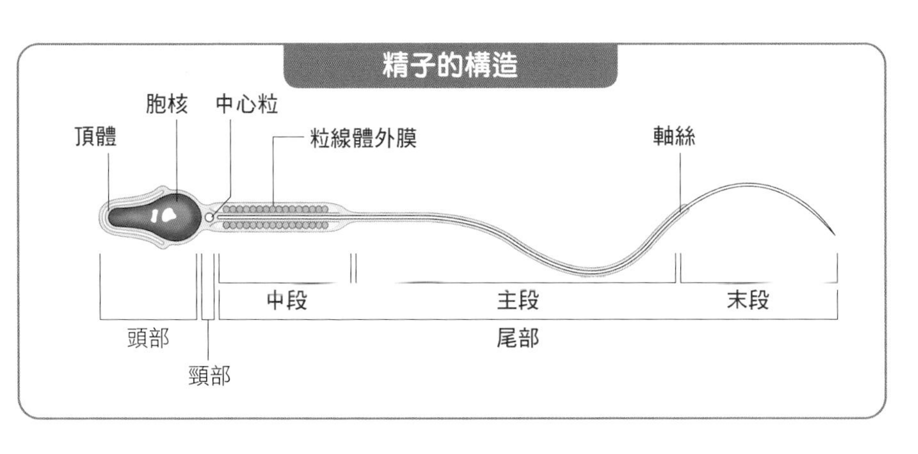

卵巢與卵子

重點
- ●卵巢是透過卵巢固有韌帶與子宮相連，透過卵巢懸韌帶與骨盆壁相接。
- ●卵子是在卵巢的皮質中形成，被包覆在名為卵泡的囊袋裡發育成熟。
- ●成熟的卵泡會突破卵巢壁，將卵子排入腹腔（排卵）。

卵子是於卵泡內形成

卵巢是位於子宮兩側的一對胞器（參照P.166～167），透過**卵巢固有韌帶**與子宮相連，透過**卵巢懸韌帶**（骨盆漏斗韌帶）與骨盆壁相接，還透過在子宮兩側擴展開來的**子宮闊韌帶**與子宮相連。**輸卵管傘**位於**輸卵管**的開口部，所在位置雖然覆蓋著卵巢，卻未直接相連。成熟的卵子會突破卵巢壁（排卵），先進入腹腔後再往輸卵管移動。

卵巢的表面被**生殖上皮**（生殖皮膜）所覆蓋，內部則可分為**皮質**與**髓質**。皮質與髓質均為結締組織，卵子便是在占了內部大半的皮質中形成的。皮質中有處於各種不同發育階段的**卵泡**，上皮細胞的膜包覆著細胞，**卵子**便是在這裡面形成的。

卵子會突破卵巢壁而出

卵泡源自於**始基卵泡**，即從**卵原細胞**分化出來的**卵母細胞**，被一層膜包覆著。卵泡在**濾泡刺激素**的作用下轉變為初級卵泡與次級卵泡，卵母細胞也在這個過程中從初級卵泡分化成次級卵泡。這時會發生**減數分裂**，卵母細胞中儲存的染色體數會變成體細胞的一半（23條）。

卵泡進一步成熟後，卵泡上皮中會形成**卵泡腔**並充滿卵泡液，此狀態稱為**囊狀卵泡**（**格雷夫氏濾泡**），卵子就在內部一個名為**卵丘**的構造中（卵泡本身被包覆在一種名為**卵泡膜**的結締組織膜中）。

卵泡在成熟的過程中會移至卵巢表面，而**成熟卵泡會破壁而出**，卵子是在外面裹著**放射冠**（卵丘的一部分）的狀態下釋放出去（排卵）。

考試重點名詞

卵巢懸韌帶（骨盆漏斗韌帶）
此為連結子宮與骨盆之間的韌帶。另一方面則由卵巢固有韌帶連結子宮與卵巢（參照P.167）。

關鍵字

卵原細胞
此細胞為卵子的「根源」，起源於發育期出現的原始生殖細胞，移動至性腺便轉為卵原細胞，分化為卵母細胞不久後便進入休眠，直到青春期才再次開始分裂。

卵母細胞
新生兒的卵母細胞約為100萬個，到了再次展開活動的青春期則會減少至1萬個左右。一生中只有約400個能成熟並完成排卵。

濾泡刺激素
統稱為促性腺激素的荷爾蒙之一，簡稱為FSH。由腦垂腺分泌。

筆記

卵母細胞的分裂
卵母細胞會分裂成初級卵泡與次級卵泡，但並非平均分裂，而是有一方獲得較大部分的細胞質，另一方則稱為極體，最終會消失。如此一來便只會形成一個卵子。

而卵泡在排出卵子之後，就會變成充滿黃色黃體細胞的黃體。

筆記

黃體

因為排卵而破裂的卵泡會出血，但很快便被卵泡細胞所吸收，最後置換成帶有黃色色素的黃體細胞。

卵泡的發育過程

精選重點

卵巢內的卵泡功能

位於卵巢內的始基卵泡一旦受到來自腦垂腺的荷爾蒙（濾泡刺激素、黃體化激素）刺激，就會成熟而轉為發育卵泡。繼續成熟便會成為直徑達2cm的成熟卵泡，在促黃體素的作用下，卵泡會破裂並釋放出卵子（排卵）。卵子受精後，黃體會轉變為分泌黃體素的妊娠黃體，但如果沒有懷孕，就會萎縮變成結締組織，即白體。

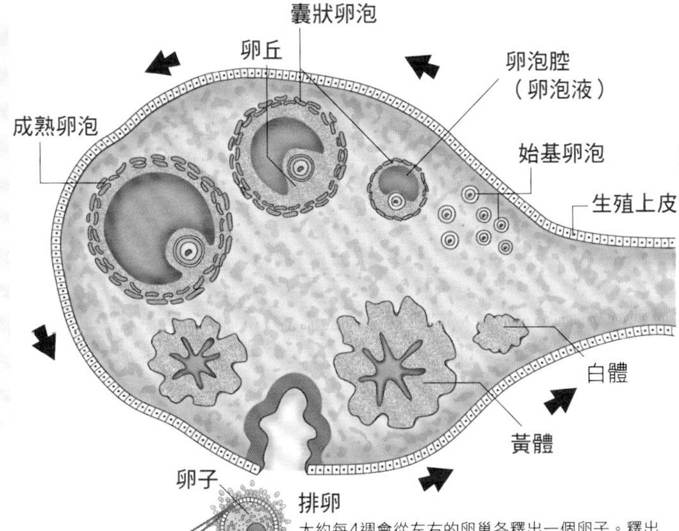

排卵

大約每4週會從左右的卵巢各釋出一個卵子。釋出的卵子只能生存24小時左右（未受精卵會死亡而排出）。

放射冠

粒線體

核

透明帶

細胞質

卵子的構造

排出後的卵子構造為：來自卵丘的放射冠與名為透明帶的膜包覆其外，內部有卵細胞。核內儲存著22對體染色體與1對X染色體（女性染色體）。此外，出現在卵細胞內的第二極體是在卵細胞特有的減數分裂（非對稱分裂）中產生的，也就是「細胞分裂的剩餘物」，最終會消失。

從受精到誕生

重點

●精子與卵子會在輸卵管壺腹受精。
●受精卵會通過輸卵管移至子宮，於子宮內膜著床。
●從受精到分娩為止的這段期間稱為孕期或產前期（280天）。

數億個精子中只有 200 個能抵達輸卵管

排卵後，一個卵子會被帶進輸卵管，並在輸卵管壺腹待機。另一方面，射精後，精子會從陰道內往輸卵管的方向前進。然而，途中有各式各樣的障礙（陰道的高酸性、子宮頸黏液的高黏性等），因此射精時的數億個精子當中，只有200個能夠突破這些阻礙抵達輸卵管。

精子在輸卵管逆流而上的途中，會失去包覆頂體的皮膜而獲得受精能力，然後在抵達壺腹後，便與待機中的卵子結合（受精）。卵子在放射冠內被包覆在透明帶之中，此透明帶在一個精子進入的瞬間會產生變化，發揮阻止其他精子進入的作用。

受精卵會立即展開分裂（卵裂），同時透過輸卵管的纖毛運動而開始往子宮移動。經過桑葚胚（16個細胞）後，於第5天抵達子宮，此時已成為具備內腔的囊胚（胚胞），約在第6天鑽進子宮內膜中（著床）。

已著床的囊胚會把突起（絨毛）延伸至黏膜下，最終化為胎盤的一部分。

嬰兒在 10 個月左右後出生

從受精到胎兒（及胎盤等附屬物）排出（分娩）為止，稱為妊娠。臨床上的妊娠期是從最後一次月經的第一天起算，為期280天，一般會區分為3期，分別為早期（15週以內）、中期（16～27週）與晚期（28週以後）。

此外，若站在胚胎（受精後第8週為止的稱呼）或胎兒（第9週以後的稱呼）的角度，則可將妊娠期區分為受精後2週的胚胎前期（或稱胚芽期）、第3～8週的胚胎期（胎芽

關鍵字

受精
精子與卵子的染色體數均為23條，透過受精混合後，湊齊體細胞原本所具備的數量（46條）。此外，精子的最大活動極限為7天，卵子的存活期約為24小時，因此包含排卵日在內的8天期間被視為「易受孕期」。

結合
指細胞彼此融合，受精為其中一種。

放射冠・透明帶
放射冠是卵泡的卵丘於排卵時，部分分離出來的膜。透明帶則是在放射冠內側包覆卵子的透明膜，由蛋白質所形成。

胎盤
在子宮內藉由臍帶連接胎兒與母體的構造，參與胎兒的氣體交換與代謝等。

期），以及第9週以後的胎兒期。

子宮在這段期間會持續膨脹，到了妊娠晚期便會占據大部分的腹腔。

胎兒期
到了第9週以後便進入主要的成長期，稱呼改為胎兒，歸為胎兒期。

受精卵的成長

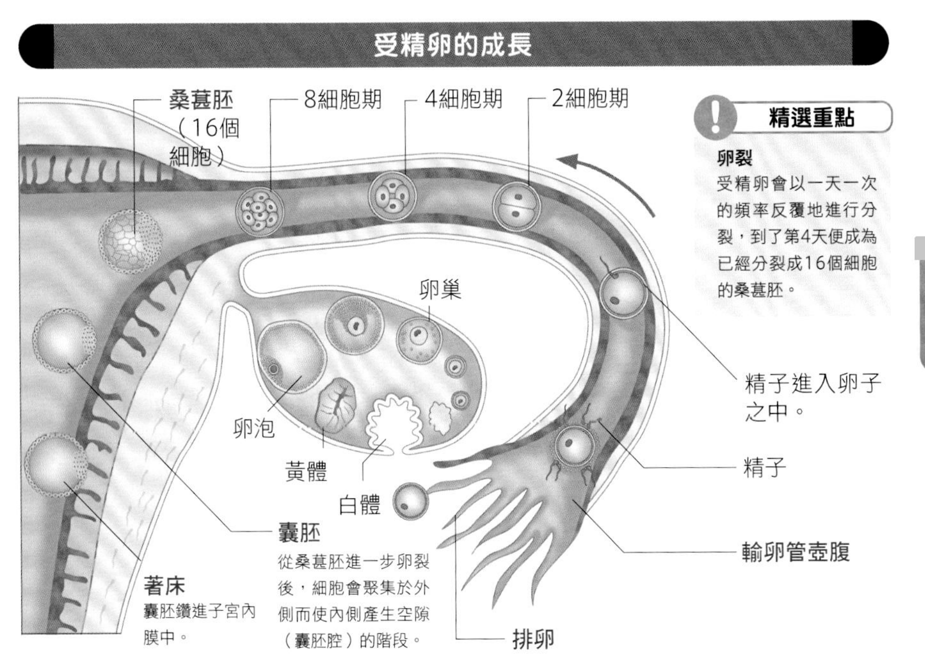

精選重點

卵裂
受精卵會以一天一次的頻率反覆地進行分裂，到了第4天便成為已經分裂成16個細胞的桑葚胚。

胎兒的成長

妊娠期是以最後一次月經的第一天為第0天，第280天（40週0天）即為預產期。

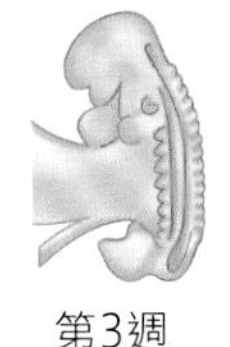
第3週

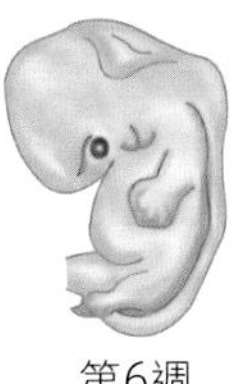
第6週

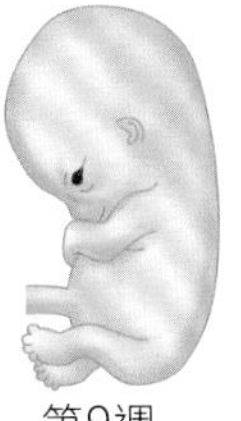
第9週

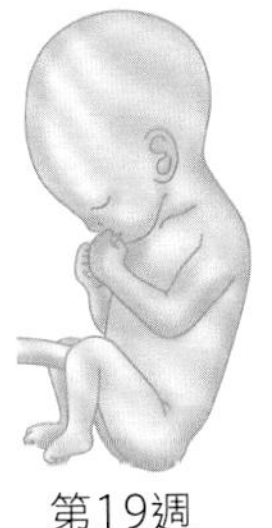
第19週

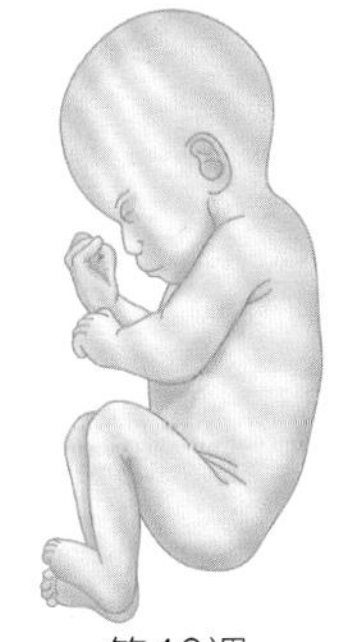
第40週

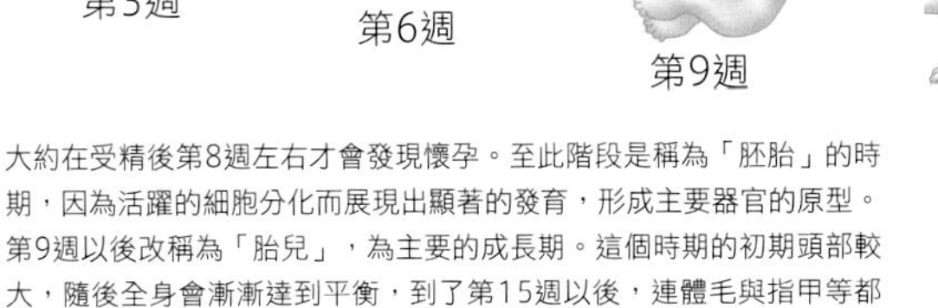

大約在受精後第8週左右才會發現懷孕。至此階段是稱為「胚胎」的時期，因為活躍的細胞分化而展現出顯著的發育，形成主要器官的原型。第9週以後改稱為「胎兒」，為主要的成長期。這個時期的初期頭部較大，隨後全身會漸漸達到平衡，到了第15週以後，連體毛與指甲等都會逐漸成形。

何謂運動強度的指標？

一般所謂的有氧運動是指可以長時間緩慢而持續的低強度運動，而非只能持續短時間的激烈運動。像慢跑之類的低速長跑、步行或騎自行車等，或是室內游泳、有氧舞蹈等，都是屬於這類運動。

一般來說，較為人所知的運動強度指標有二，一種是與靜態心率做比較，另一種則是以心率為基準。常用的「METs」是將靜態心率設定為「1.0MET」，並以其倍數來顯示強度，例如在住家附近散步為2.5METs、一般的慢跑為7.0METs等，已公布主要運動或行動的數值。此數值與運動時間相乘所得到的數值即為「EX（身體活動量）」（又稱為「METs-min（運動強度時間）」），一般建議每週進行23EX含3.0METs以上的運動。

以心率為基礎的指標則有若干種，皆是設定「目標心率」之後，在運動時設法達到並維持「目標心率」。最一般的計算方式是以「220－年齡」作為「最大心率」，並以某個百分比作為目標心率。另有一種方法也廣為使用，即將運動強度訂為「（運動心率－靜態心率）÷（最大心率－靜態心率）×100」，再以「運動強度×（最大心率－靜態心率）＋靜態心率」設為目標心率。

第 8 章

大腦與神經系統

神經系統概要

- 神經系統是由中樞神經系統與末梢神經系統所構成。
- 所謂的中樞神經系統是指腦（大腦、間腦、小腦、腦幹）與脊髓。
- 所謂的末梢神經系統是指腦神經與脊髓神經。

中樞神經系統與末梢神經系統

神經系統是由腦與脊髓所組成的**中樞神經系統**，以及腦神經與脊髓神經所組成的**末梢神經系統**所構成。中樞神經系統是主機，負責處理自全身收集來的訊息並發出控制身體的指令；而末梢神經系統則是用來發送訊息與指令的通訊網。

腦是指**大腦**、**間腦**、**小腦**與**腦幹**，脊髓則是接續於腦幹，沿著脊椎往下延伸。

末梢神經系統可區分為**腦神經**與**脊髓神經**。腦神經是出入大腦與腦幹的末梢神經，有12對；脊髓神經則是出入脊髓的末梢神經，有31對。

神經元是神經系統的基本單位

神經元（**神經細胞**）負責在中樞與末梢之間進行訊息交換。神經元是由有核的**細胞體**、如樹枝般由此延伸出來的**樹突**，以及伸得很長的**軸索**所構成。樹突是接收訊息的突起，軸索則是用來將訊息傳遞至遠方，即所謂的電線。一般所說的**神經纖維**便是指軸索，而其前端則稱為**神經末梢**。有些軸索上會有**許旺細胞**纏繞而成的**髓鞘**附著。髓鞘與髓鞘之間窄縮的部位則稱為**蘭氏結**（參照P.27）。

根據軸索從細胞體延伸出來的形式，可將神經元分為幾種類型：**單極神經元**、**雙極神經元**、**假單極神經元**與**多極神經元**。

中樞神經系統
由腦與脊髓所組成。整理並分析自全身收集來的訊息，再對全身發出指令。

末梢神經系統
由腦神經與脊髓神經所組成的系統。這是一套往大腦發送訊息，並將來自大腦的指令送達全身的通訊網。

髓鞘
許旺細胞纏繞於軸索所形成的脂質套狀物。軸索上附有髓鞘的稱為有髓鞘神經，沒有髓鞘的稱為無髓鞘神經。

單極神經元等
神經元的形狀會因為功能而異。舉例來說，傳遞運動指令的神經元為多極神經元，傳遞感覺訊息的神經元則多為雙極或假單極神經元。

中樞神經系統與末梢神經系統

由腦與脊髓所組成的中樞神經系統會整合處理接收到的訊息，而末梢神經系統則是負責與身體各部位互相交換這些訊息。

神經元

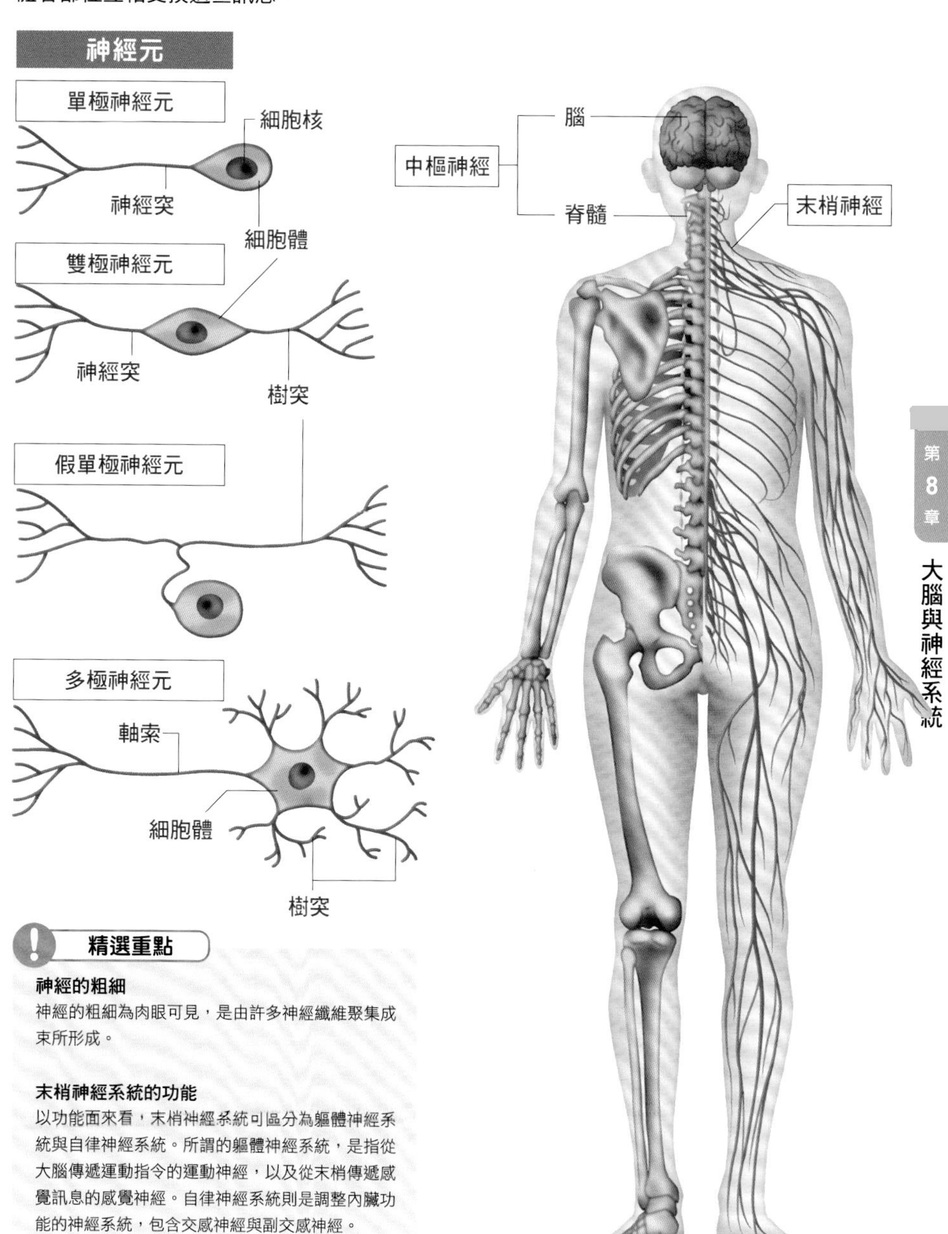

精選重點

神經的粗細

神經的粗細為肉眼可見，是由許多神經纖維聚集成束所形成。

末梢神經系統的功能

以功能面來看，末梢神經系統可區分為軀體神經系統與自律神經系統。所謂的軀體神經系統，是指從大腦傳遞運動指令的運動神經，以及從末梢傳遞感覺訊息的感覺神經。自律神經系統則是調整內臟功能的神經系統，包含交感神經與副交感神經。

大腦的整體樣貌

●腦部是由大腦、間腦、小腦與腦幹（中腦、腦橋、延髓）所構成。
●腦部有腦室，分別為側腦室、第三腦室與第四腦室。
●腦部與脊髓皆漂浮在從腦室分泌出來的腦脊髓液中。

腦部收納於頭顱中

腦（大腦、間腦、小腦、腦幹）全都位於顱骨（顱腔）中，受到悉心保護。脊髓接續於腦幹下方，從枕骨大孔穿出，離開顱骨。

位於腦的最外側、表面有很大的皺褶且左右呈半球狀的即為大腦。人類的大腦極其發達，以中央的胼胝體連接起左右2個大腦半球。

腦的中心部位為間腦，腦幹接續於其下方。腦幹是由中腦、腦橋與延髓所構成；小腦則位於大腦的下後方、腦幹的後方。

腦膜、腦室與腦脊髓液

腦被3層腦膜所覆蓋，由內而外依序為軟腦膜、蜘蛛網膜與硬腦膜。此外，軟腦膜與蜘蛛網膜之間有個空間，稱為蜘蛛網膜下腔。

大腦中擁有稱為腦室的空間。側腦室位於左右的大腦半球之中，第三腦室夾在間腦的視丘之間，第四腦室則位於小腦的前方，彼此透過細窄的通道相連。此外，位於第四腦室的3個孔隙與脊髓周圍的蜘蛛網膜下腔相接，因此4個腦室、腦與脊髓周圍的蜘蛛網膜下腔彼此都是相連的。腦室內有個名為脈絡叢的器官會分泌出腦脊髓液，填滿腦室與蜘蛛網膜下腔，並被腦部周邊的靜脈所吸收。腦與脊髓皆漂浮在這些腦脊髓液中，受其保護。

腦室
有側腦室、第三腦室與第四腦室。

腦脊髓液
填滿腦室與蜘蛛網膜下腔的一種液體，腦與脊髓皆漂浮於其中。由腦室分泌，被腦部周邊的靜脈所吸收並持續循環。一天會產生500mℓ的量，腦中僅保存150mℓ。

腦膜
覆蓋於腦上的薄膜，是由軟腦膜、蜘蛛網膜與硬腦膜組成的3層構造。連接腦的脊髓也被同樣的膜所覆蓋。

大腦與小腦的交流
大腦與小腦並未直接相連，兩者主要是透過腦幹來交換訊息。

腦部構造

腦部是由大腦、小腦與腦幹所構成，大腦又可進一步分為間腦與端腦；腦幹又分為中腦、腦橋與延髓。

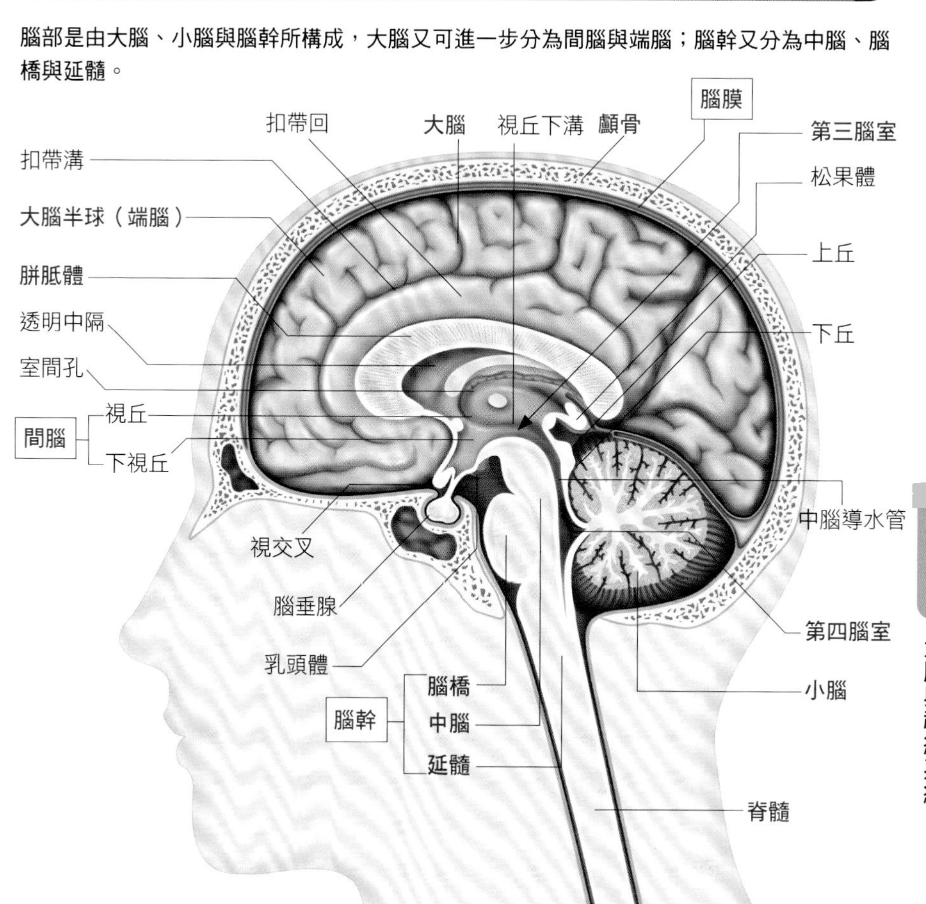

腦室

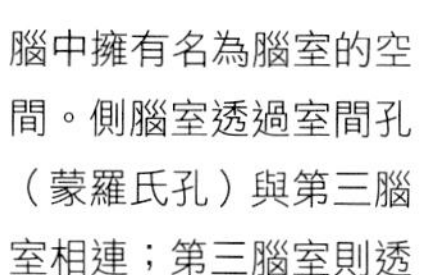

腦中擁有名為腦室的空間。側腦室透過室間孔（蒙羅氏孔）與第三腦室相連；第三腦室則透過中腦導水管與第四腦室相接。

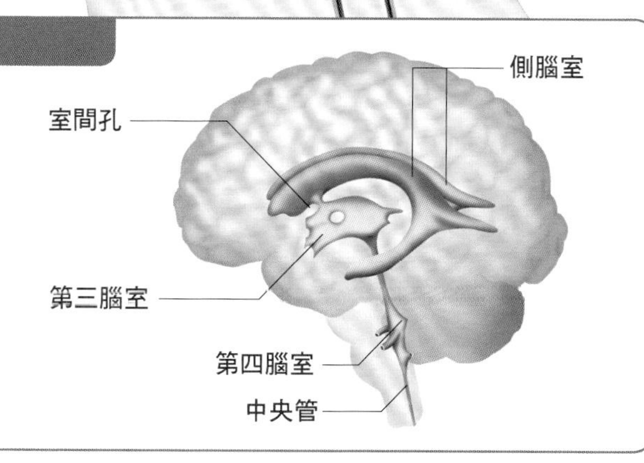

大腦

- 左右大腦半球是透過中央的胼胝體相連。
- 大腦表面等處的灰質是由神經元的細胞體聚集而成。
- 神經纖維聚集成束，運行於大腦中側的白質中。

大腦表面有很深的皺褶

大腦位於頭部的最上方，占據腦的大半部分，透過中央的胼胝體連接左右的大腦半球。據說成人大腦的平均重量為1300～1400g。

大腦的表面有很大的皺褶，稱為腦溝。腦溝與腦溝之間隆起的部位則稱為腦回。從頭頂部往前側延伸的**中央溝**，以及從側面的前下方往後上方延伸的**外側溝**格外地深，區隔出大腦的各個部位。中央溝往前為**額葉**，往後的上部為**頂葉**；外側溝的下部為**顳葉**，枕部的範圍則為**枕葉**。

灰質與白質

觀察大腦的截面會發現有些部位有顏色深淺之分。顏色較深的部位稱為**灰質**，神經元的細胞體聚集於此處。尤其是表面的灰質又稱為**大腦皮質**。大腦中除了皮質之外，也有灰質，各自肩負著重要的功能。顏色較淺的部位則稱為**白質**，有神經纖維成束運行於此。

大腦的邊緣系統與基底核

在大腦的內側面可看到**扣帶回**與**海馬旁回**等，這些圍繞胼胝體的部位稱為**大腦邊緣系統**，此系統肩負著本能行為與情緒等比較原始的功能。

此外，**基底核**是由**豆狀核**、**屏狀核**與通過**視丘**上面的**尾狀核**所組成，位於海馬迴內側的上部。大腦基底核與運動的調整息息相關。

考試重點名詞

中央溝
從大腦的頭頂部往前側延伸的深溝，又稱為羅朗多氏裂（Rolando's fissure）。此溝前方一帶的腦回稱為中央前回，後方一帶則稱為中央後回。

外側溝
從大腦側面的前下方往後上方延伸的深溝，又稱為薛氏腦裂（Sylvian fissure）。

關鍵字

大腦皮質
指大腦表面的灰質部位，尤以人類最為發達，是進化過程中最晚成形的部位，故又稱為新皮質。

白質
有神經纖維運行的部位。相對於大腦皮質，有時又稱為大腦髓質。

筆記

大腦的皺褶
據說大腦表面之所以會有皺褶，是為了增加大腦皮質的表面積，以便配置高度發達而增加的大腦神經元。

大腦的大小與智力
大腦的重量與智力未必成正比。換言之，智力是無法單靠大腦的重量來衡量。

大腦皮質的區分

大腦皮質為大腦灰質的表面部位。額葉、頂葉與顳葉位於表面，島葉與邊緣葉則藏在內側。

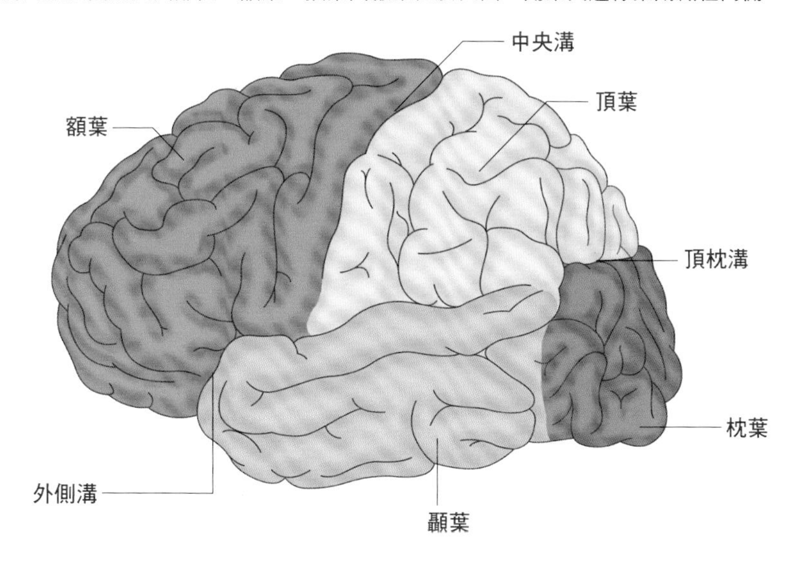

大腦的內側面

大腦內側面的邊緣部位稱為大腦邊緣系統，負責本能行為、情緒與記憶等。

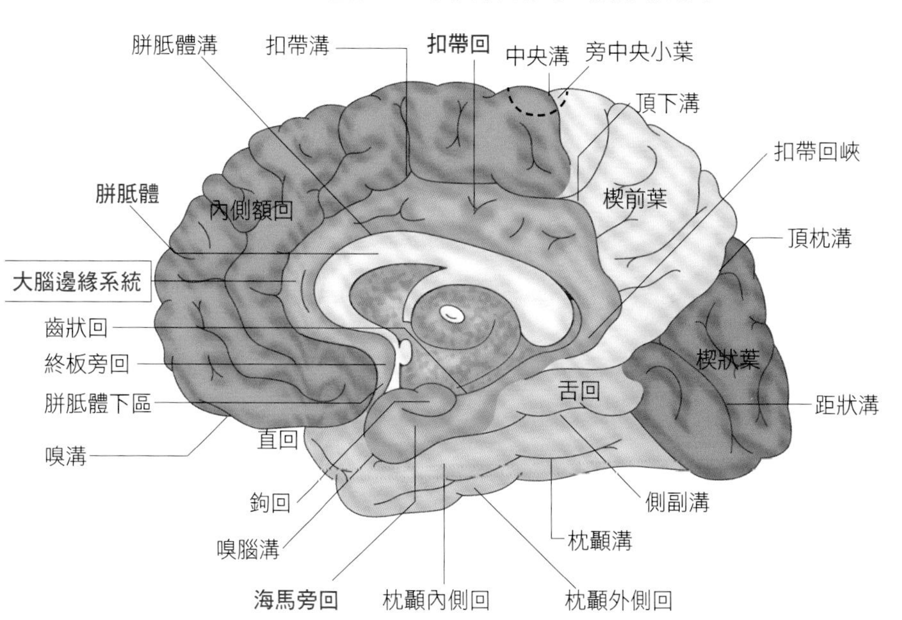

間腦

重點

- ●間腦是由視丘、下視丘與上視丘所組成，下方接至中腦。
- ●視丘是腦中最大的神經核（神經元團塊）。
- ●下視丘為自律神經系統與內分泌系統的中樞，包含許多神經核。

視丘是最大的神經核

位於側腦室下方且夾著第三腦室的蛋形**視丘**，加上其上方的**上視丘**與下方的**下視丘**，此部位稱為**間腦**。間腦除了在途中接收各式各樣的感覺訊息，還作為自律神經系統與內分泌系統的中樞發揮作用。

左右視丘大多是透過丘腦間黏合相連。視丘是人類神經系統中最大的神經核。所謂的神經核是神經元的細胞體聚集成團的意思，位於視丘的神經核統稱為**視丘核**。

視丘內有個由神經纖維集結而成的白質所構成的Y字型**視丘髓板**，將視丘分割成前方與內、外側部位，每區都分別塞滿大量的神經核。

下視丘與上視丘

視丘的前下方區稱為下視丘，包含了視神經在其前方交會的**視交叉**、在其後方附著於下方的內分泌器官腦垂腺的**漏斗**，以及位於其後方部位的**乳頭體**。下視丘中也有大量的神經核。有些神經核為對自律神經系統等發出指令的中樞，有些神經核則是分泌荷爾蒙來刺激腦垂腺或其他內分泌腺。

上視丘是形成第三腦室後壁的部位，由**韁核**與**松果體**等所構成；而松果體則位於間腦的後方，呈松果狀的突起，是分泌與睡眠相關的荷爾蒙的內分泌腺。

考試重點名詞

視丘
中間夾著第三腦室，呈蛋形的神經核聚集處。左右視丘是透過丘腦間黏合相連。

下視丘
視丘下方的部位，腦垂腺懸掛於其下方。參與自律神經系統與內分泌系統的作用。

關鍵字

第三腦室
位於腦部中心處的腦室。上面與位於左右大腦半球中的側腦室相連，下面則與位於小腦前方的第四腦室相接。

韁核
從後方觀察視丘，看起來就像掛在第三腦室上的韁繩。韁核是一種白質，左右韁核則透過韁連合相接。

筆記

間腦的功能
間腦是透過神經纖維來聯繫大腦皮質的額葉、大腦邊緣系統、大腦基底核及腦幹，與感覺、運動和情緒等各式各樣的功能有所關聯。

間腦

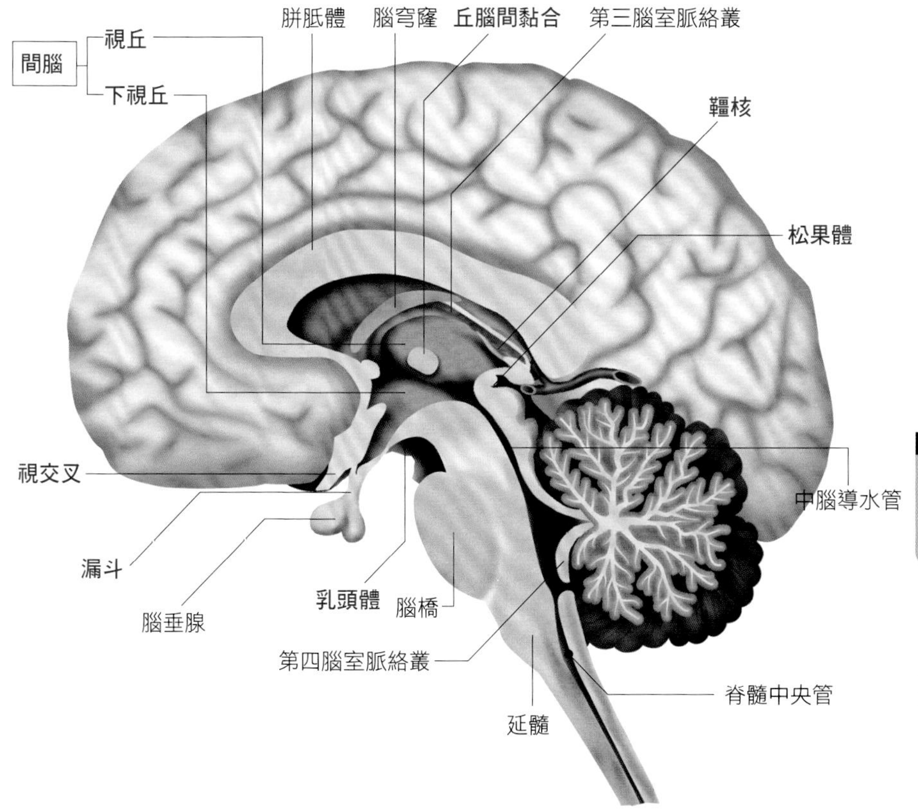

視丘

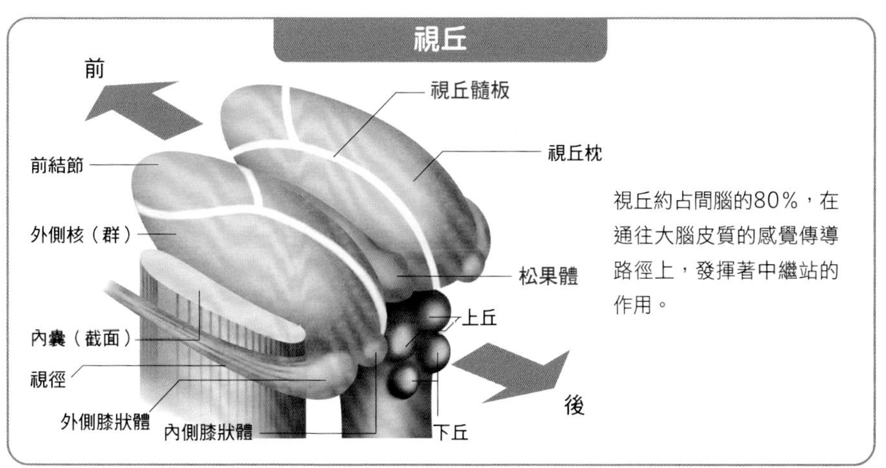

視丘約占間腦的80％，在通往大腦皮質的感覺傳導路徑上，發揮著中繼站的作用。

小腦

- 表面的細小橫紋名為小腦溝，增加了小腦的表面積。
- 可區分為蚓部、旁蚓部、小腦半球與絨球小結葉。
- 小腦是透過3對小腦腳與腦幹相連。

小腦表面有比大腦還細的皺褶

小腦位於大腦的下方、腦幹的後方，成人的小腦重量約為130g。

小腦可分為3個部分，分別為**蚓部**、**小腦半球**與**絨球小結葉**。從後方觀察，位於中央的是蚓部，其兩側狹窄的一帶則稱為**旁蚓部**。旁蚓部再往兩側鼓起的部位即為小腦半球。絨球小結葉深藏於小腦的內側，所以從後方看不到。小腦負責協調運動，各個部位分別肩負著不同的功能。

有別於大腦，小腦表面的細小皺褶是往橫向延伸，即所謂的小腦溝。觀察其截面，可分為神經元的細胞體聚集而成的灰質，以及神經纖維匯集而成的白質，灰質比例較高為其特色所在。這是因為小腦中的神經元是大腦的數倍。此外，小腦溝之所以較細也是為了增加表面積，以便增加可儲存的神經元數。

透過小腦腳與腦幹相連

小腦並未直接與大腦相接，而是透過**小腦腳**與腦幹相連，藉由腦幹與大腦交換訊息。小腦腳有3對，**上小腦腳**與中腦相連，**中小腦腳**連至腦橋，**下小腦腳**則與延髓、小腦相接。小腦與腦幹之間有個**第四腦室**，3對小腦腳延伸至腦幹，從兩側包覆腦室（參照P.187）。

蚓部
小腦中央稍微隆起的部位，連接左右的小腦半球。以胚胎學來看，屬於一種古老的皮質。

小腦腳
連接小腦與腦幹的神經纖維束，可區分為上、中、下小腦腳。

小腦半球
小腦兩側鼓起來的部位。以胚胎學來看，屬於一種新的皮質。

小腦溝
小腦表面的溝槽比大腦還要細，藉此增加表面積。特別深的溝壑則稱為裂隙。

小腦的構造

小腦的表面有許多溝槽，外觀猶如算珠一般。

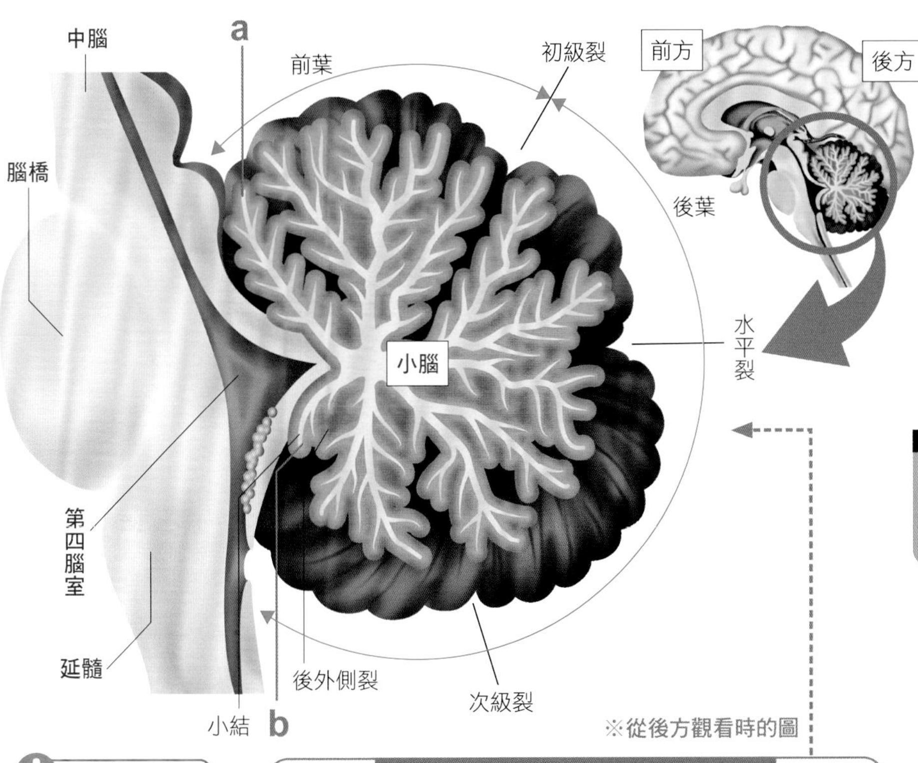

精選重點

小腦的神經元

大腦的重量是小腦的10倍左右，但是小腦的神經元數量卻壓倒性地多過於大腦。大腦中約有140億個神經元，而小腦裡約為1000億個。

小腦表面（上圖a～b的展面圖）

小腦可區分為3個部分，分別為蚓部、左右的小腦半球與絨球小結葉。絨球小結葉通常深藏於內側，從後方看不到。

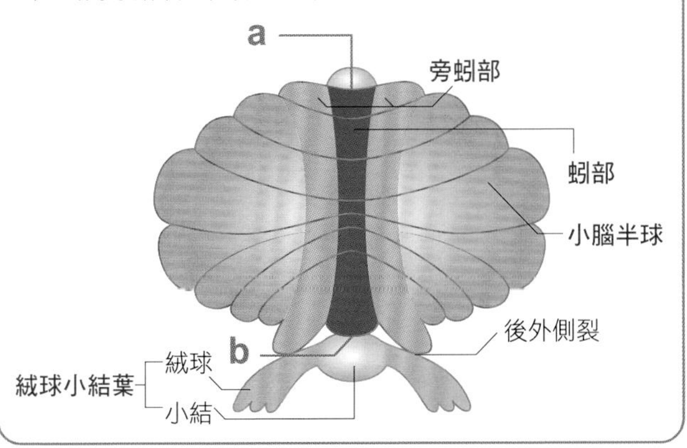

腦幹

- ●腦幹是由中腦、腦橋與延髓所構成，往下接續至脊髓。
- ●腦幹最下方的延髓是接至脊髓的部位，延伸至顱骨之外。
- ●大部分的腦神經都在腦幹進進出出。

腦幹是由中腦、腦橋與延髓所組成

接續於間腦下方的部位即為腦幹，由上而下依序由**中腦**、**腦橋**與**延髓**所構成。

間腦下方的細短部位為中腦，前方有個呈V形柱的**大腦腳**，有涉及運動的神經纖維穿過其中。大腦腳之間可看到乳頭體，此為間腦的下視丘的一部分。後方還有名為**上丘**與**下丘**的隆起，裡面有神經核，涉及視覺與聽覺的功能。腦神經（參照P.190）的**動眼神經**與**滑車神經**則從中腦延伸出來。此外，還有一條連接第三腦室與第四腦室的**中腦導水管**穿過中腦。

接續於中腦且突然變粗的部位為腦橋。從前方觀察可以看到橫向的紋路，所以與上方的中腦、下方的延髓有明確的區別。這種紋路是**腦橋橫行纖維**（行經中小腦腳並連接小腦的神經纖維）浮起所形成的。腦橋中有**三叉神經**、**外展神經**、**顏面神經**、**內耳神經**等腦神經出入。此外，腦橋的後方還有個第四腦室。

接續於腦橋下方的則是延髓。腦橋下方的延髓較粗，愈往下變得愈細，連接下方脊髓的部位則已出了顱骨之外。縱向運行於延髓前方的柱狀構造稱為**錐體**。負責從大腦皮質往全身骨骼肌發送指令的神經纖維束運行於錐體之中，即所謂的**錐體路徑**。錐體旁邊的鼓起稱為**橄欖體**。延髓中有**舌咽神經**、**迷走神經**、**副神經**與**舌下神經**等腦神經出入。

考試重點名詞

中腦
接續於間腦的部位，有條連接第三腦室與第四腦室的中腦導水管穿過其中。

腦橋
接續於中腦的粗厚部位，與小腦相接的神經纖維相當清晰可見。

延髓
接續於腦橋的部位，具備運動神經束通過的錐體與橄欖體構造。

腦神經
指出入腦部的末梢神經（參照P.190）。有12對，負責控制頭部與顏面、胸部與腹部內臟的功能。

橄欖體
指位於延髓側面的圓形鼓起部位。內有名為橄欖核的神經核，具備傳遞訊息給小腦的作用。

何謂植物人狀態
腦幹為呼吸與循環等生命活動之中樞。喪失大腦功能，但仍保有腦幹的功能而得以維持生命的狀態，即稱為植物人狀態。

腦幹的構造

腦幹是由中腦、腦橋與延髓所構成，掌管呼吸、體溫調節與血壓調節等。

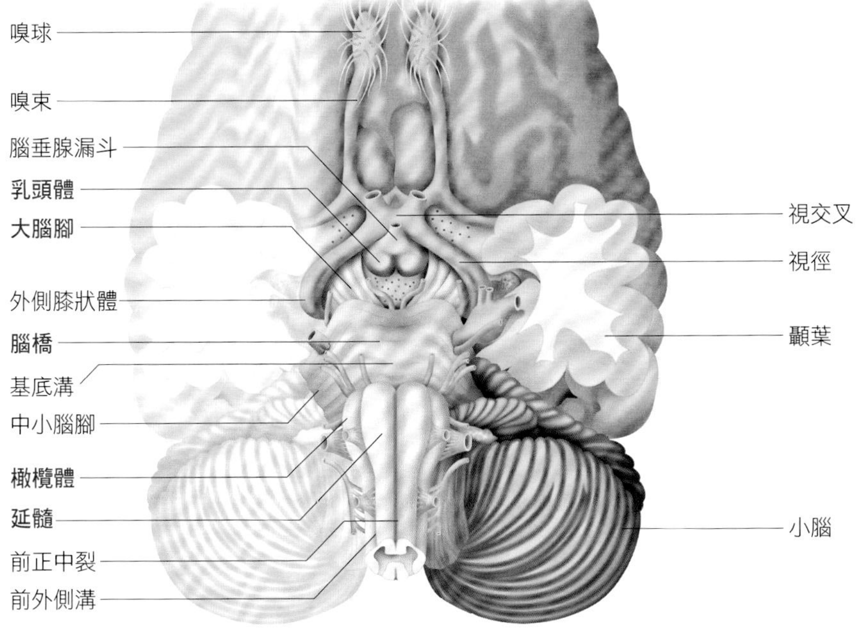

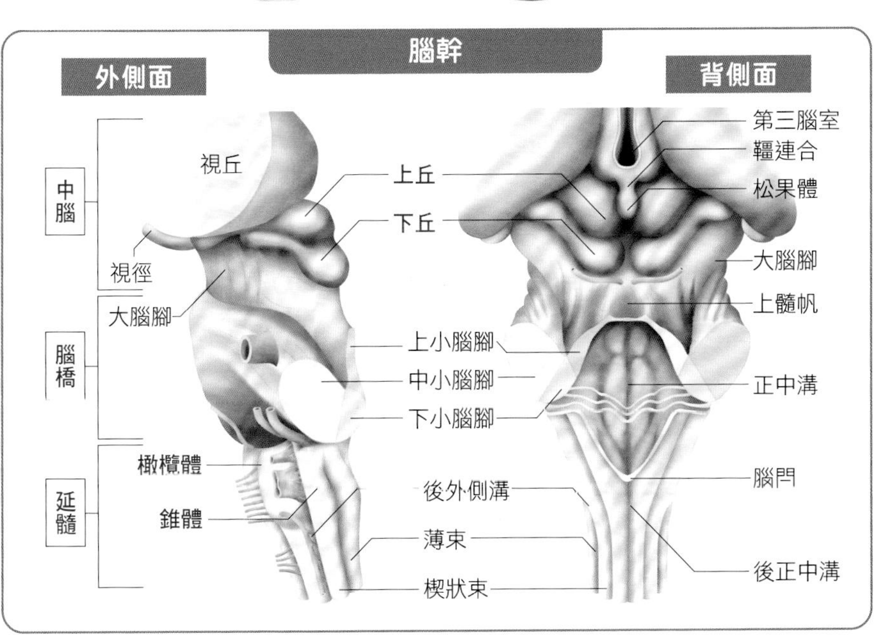

脊髓

重點

- 脊髓是接續於延髓的柱狀物，收納於椎管中。
- 脊髓的長度短於椎管，只到第1腰椎附近。
- 脊髓的截面上，中央有灰質，周圍有白質。

脊髓收納於椎管內

脊髓接續於腦幹的延髓下。脊髓屬於中樞神經系統，負責傳遞末梢與腦部之間交換的訊息，或對自律神經系統發送指令。

脊髓收納於由**脊椎椎孔**縱向相連而成的**椎管**之中，而且周遭覆蓋著**髓膜**，和大腦一樣是由**軟腦膜**、**蜘蛛網膜**與**硬腦膜**所組成，**腦脊髓液**循環於蜘蛛網膜下腔中。

脊髓可由上而下依序區分為**頸髓**、**胸髓**、**腰髓**、**薦髓**與**尾髓**。頸髓是指經過頸椎的脊髓神經（末梢神經的一種，參照P.192）所進出的部位。接續其下的胸髓與腰髓等也是一

考試重點名詞

頸膨大與腰膨大
指脊髓在頸髓與腰髓處變粗的部位。有支配上肢與下肢的神經出入於此，因此神經元又多又粗。

前角與後角
觀察脊髓的截面可以看到灰質，往前方突出的部位稱為前角，往後方突出的部位則稱為後角。此處有運動神經與感覺神經的神經元（參照P.192）。

脊髓

可對應脊柱將脊髓區分為頸髓、胸髓、腰髓、薦髓與尾髓。

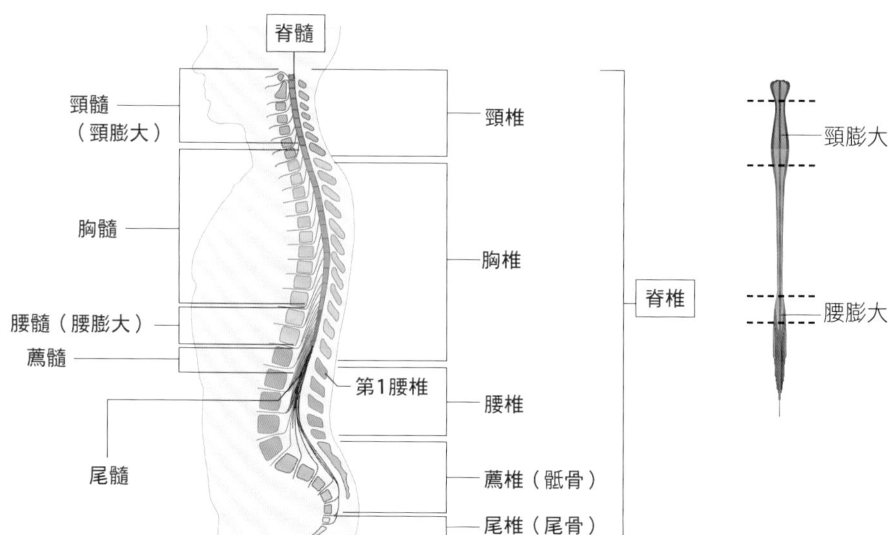

樣。然而，正如左頁圖片所示，成人的脊髓與脊椎的高度並不一致。脊髓的長度只到第1腰椎附近，腰髓所在之處比腰椎還要高許多。這是因為脊髓雖然會隨著成長而拉長，但生長速度不像身高（脊椎）那麼快。

脊髓的前後呈稍扁的圓柱狀，頸部與腰部稍粗，分別稱為**頸膨大**與**腰膨大**。支配上肢與下肢的神經分別出入於頸髓與腰髓，擁有較多的神經元，所以變得比較粗。

觀察脊髓的截面時，中央可見H型的灰質，周圍則有白質。和大腦一樣，灰質是神經元的細胞體聚集而成，白質則是神經纖維的集合體。灰質往前方突出之處稱為**前角**，往後方突出的部位則稱為**後角**。

關鍵字

椎管

脊椎椎體後方的椎孔縱向連結而成的通道。

筆記

何謂側角

大約在第2胸髓至第1腰髓為止的灰質中，前角與後角之間有個側角。因此灰質的形狀便成了H字中間的那橫往左右突出。側角處有自律神經的神經元。

脊髓的水平截面

脊髓的表面有好幾條溝槽，前外側溝與後外側溝中有細長的脊髓神經束通過。

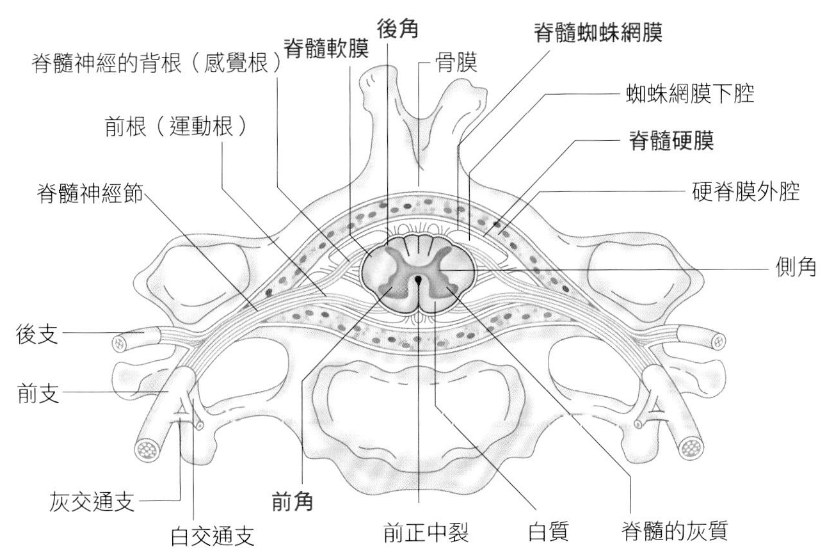

末梢神經系統① 腦神經

- 出入腦部的12對末梢神經稱為腦神經。
- 支配著頭部、顏面、頸部的感覺器官，以及骨骼肌與分泌腺。
- 迷走神經是第X對腦神經，廣泛分布於胸部與腹部的臟器。

出入大腦與腦幹的末梢神經

末梢神經可謂連接中樞與全身的「電線」，其中出入腦部的稱為腦神經。腦神經支配著頭部、顏面、頸部的感覺器官，以及骨骼肌與分泌腺等。然而，迷走神經越過了頸部，分布至胸部與腹部的臟器。腦神經會出入腦部，因此除了嗅神經以外，都會經由某處通過顱骨。

腦神經有12對，根據出入處由上而下依序編號，以羅馬數字來標記號碼已成慣例。

【各腦神經之分布】

各條腦神經的運行狀況如下所示。

Ⅰ：**嗅神經**　嗅腦（嗅球）是大腦邊緣系統的一部分。

Ⅱ：**視神經**　從眼球進入枕葉的初級視皮層。

Ⅲ：**動眼神經**　從中腦分布至眼外肌與瞳孔括約肌等。

Ⅳ：**滑車神經**　從中腦分布至眼外肌的上斜肌。

Ⅴ：**三叉神經**　從腦橋分布至咀嚼肌與臉部的皮膚、黏膜。

Ⅵ：**外展神經**　從腦橋分布至眼外肌的外直肌。

Ⅶ：**顏面神經**　從腦橋分布至臉部的面部表情肌、淚腺、唾腺，以及舌頭前半的味覺器官。

Ⅷ：**內耳神經**　從腦橋分布至內耳的感覺器官。

Ⅸ：**舌咽神經**　從延髓分布至喉嚨等處的骨骼肌與黏膜、唾腺，以及舌頭後半的感覺器官等。

Ⅹ：**迷走神經**　從延髓分布至咽頭、頸部，以及胸部與腹部的內臟。

Ⅺ：**副神經**　從延髓分布至頸部的骨骼肌。

Ⅻ：**舌下神經**　從延髓分布至舌頭的骨骼肌。

考試重點名詞

迷走神經
第X對腦神經，屬於運行路徑較為特殊的神經，越過了頸部，廣泛分布至胸部與腹部的臟器等，控制該處的功能。一部分下行至胸部後再逆行，分布於喉嚨。

嗅腦
嗅神經的頂端，稍微鼓起，故又稱為嗅球。位於腦底，承接來自鼻黏膜的嗅覺受器的神經。亦為大腦邊緣系統的一部分。

關鍵字

頭部的感覺器官
頭部有感覺器官，用來感受嗅覺、視覺、聽覺、平衡感與味覺這類特殊感覺。每一種感覺都是透過腦神經來收集訊息並送至大腦。

筆記

腦神經的機制
腦神經是由負責傳遞來自皮膚與感覺器官之訊息的感覺神經、活動骨骼肌的運動神經，以及調整內臟功能的自律神經的纖維交織而成。

神經系統的分布

腦神經有12對，支配著頭部、顏面、頸部的感覺器官，以及骨骼肌與分泌腺等。

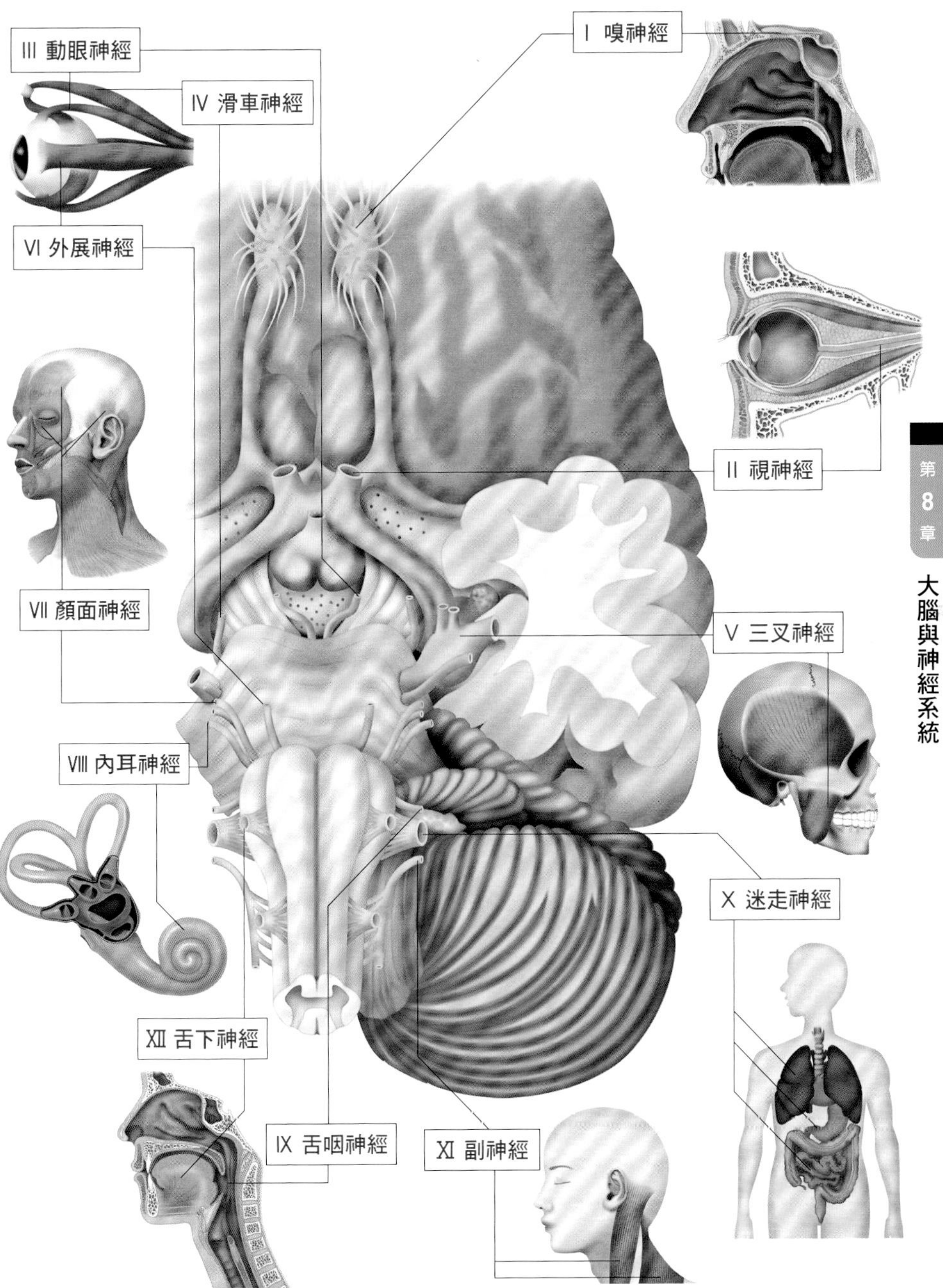

末梢神經系統② 脊髓神經

●從頸神經到尾神經，共31對脊髓神經出入脊髓。
●胸神經以外的脊髓神經形成神經叢，遍布全身。
●向心纖維進入脊髓的後角，離心纖維則從脊髓的前角延伸出來。

有 31 對脊髓神經出入脊髓

末梢神經可謂連接中樞與全身的「電線」，其中出入脊髓的稱為**脊髓神經**。脊髓神經始於第1頸椎的上方，接著成對進出脊椎與脊椎間所形成的椎間孔，頸神經8對、胸神經12對、腰神經5對、骶神經5對與尾神經1對，一共31對。

脊髓神經從脊椎的椎間孔延伸出來的角度，愈往下角度愈陡。這是因為脊髓比脊椎還要短的緣故。腰椎附近的椎管中，唯獨脊髓神經聚集成束，其模樣形似馬的尾巴，故又稱為**馬尾**。

胸神經以外的脊髓神經從脊椎的椎間孔延伸出來後，與上下神經纖維的一部分匯流又再次分支，打造出如一張大網般的構造，即所謂的**神經叢**。

脊髓神經是由負責傳遞皮膚等感覺的**感覺神經**、將運動指令傳遞至骨骼肌的**軀體運動神經**，以及調整內臟功能的自律神經系統的纖維交織而成。感覺神經是讓訊息往中樞流動，故稱為**向心纖維**；軀體運動神經與自律神經系統則是讓訊息往末梢流動，故稱為**離心纖維**。

感覺神經的向心纖維會形成**背根**，固定從脊髓的後角進入。運動神經與自律神經的離心纖維則固定從脊髓的前角延伸出來，形成**前根**。如上所述，脊髓神經進出脊髓的入口與出口完全分開，稱之為**貝－馬定律**（Bell-Magendie's law）。

考試重點名詞

馬尾
從脊髓末端往下方延伸的末稍神經，看起來就像馬的尾巴一樣。

神經叢
脊髓神經的纖維匯流又分支所構成的網狀構造。包括了頸神經叢、臂神經叢、腰神經叢、薦神經叢與陰部神經叢等。

關鍵字

向心纖維
指往中樞傳遞訊息的神經纖維。感覺神經的纖維。

離心纖維
指從中樞往末梢傳遞各種指令的神經纖維。運動神經與自律神經系統的纖維。

貝－馬定律
指向心纖維從脊髓的後角進入、離心纖維從脊髓的前角延伸出去的定律。

神經系統的分布

脊髓神經的前根與背根在椎間孔會合後離開。根據離開脊椎的位置區分為5個部位。

精選重點

前根與背根

離開脊髓不久後便會合，又立即分支，分為前支與後支，前者分布於體腔、身體前面與四肢，後者則分布於背部，遍布全身。

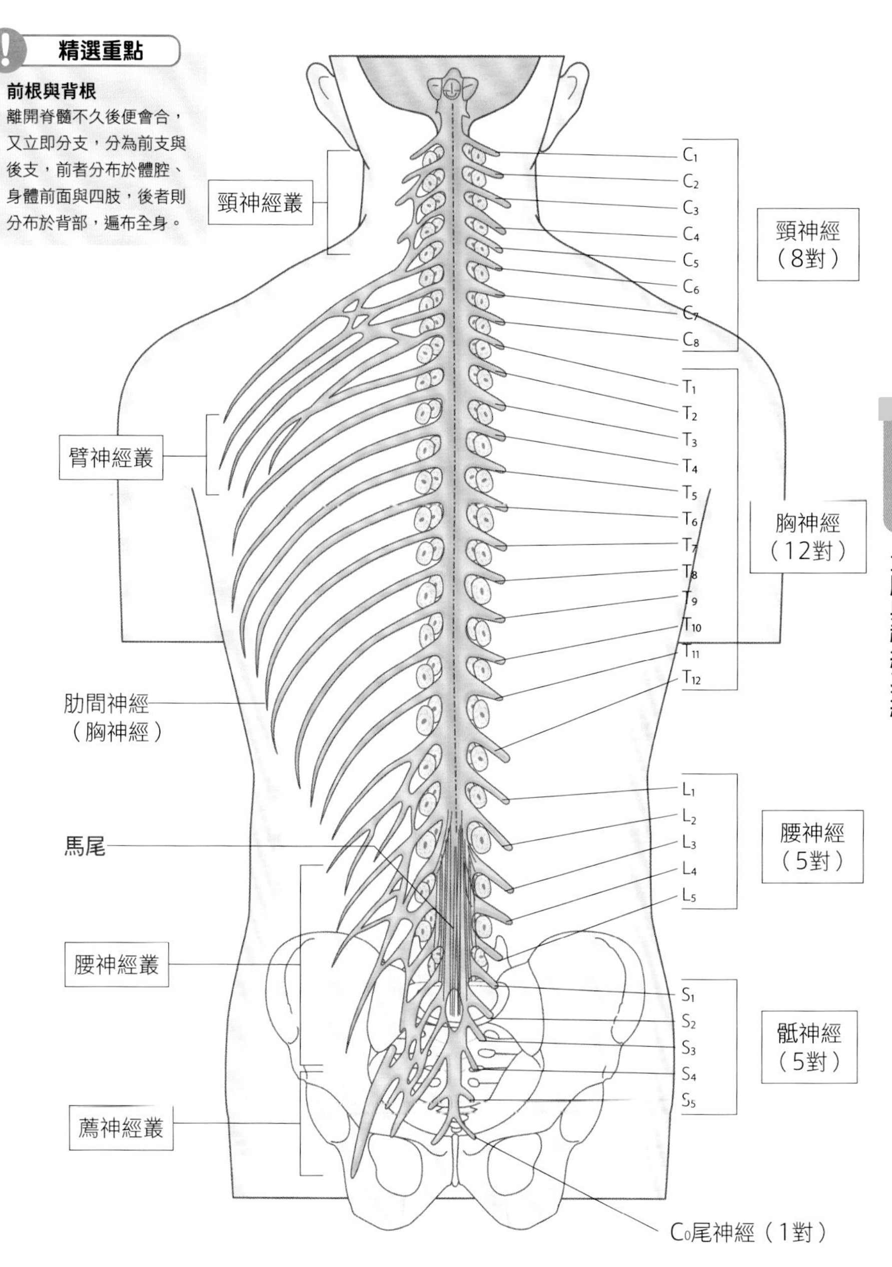

自律神經系統

重點

- 自律神經系統包含交感神經與副交感神經。
- 交感神經是從胸髓至腰髓為止的側角延伸出來，通過交感神經幹。
- 副交感神經是從腦幹與薦髓延伸出來。

交感神經與副交感神經的出處各異

所謂的自律，意指無關意志，會自主性地發揮作用。自律神經系統控制著內臟、血管與分泌腺等的功能，有讓身體處於興奮狀態的交感神經，以及讓身體處於放鬆狀態的副交感神經。全身的臟器與器官幾乎都受到交感神經與副交感神經的雙重支配。

自律神經系統的神經元是從腦幹與脊髓出發，延伸神經纖維，途中切換一次神經元後，分布於標的臟器等。切換神經元之前的纖維稱為節前纖維，切換後送達臟器等處的纖維則稱為節後纖維。

交感神經始於第一胸髓至上方腰髓為止的側角，離開前根後便進入縱向運行於脊椎兩側的交感神經幹，通往標的臟器等。交感神經會於交感神經幹或其他神經節切換神經元，轉換為節後纖維再送達臟器等。

副交感神經是從腦幹與薦髓延伸出來。來自腦幹的神經構成腦神經的一部分。例如顏面神經中調節淚腺或唾腺的纖維，以及迷走神經中調節頸部、胸部與腹部臟器的纖維等，皆屬於副交感神經。出自腦幹的神經支配著頭部至結腸前半的臟器與器官，出自薦髓的神經則支配著骨盆內的臟器與器官。副交感神經是於標的臟器與器官不遠處的神經節切換神經元，節後纖維較短為其特色所在。

考試重點名詞

交感神經幹
於脊椎兩側相連呈佛珠狀的構造。部分交感神經會在此處切換神經元。

節前纖維與節後纖維
自律神經系統在離開腦幹與脊髓後，必定會於某處切換一次神經元。切換神經元之前的纖維稱為節前纖維，切換神經元後的纖維則稱為節後纖維。

關鍵字

神經節
神經元的細胞體於末梢神經系統的路徑中的匯集處。自律神經系統會在此處切換神經元。包括了下頜神經節、腹腔神經節與上腸繫膜神經節等。

筆記

自律神經系統的節前纖維
自律神經系統的節前纖維是有髓鞘的有髓鞘神經，節後纖維則是沒有髓鞘的無髓鞘神經。

交感神經與副交感神經

自律神經是由2種神經元所組成，分布於心肌、平滑肌（內臟、血管）與分泌腺上。全身的臟器與器官幾乎都受到交感神經與副交感神經的支配。

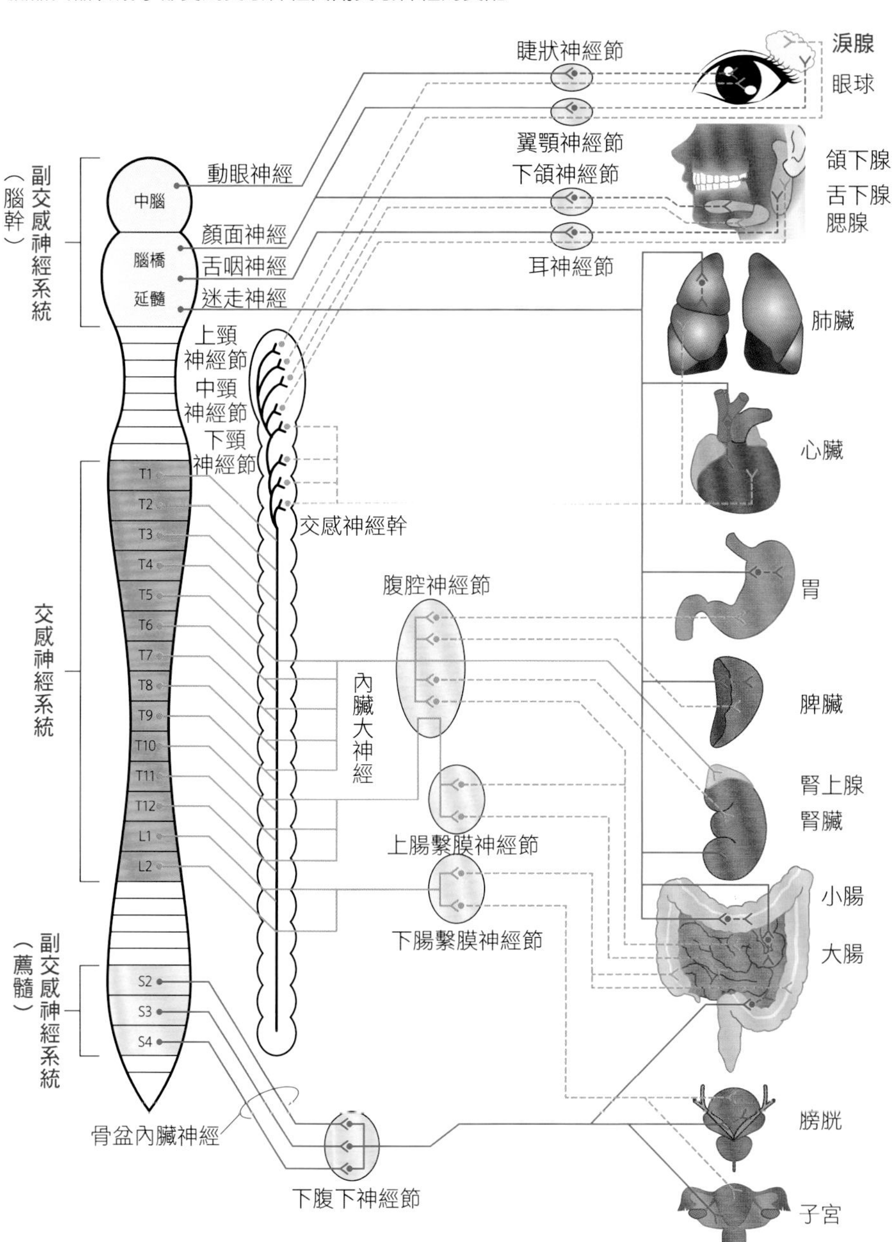

骨質密度與骨質疏鬆症

每單位體積的骨頭重量稱之為「骨質密度」，與骨頭的強度有關。骨質密度高則緻密且堅硬，密度低則疏鬆而脆弱。骨質密度極低的病態為「骨質疏鬆症」，因為一點小事而骨折的危險性會提高。

骨質密度於20～30歲達到最大值，過了壯年後就會逐漸下降，相對於男性的緩慢下降，女性的下降速度顯著，尤其在停經後會急遽下降。這是因為作用於月經週期的「雌激素」（動情素）與骨骼的形成息息相關。

雌激素會促進負責造骨的成骨細胞的作用，抑制破壞骨頭的破骨細胞的作用。這兩者的作用在壯年前均會維持在平衡狀態，然而一旦停經並停止分泌雌激素之後，便會打破這樣的平衡。破骨細胞會比成骨細胞早一步發揮作用，整體的骨量便急劇下降。之後下降速度會減緩，但骨質密度會遠遠低於同齡的男性，男性即便到了80歲還是有很多人會維持在正常範圍內，相較之下，女性在70～75歲便進入骨折風險提高的「危險區」（有的人因為骨質密度下降顯著而被診斷出骨質疏鬆症）。

為了預防骨質疏鬆症，還是有必要儘早養成運動的習慣。在這種情況下，對骨頭施加負荷、強度較高的運動，例如伴隨著重量訓練或跳躍的運動等，會比耐力型的低強度運動還要來得有效。

第 9 章

皮膚與感覺系統

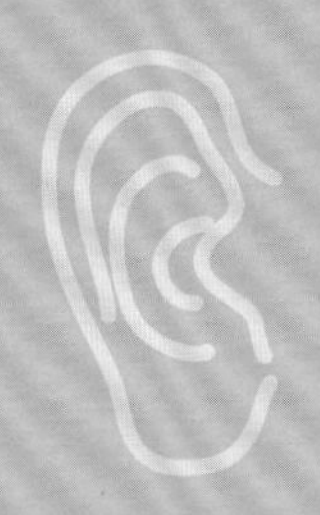

皮膚的構造
表層感覺
眼睛
視覺路徑
眼瞼・淚腺・淚管
耳朵①
耳朵②
聽覺路徑
鼻子
舌頭

皮膚的構造

重點

- 皮膚可分為3層，分別為表皮、真皮與皮下組織。
- 表皮細胞是在最下層的基底層中產生，再逐漸往表層移動。
- 毛髮與指甲是由表皮細胞變化而成的附屬器官。

皮膚不單只是「外皮」

覆蓋體表的皮膚塑造出人體的外形，也保護著身體內部，還會發揮感覺器官的功能，接收外部的刺激（觸壓、溫度與疼痛）。皮膚的厚度為數mm，呈3層構造，從表面依序為**表皮**、**真皮**與**皮下組織**。

表皮是由上皮組織所組成，可區分為**角質層**、**透明層**、**顆粒層**、**棘狀層**與**基底層**（**發生層**）。表皮細胞是在基底層中產生，一邊形成名為角蛋白的蛋白質，一邊逐漸往表層移動。細胞會隨著角蛋白的增加而漸漸變硬（**角化**），最後化為汙垢後剝落。

真皮富含膠原纖維，使皮膚具有彈性，還有許多血管通過，負責為沒有血管的表皮供應營養或調節溫度。與表皮的交界處有無數的指狀突起（乳頭），布滿血管與神經末梢。

最深層的皮下組織是結締組織，脂肪組織占了大部分，發揮保溫效果的同時，還可緩衝外部衝擊。

毛髮與指甲也是守護身體的重要組織

毛髮與**指甲**附著在皮膚上。毛髮是表皮的一部分陷入皮下組織中所形成的，由表面角化而成的單層上皮（**毛小皮**）、內部的**皮質**（含有黑色素顆粒）與**髓質**（含有空氣）所構成。

指甲是表皮高度角質化而成的構造，負責保護手足指頭的末節。一般稱為指甲的部位為**甲體**，其深層處的部位則為**甲床**。

關鍵字

基底層
除了表皮細胞的母細胞外，還含有製造黑色素的黑色素細胞。

棘狀層
含有可發揮免疫功能的蘭格漢氏細胞。

皮膚腺
皮膚上有腺體，主要為汗腺（分泌汗水）、皮脂腺（分泌油脂），女性的乳房內有乳腺。

毛髮
整體的區別是，突出於皮膚之上的部位稱為毛幹，埋入皮膚內的部位則稱為毛根。毛根被包覆在上皮組織性毛囊與結締組織性毛囊之中，下端的鼓起處（毛球）則有結締組織進入形成毛乳頭。毛髮即在此處形成。

筆記

亦涉及指尖的觸覺
指甲不僅可保護指尖，也涉及觸覺。甲板為角質層，可區分為表面可見的甲體與藏於皮膚內的甲根。位於深處的甲床則相當於表皮的發生層，在名為甲母質的部位長出指甲。

皮膚的構造

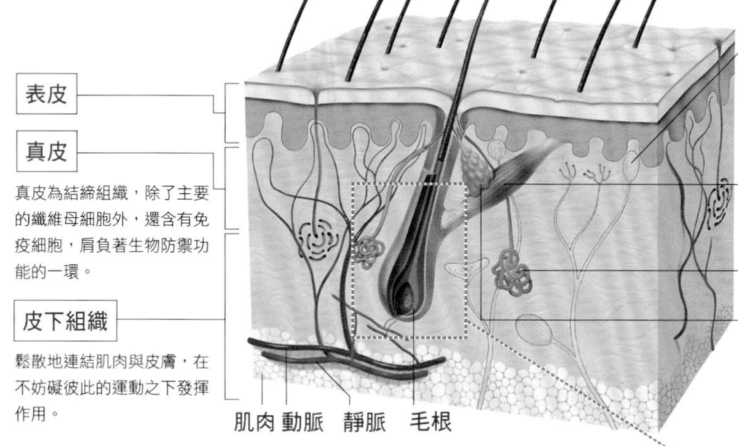

真皮為結締組織，除了主要的纖維母細胞外，還含有免疫細胞，肩負著生物防禦功能的一環。

鬆散地連結肌肉與皮膚，在不妨礙彼此的運動之下發揮作用。

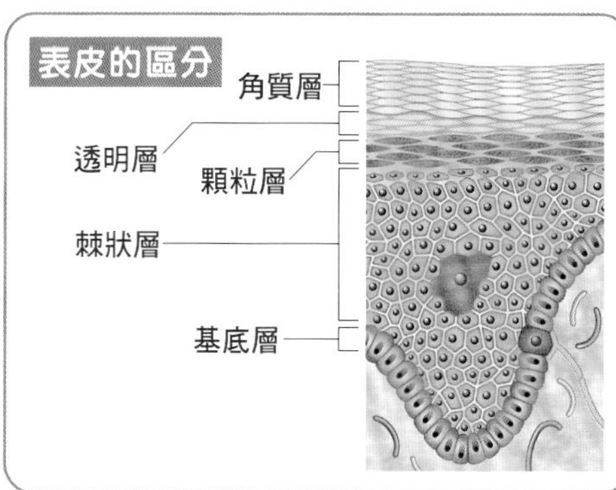

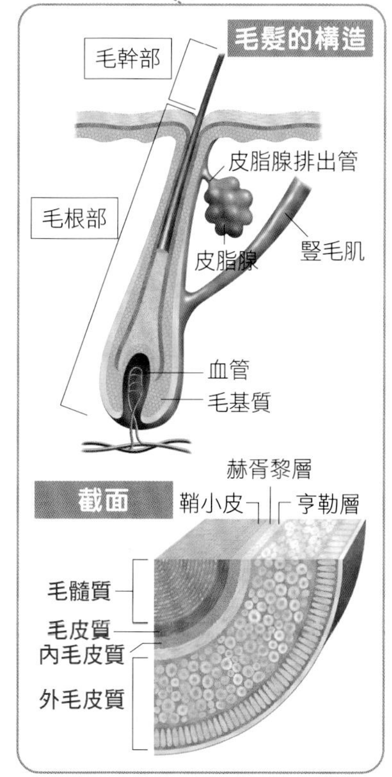

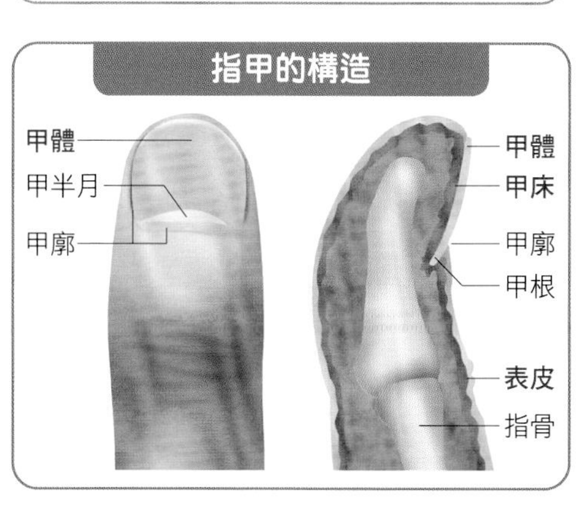

表層感覺

重點
- 皮膚的感覺有觸覺、壓覺、溫覺與痛覺。
- 感覺神經的纖維在真皮與皮下組織形成刺激接受裝置。
- 皮膚感覺以同層帶狀分布於全身（皮節）。

全身的皮膚就是一個巨大的感覺器官

皮膚所肩負的首要重任便是作為**感覺器官**，功能是接受壓力或溫度等外部刺激後傳遞至神經與大腦。感覺可大致區分為**軀體感覺**、**特殊感覺**（僅由感覺器官感知）與**內臟感覺**（於體內感知的感覺）。皮膚感覺又稱為**表層感覺**，包含在軀體感覺中。

表層感覺含括了**觸壓覺**（觸碰）、**溫覺**（冷熱）與**痛覺**（疼痛），負責傳遞刺激的**感覺神經纖維**於真皮與皮下組織中形成「接受裝置」，有**游離神經末梢**（接受痛覺與觸覺）、**梅克爾氏盤**（接受觸覺）、**梅斯納氏小體**（接受觸覺）與**帕西尼氏小體**（接受壓覺）。這些受器所接受的刺激訊息會經由脊髓傳遞至大腦，但是傳遞方式會依刺激的種類與位置而有些許不同。若以形狀識別或觸感等**識別型精細觸壓覺**為例，上肢是通過後索的外側，而下肢則是經由內側來傳遞。

此外，表層感覺的層級會因位置而異，將相同層級的感覺投影在全身，便可描繪出帶狀的分布圖，此即所謂的**皮膚分節**（**皮節**）。

關鍵字

游離神經末梢
無髓鞘，末梢為軸索。接受痛覺與觸覺，多分布於毛囊周圍。

梅克爾氏盤
神經纖維於梅克爾細胞的下面擴散開來所形成的。分布於表皮與毛囊，接受觸覺。

梅斯納氏小體
廣泛分布於手指等處。由神經纖維與觸覺細胞所組成，接受觸覺。

帕西尼氏小體
呈蛋形的壓覺接受裝置。在手指、關節、骨膜等處較為發達。

COLUMN

意識得到與意識不到的感覺

歸類為軀體感覺的感覺中包含了表層感覺，以及肌肉、肌腱與骨膜等所接受的深層感覺（本體感覺）。深層感覺還分為像肌肉痛這類意識得到的感覺，以及像肌肉收縮或肌腱緊繃的感覺等意識不到的感覺。這是因為刺激訊號不會傳送到大腦。內臟感覺也分為可意識到的內臟疼痛、空腹感、嘔吐感、便意等感覺，以及體溫或血壓、血中氧氣分壓等意識不到的感覺。

皮膚分節（皮節）

體表的感覺是根據由哪條脊髓神經所支配來標示，呈帶狀。下肢的前面與後面分別由腰神經與骶神經所支配，據說這是四足步行所留下的影響。

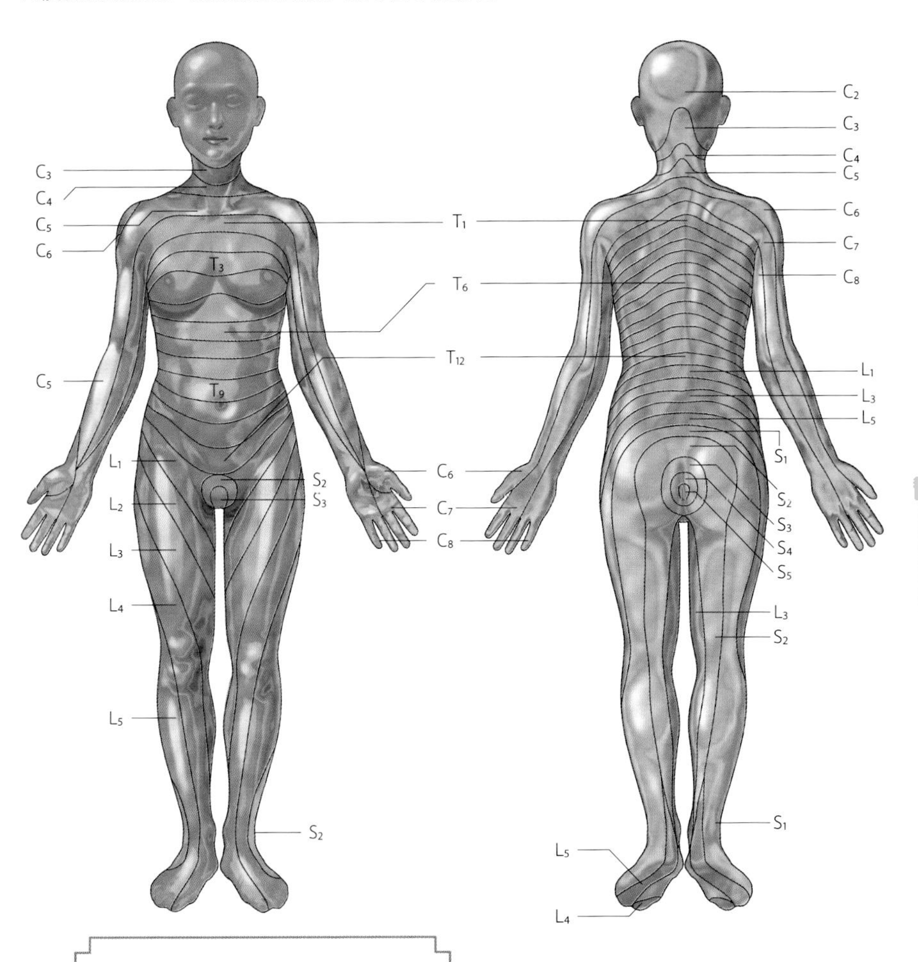

頸神經	**8對：C_1～C_8**
胸神經	**12對：T_1～T_{12}**
腰神經	**5對：L_1～L_5**
骶神經	**5對：S_1～S_5**
尾神經	**1對：C_0**

※C_1幾乎未分布至皮膚，C_0（尾神經）也未充分發展，因此在支配範圍內遭到無視而未標示於圖中。

精選重點

皮節（皮膚分節）

表層感覺按層級分布，可於體表上描繪出帶狀。根據由哪條脊髓神經所支配來決定每個區塊，包含頸神經C_1～C_8、胸神經T_1～T_{12}、腰神經L_1～L_5、骶神經S_1～S_5與尾神經C_0。

眼睛

重點

- 眼睛是一種接受光刺激的感覺器官，具備與相機一樣的構造。
- 視覺細胞會感應到透過水晶體於視網膜上所形成的影像。
- 視覺細胞有感知明暗的視桿細胞與感知顏色的視錐細胞。

眼睛是一台構造精巧的相機

眼睛是一種接受光的外部刺激的感覺器官，其構造可比擬為相機。換言之，其機制是由相當於鏡頭的**水晶體**在相當於底片的**視網膜**上形成影像，再經由**視神經**傳至大腦，產生視覺認知。

逐一細看其構造，整顆眼球被包覆在鞏膜中，前面的透明**角膜**則保護著水晶體。角膜與水晶體之間充滿了**水樣液**，**虹膜**於此處開合，藉此調節進入眼球的光線量。

水晶體透過包圍其四周的**睫狀體**與脈絡膜相連。睫狀體是內含平滑肌的構造，藉其伸縮來改變水晶體的厚度以調節焦距。光線通過水晶體後會通過透明的**玻璃體**，於視網膜上形成影像。

視網膜會將光線轉為電流訊號並傳遞至大腦

視網膜是由10層組成，由內側往外相疊，依序為**內界膜、神經纖維層、神經節細胞層、內叢狀層、內核層、外叢狀層、外核層、外界膜、感光層與視網膜色素上皮**，光刺激的訊號是從外層往內層傳送。換言之，訊號一送達視網膜色素上皮，2種視覺細胞——**視桿細胞**（感知明暗）與**視錐細胞**（感知顏色）就會有所反應，該訊號傳至內核層的**雙極細胞**，經由**神經節細胞**（位於神經節細胞層）送達**神經纖維層**的**視神經纖維**。從整個視網膜延伸出來的視神經纖維聚集於一處，化為視神經並通抵大腦。此外，視神經纖維的匯合點是視網膜上唯一沒有視覺細胞的地方，無法感知光線（**盲點**）。

考試重點名詞

視桿細胞與視錐細胞
負責感應光線的細胞，有1億3000萬個能感知明暗的視桿細胞，以及700萬個能感知顏色的視錐細胞。

關鍵字

眼球壁
鞏膜、脈絡膜與視網膜為眼球壁的構成要素。脈絡膜具有豐富的血管，又稱為血管膜。視網膜又稱為神經膜。

水樣液
充滿角膜與水晶體之間的液體。於睫狀體產生，由位於虹膜外緣的鞏膜靜脈竇（許萊姆氏管）所吸收。

筆記

焦距的調整
伸縮睫狀體，改變水晶體的厚度以調節焦距。變厚便會聚焦於近處，變薄則會聚焦於遠處。

眼睛的構造

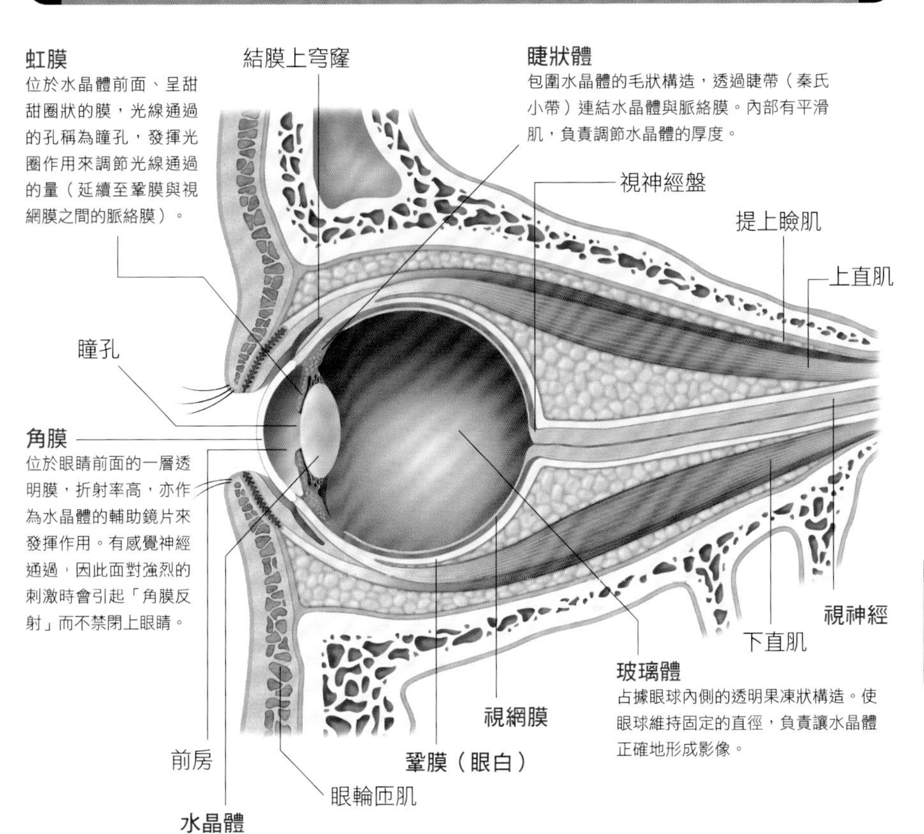

虹膜
位於水晶體前面、呈甜甜圈狀的膜，光線通過的孔稱為瞳孔，發揮光圈作用來調節光線通過的量（延續至鞏膜與視網膜之間的脈絡膜）。
結膜上穹窿
睫狀體
包圍水晶體的毛狀構造，透過睫帶（秦氏小帶）連結水晶體與脈絡膜。內部有平滑肌，負責調節水晶體的厚度。
視神經盤
提上瞼肌
上直肌
瞳孔
角膜
位於眼睛前面的一層透明膜，折射率高，亦作為水晶體的輔助鏡片來發揮作用。有感覺神經通過，因此面對強烈的刺激時會引起「角膜反射」而不禁閉上眼睛。
視神經
下直肌
玻璃體
占據眼球內側的透明果凍狀構造。使眼球維持固定的直徑，負責讓水晶體正確地形成影像。
視網膜
前房
鞏膜（眼白）
眼輪匝肌
水晶體

前眼部

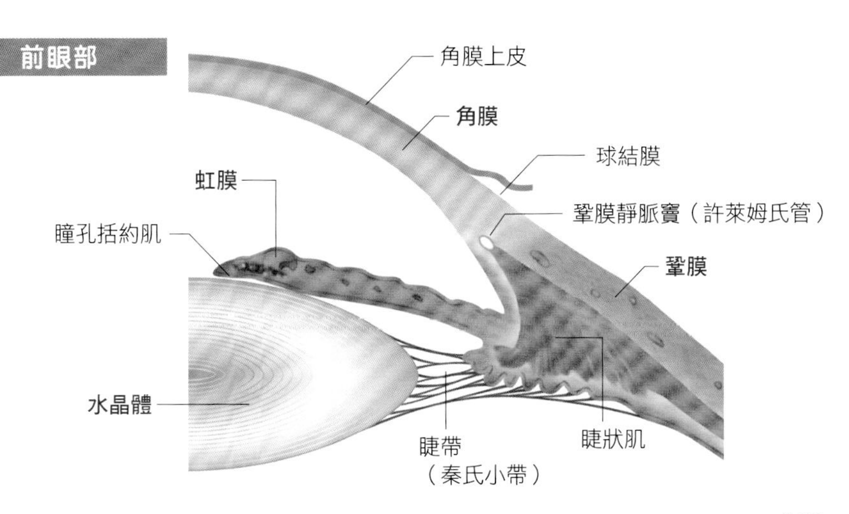

角膜上皮
角膜
球結膜
虹膜
鞏膜靜脈竇（許萊姆氏管）
瞳孔括約肌
鞏膜
水晶體
睫帶
（秦氏小帶）
睫狀肌

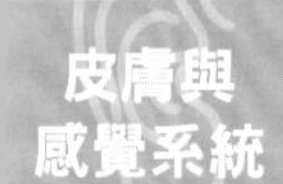

視覺路徑

重點

- 視覺訊息是由3種神經元合作傳遞至視覺中樞。
- 視神經經過視交叉到外側膝狀體，再到初級視皮層。
- 訊號送至視覺聯合皮質後才能識別視覺訊息。

最後才會知道究竟看到了什麼

視覺訊息是透過3種神經元來傳遞。上一節所述的**雙極細胞**相當於**一級神經元**，**神經節細胞**則為**二級神經元**。從所有神經節細胞延伸出來的**視神經纖維**皆集中於**視神經乳頭**，聯合成**視神經**後離開眼球。隨後，左右視神經於大腦的腦垂腺窩前方交叉（**視交叉**），左右各一半的神經交會後（外側一半的神經束會與另一側的交錯）化為**視徑**，抵達中腦旁的**外側膝狀體**。接著轉為**視輻射**接續至枕葉，抵達**視覺中樞**，即名為**初級視皮層**的區域。

這裡的視輻射為**三級神經元**，負責傳遞視野下半部訊息的神經元是通往初級視皮層，而處理視野上半部的神經元則是於顳葉的前部形成一個名為**邁耶環**（Meyer's Loop）的反轉後，抵達初級視皮層下部。

在訊息進入初級視皮層的階段，大腦只是接收了訊號，不過是「投影在屏幕上」罷了。必須從**次級視皮層**送至**視覺聯合皮質**後，才能理解投影的內容（識別視覺訊息）。

此外，一部分的視徑會通往中腦，參與**瞳孔反射**。

關鍵字

視交叉
位於腦垂腺窩前方的視神經交錯部位。左右視神經中各有一半的內側視網膜（視野外側的那一半）會與另一側的神經束交會。

外側膝狀體
位於中腦的兩旁，為視覺訊息傳遞的中繼站。承接視徑後，發出視輻射。

初級視皮層
負責接受視覺訊息，屬於大腦枕葉的區域。視野下半部的訊息會送達上部（名為距狀溝的溝槽以上），而視野上半部的訊息則在經過邁耶環後，進入下部（距狀溝以下）。

邁耶環
位於顳葉的前部，為三級神經元的反轉部位。

瞳孔反射
光線照射眼睛而使瞳孔縮小的一種反射，又稱之為對光反射。

COLUMN

何謂色覺辨認障礙？

視網膜上有3種視錐細胞，分別為S、M與L。當其中一種未發揮作用，就會難以辨識特定的顏色，即所謂的色覺辨認障礙。日本人中，男性約4.5%、女性約0.17%患有先天性紅綠色覺辨認障礙，也就是難以區別紅色與綠色。昔日稱為色盲或色弱，在就學與就業上受到歧視，不過近年似乎已經大為改善。然而，如今仍然存在「這種人無法辨識顏色」等誤解。

傳遞視覺訊息的路徑

負責在視野左右側處理視覺訊息的視神經各異，不過前方訊息是由兩側的神經來傳遞。換言之，由左右神經傳遞的訊息會被認定為「前方」。

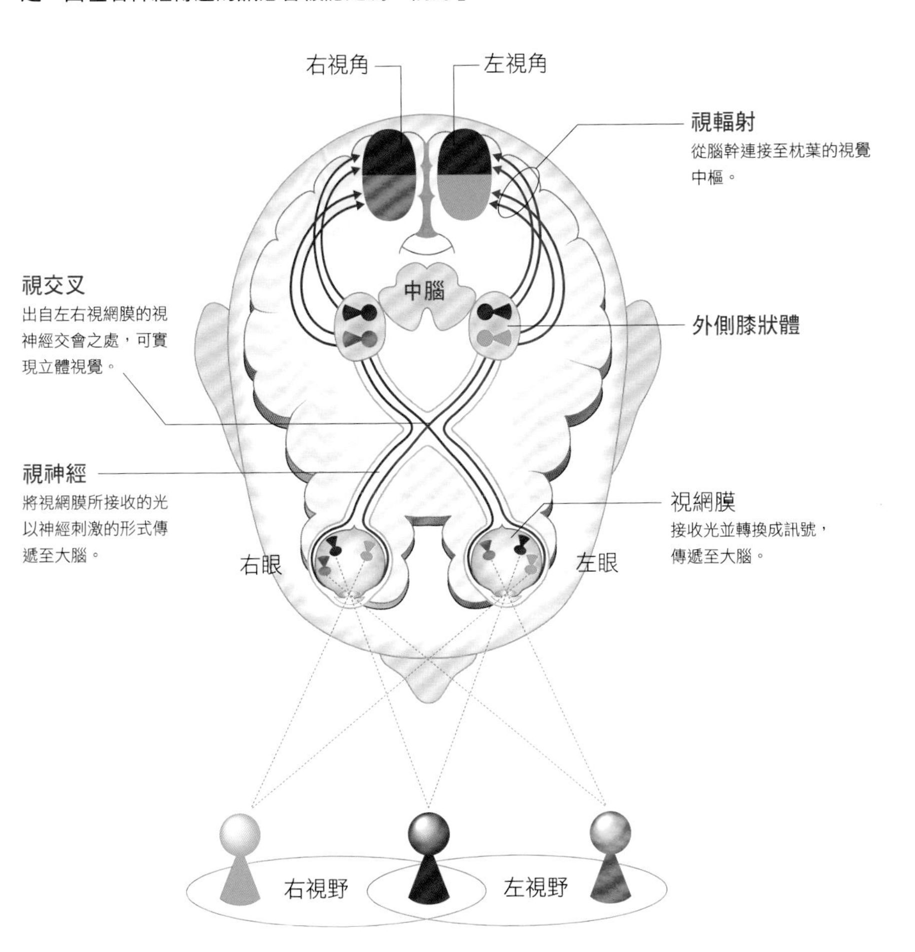

Athletics Column

動態視力與運動

一般健康檢查中所測試的視力，是辨識靜止物體細節的能力，應稱為「靜態視力」。另一方面，對移動物體的辨識能力則稱為「動態視力」，可大致分為捕捉前後動態的「DVA動態視力」與捕捉左右動態的「KVA動態視力」，據說優秀的運動選手在動態視力方面都很出色。以日本前職棒選手鈴木一朗為例，據說僅用0.1秒就能判讀7位數的數字。

眼瞼・淚腺・淚管

重點
- 眼睛的附屬器官稱為眼副器，包括眼瞼、淚器等。
- 眼瞼的前面有皮膚覆蓋，內面則有結膜覆蓋，內含許多腺體。
- 眼淚是在淚腺產生，從淚小管流往下鼻道。

眼瞼是眼球的保護罩

附屬於眼睛本體上的構造稱為**眼副器**。具體是指**眼瞼**、**淚器**等，在周圍保護著眼球。眼瞼是從前面保護眼球，有**上眼瞼與下眼瞼**，兩者中間露出眼睛的部分則稱為**瞼裂**。上、下眼瞼的外緣部（面向瞼裂的邊緣）長有**睫毛**。

眼瞼的外側有皮膚覆蓋，內側則有**眼瞼結膜**覆蓋。內部構造包括了**眼輪匝肌**（作用於瞼裂的閉合）、**瞼板肌**（於眼球上下轉動時打開眼瞼）、活動睫毛的**睫狀肌**、膠原纖維所組成的**瞼板**等。瞼板內的**麥氏腺**（**瞼板腺**）所分泌出的油脂會在結膜與角膜的表面形成一層膜，防止眼淚蒸發。除此之外，還有作用於睫毛的**毛囊皮脂腺**（**蔡氏腺**）與**睫毛腺**（**莫氏腺**）等。

眼淚會從眼角往鼻子流

麥氏腺的油膜覆蓋角膜的表面，漂浮在**眼淚**（**淚液**）的薄層（約7μm）上。眼淚除了保護眼球之外，還會提供營養給角膜，並以溶菌酶（抗菌酵素）進行殺菌。眼淚產自眼球上外側的**淚腺**，滋潤眼球後，便會從開於內眼角（**內眥**）的淚點流進**淚小管**，經過**淚囊**與**鼻淚管**通往**下鼻道**。此路徑稱為**淚道**，產出的淚水（一天約1mℓ）大半會通過這條通道，而且大部分的淚水在抵達下鼻道前便已蒸發。然而，哭泣等時候的淚量較多，這些情況下淚水會抵達鼻腔形成鼻水。

關鍵字

眼副器
附屬於眼球的器官，除了眼瞼與淚器之外，還有活動眼球的眼外肌（眼肌）。眼外肌包含了6條肌肉，分別為內直肌、外直肌、上直肌、下直肌、上斜肌與下斜肌，分工合作來活動眼球。

筆記

毛囊皮脂腺
位於睫毛毛囊旁的腺體，為睫毛提供油脂。此處如果化膿而引起發炎，就會變成所謂的「針眼」（麥粒腫）。

眼淚（淚液）
人體中最乾淨的分泌液。除了分泌保護眼球、提供營養與發揮殺菌功能的基礎淚液之外，還包括反射性的淚液（有灰塵進入眼睛等時候所分泌的眼淚）與情感性的淚液（哭泣等時候所分泌的眼淚）。

眼睛與眼副器

從淚腺分泌出來的眼淚（淚液）在滋潤眼球後，便會從淚小管流進鼻淚管。鼻淚管通往鼻子，因此大哭而流了很多眼淚時，也會流出大量的鼻水。

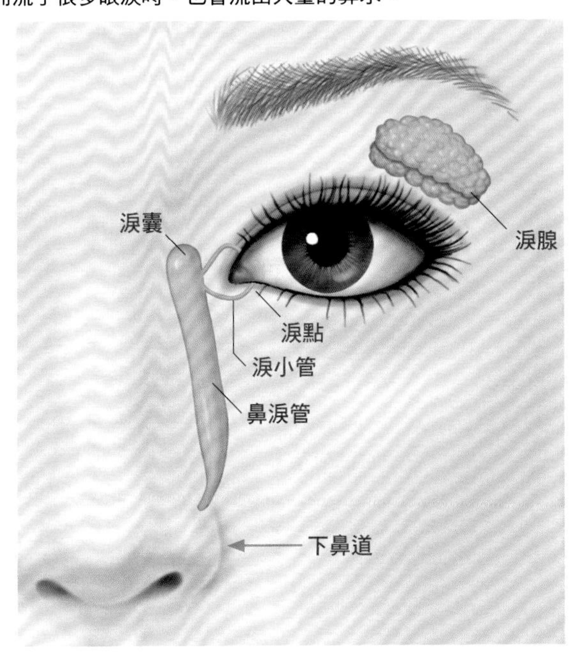

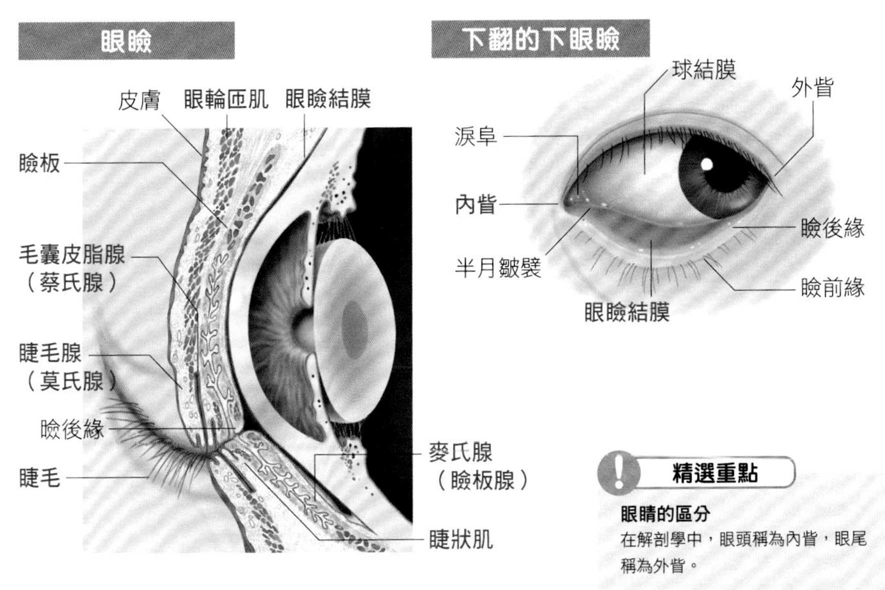

精選重點

眼睛的區分

在解剖學中，眼頭稱為內眥，眼尾稱為外眥。

耳朵①

重點
- ●耳朵可大致區分為外耳、中耳與內耳。
- ●通過外耳道的聲音會震動鼓膜，該震動會傳至聽小骨。
- ●聽小骨的震動會於耳蝸造成淋巴液波動，對聽覺神經產生刺激。

聲音最終會轉化為淋巴液波動

耳朵是接收聲音外部刺激的感覺器官，構造可大致區分為**外耳**、**中耳**與**內耳**。外耳是到鼓膜為止的部分，由**耳殼**與**外耳道**所組成，發揮將聲音震動傳至鼓膜的作用。耳殼原本是負責收集聲音的器官，但是人體中驅動此處的肌肉（耳肌）已經退化，因此集聲性能劣於其他動物。

通過外耳道的聲音會震動鼓膜，藉由**聽小骨**傳至**耳蝸**。聽小骨的構造是由3塊骨頭（**鎚骨**、**砧骨**與**鐙骨**）形成可動連結，鼓膜的震動會透過「槓桿」原理來移動骨頭，對耳蝸施加壓力。此訊號會傳遞至大腦，將其識別為「聲音」。聽小骨所在之處是個寬廣的空間（鼓室），連接咽頭的**耳咽管**延伸其中。中耳則是鼓膜、鼓室與耳咽管的統稱。

耳蝸形似蝸牛，內部可分為**前庭階**、**蝸管**與**鼓階**3個部分，皆充滿了淋巴液。聽小骨的震動會傳遞至前庭階，引起淋巴液的波動並刺激蝸管的**螺旋器（柯蒂氏器）**，該訊號便會經由聽覺神經送至大腦。

關鍵字

耳咽管
又稱為歐氏管。為鼓室與咽頭的聯絡通道，透過咽頭側開口的開合來維持鼓室內氣壓與外界氣壓之平衡。

耳蝸
此為接受鐙骨震動的螺旋形器官，內部可分為前庭階、蝸管與鼓階3部分，皆充滿了淋巴液。蝸管中備有接收淋巴液波動的螺旋器（柯蒂氏器）。

螺旋器（柯蒂氏器）
此器官負責掌握蝸管內淋巴液的動態，有內毛細胞（1萬5000～1萬6000個）與外毛細胞（約1萬2000個）2種聽覺細胞並排其中。

COLUMN
鎚、砧與鐙是指何物？

砧骨與鐙骨的名稱皆源自於工具。鎚是指敲打東西的工具（即木槌與鐵鎚的「鎚」），鎚骨會隨著鼓膜的震動而敲打砧骨，故以此稱之。砧是還沒有熨斗的年代，拍打衣物去皺時所用的台座，這也直截了當地表達出砧骨的作用。鐙則是騎馬時用來放置雙腳的環狀馬具，因其形狀相似而稱為鐙骨。

耳朵的構造

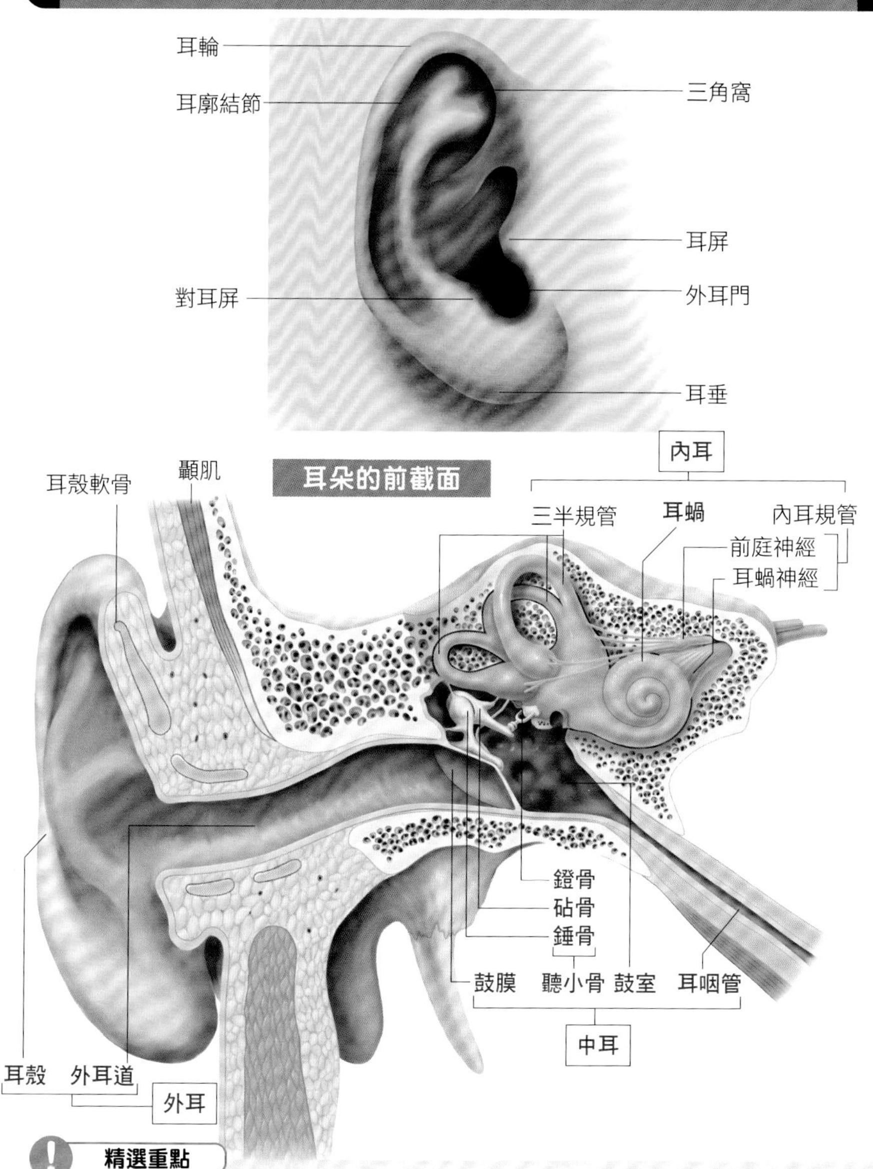

精選重點

聽小骨

由錘骨、砧骨與鐙骨3塊小型骨頭形成可動連結的構造。負責將鼓膜的震動傳至耳蝸。

鼓膜

厚約0.1mm的薄膜，由3層所組成，分別為上皮層、黏膜層與纖維層，形成往鼓室側凸起的形狀。

外耳道

為傳導聲音的管道，兼具共振管的功能。3400Hz前後的聲音最能產生共鳴，一般認為這是人類最容易聽到的頻率。

耳朵②

重點
- 平衡感是透過內耳的三半規管與前庭來感知。
- 身體的傾斜是透過前庭的平衡斑來感知。
- 身體的旋轉與加速度是透過三半規管的壺腹嵴來感知。

耳朵是維持身體平衡的水平器

耳朵也是感知平衡感的器官。這種功能是由位於中耳更裡面（**內耳**）、與耳蝸一體化的三半規管及前庭（又合稱為**前庭半規管**）所負責。和耳蝸一樣，隨著旋轉、傾斜與加速度等刺激來接收填滿內耳內容物的動態。

前庭負責感知傾斜動作，內部分為**橢圓囊**與**球狀囊**，由**平衡斑**來感知傾斜度。打造平衡斑的毛細胞中有個名為**平衡石**（**耳石**）的結晶，其動作會化作傾斜的刺激並傳遞至**前庭神經**。

三半規管是由彼此垂直相交的3條管子（**前半規管**、**側半規管**與**後半規管**）所組成，每條管子根部鼓起的部位（**壺腹**）有個**壺腹嵴**，可以感覺到身體所受到的旋轉與加速度（半規管內部的淋巴液動態會刺激壺腹嵴的毛細胞，並傳遞至前庭神經）。

前庭神經的訊號有3條傳送路徑。第1條路徑是傳至大腦，可識別身體的位移；第2條是送至小腦，作用於骨骼肌來維持姿勢；第3條則是送至支配眼外肌的腦神經核，調節眼球的位置。

關鍵字

內耳
前庭半規管與耳蝸被合稱為內耳。

三半規管
彼此垂直相交（X軸、Y軸與Z軸）的半環狀管子，透過壺腹聯繫前庭。內部充滿淋巴液，由壺腹嵴來感知其動態，負責感知身體的旋轉與加速度。

前庭
連接至三半規管與耳蝸的器官，由內含平衡斑的橢圓囊與球狀囊所構成。平衡斑的毛細胞上承載著平衡石，藉其動作來感知傾斜。

COLUMN

為什麼會暈車？

暈車的正式名稱為「動暈症」或「運動病」。一般認為是因為速度或傾斜反覆且急遽地變化，使得視覺訊息與平衡感產生不協調，導致三半規管與前庭異常興奮而發病。汽車反覆走走停停或是船隻的搖晃，都會讓三半規管內的淋巴液與前庭的平衡石處於不斷搖晃的狀態，即便已經停止還是會覺得在動，因而產生混亂。然而，這種狀態有很大一部分是受到心理狀態的影響，大多數的人只要習慣就能恢復。

耳蝸、前庭與半規管的構造

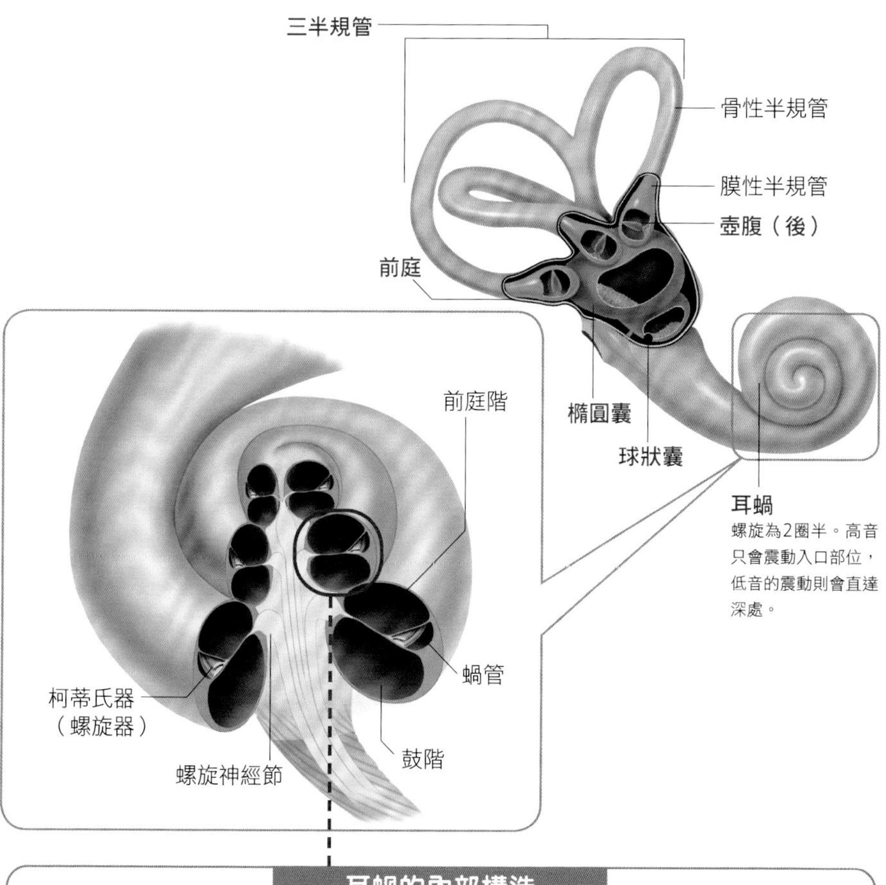

耳蝸的內部構造

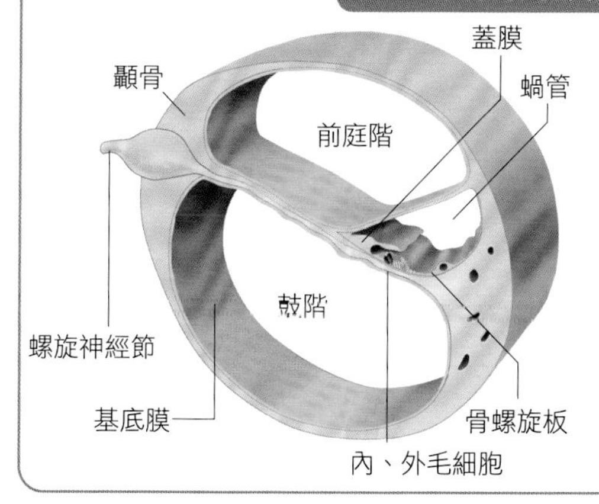

耳蝸內部為3層構造，由前庭階、蝸管（膜性迷路）與鼓階所組成，內部分別充滿了淋巴液（前庭階與鼓階的淋巴液稱為外淋巴液，蝸管的淋巴液則稱為內淋巴液）。

鼓膜的震動會經過聽小骨，對前庭階的外淋巴液引發波動並傳至鼓階。蝸管的柯蒂氏器（螺旋器）中的內、外毛細胞會感知到這些波動，並將訊號傳至大腦。

聽覺路徑

重點

- 耳蝸內的淋巴液動態會透過柯蒂氏器的聽覺細胞轉換成電流訊號。
- 聽覺訊號會透過4種神經元合力傳遞至初級聽覺皮質。
- 聽覺路徑的神經元會按照聲音傳遞的頻率高低依序並排。

聽覺訊號是透過 4 種神經元合力來傳遞

如前所述，鼓膜的震動會於內耳的耳蝸轉換成聽覺訊號。前庭階的淋巴液接收到來自鐙骨的震動而產生波動，接著會通過蝸管的基底膜（螺旋膜）刺激柯蒂氏器（螺旋器）的聽覺細胞。聽覺細胞所感知的震動數（頻率）會因位置而異，中耳附近會對高音有所反應，愈往耳蝸深處則對低音愈有反應。

聽覺細胞接受到刺激之後，便會發送出電流訊號，透過聽覺神經（耳蝸神經）經由延髓傳遞至大腦的聽覺中樞，其路徑（聽覺路徑）原則上是由4種神經元所構成。一級神經元是位於螺旋神經節的雙極神經細胞，中樞側的突起為聽覺神經，延伸至腦橋的耳蝸神經核。二級神經元出自耳蝸神經核，部分交叉之後通抵中腦的下丘。三級神經元則連接起此處至內側膝狀體，再透過四級神經元通往顳橫回的初級聽覺皮質。

聽覺路徑的神經元的特色在於會按照聲音傳遞的頻率（聲音高低）依序排列，在聽覺皮質中，感知高音乃至低音的細胞是從內側往外側並排。

關鍵字

內耳

由耳蝸、前庭與三半規管所組成，這是囊狀的膜性迷路納於骨頭空間（骨性迷路）之中所形成的一種構造。這3個器官於內部相連，淋巴液來回流動於其間。充滿膜性迷路之中的淋巴液稱為內淋巴液，填滿外部（骨性迷路之中）的淋巴液則稱為外淋巴液。

筆記

掌管聽覺的聽覺皮質

聽覺皮質位於大腦顳葉的顳橫回，是掌管聽覺的區域，呈同心圓狀，可區分為初級（內）、二級（中）乃至三級（外）。初級負責聲音的感知，二級與三級則是參與識別音樂要素（節奏與旋律等）。

COLUMN

聽力異常的貝多芬與愛迪生

貝多芬是知名的聽覺障礙作曲家，據說自年幼時期便出現聽力異常，至遲暮之年則完全失聰。原因眾說紛紜，最著名的便是鉛中毒之說，但尚無定論。此外，發明家愛迪生也因聽力異常而聞名。相傳是他少年時期在火車上引發小火而挨了列車長一記耳光，還有種說法是因為他差點趕不上火車時，被列車長拉扯耳朵所致，不過這些均尚無定論。

聽到聲音的機制

聲音的震動傳至耳蝸，此為「傳音系統」，從耳蝸經由聽覺路徑傳至聽覺中樞，則歸為「感音系統」。

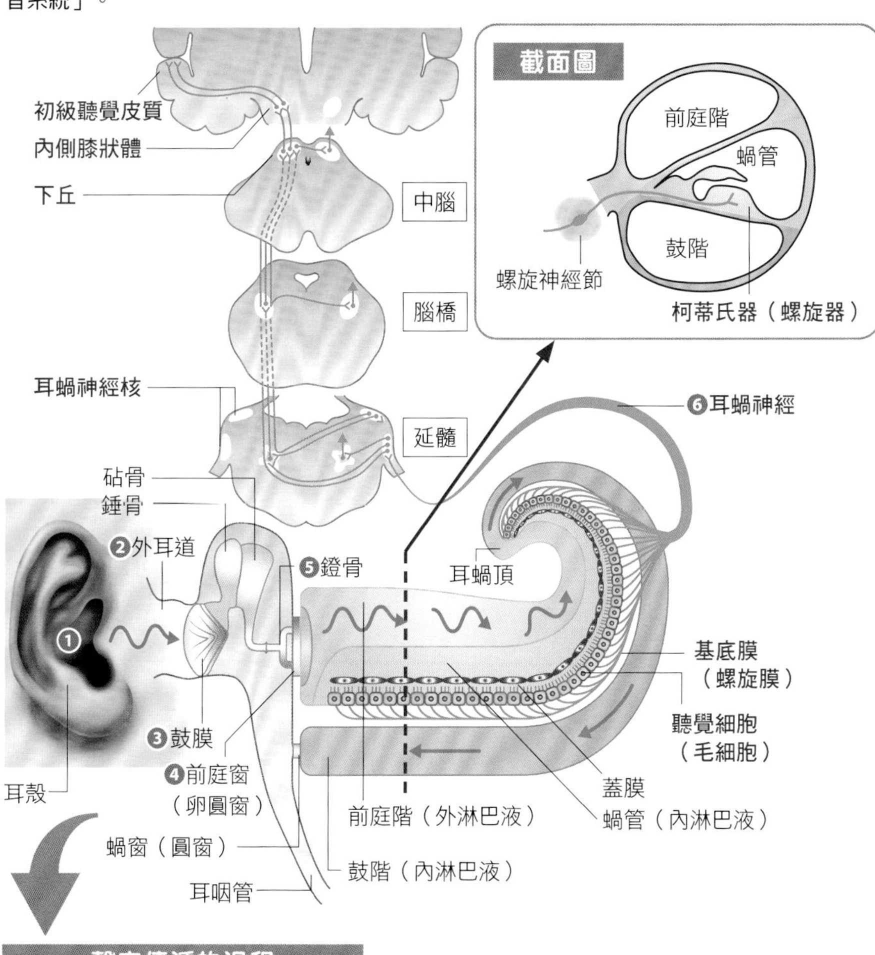

聲音傳遞的過程

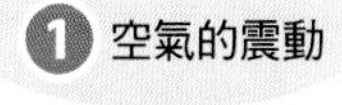

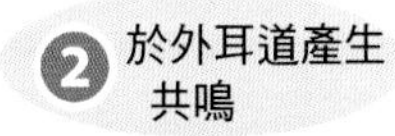

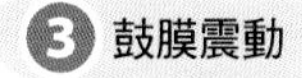

4 震動傳至前庭窗

轉為聽小骨的運動，從鐙骨傳往前庭窗。

5 刺激毛感覺細胞

鐙骨的運動在耳蝸的淋巴液引起聲壓的波動，隔著蝸管的基底膜來刺激柯蒂氏器的毛感覺細胞。

6 傳送電流訊號

毛細胞所接收的聲音會轉為電流訊號，透過耳蝸神經送至中樞，抵達聽覺皮質後，化為感受得到的聲音形式。

鼻子

重點

- 鼻子兼具呼吸器官與感覺器官的功能。
- 鼻子是透過位於鼻腔頂部、名為嗅區的區域來感知氣味的刺激。
- 嗅覺細胞既是氣味的感受器，亦為一級神經元。

鼻子是令人意外的多功能器官

鼻子既是肩負上呼吸道一環的呼吸器官，同時也是參與氣味感知的**感覺器官**。構造較為單純，**外鼻孔**（鼻孔）對體外敞開，經由**鼻前庭**與寬大的**鼻腔**相通，接著從**後鼻孔**連至咽頭。前鼻底的內面為皮膚（複層鱗狀上皮），所以有毛髮（鼻毛），負責除去吸氣中的灰塵等。

鼻腔的內壁為黏膜，沒有鼻毛，是由偽複層纖毛上皮所組成，因此有細微的纖毛覆蓋，藉其運動將異物排出體外。從構造上來看，**鼻中膈**將鼻腔劃分為左右兩邊，靠外側處則以內壁可見的3個突起（**上、中、下鼻甲**）為界，區分為**上、中、下鼻道**，而鼻中膈附近是從頂部延續至底部（**總鼻道**）。所有鼻道於後方匯集成**鼻咽管**，延續至咽頭。

氣味的訊息可直接傳至腦部

鼻腔黏膜有豐富的微血管，能於短時間內加溫並加濕（37℃・100％）吸入的空氣，另一方面卻很容易出血（鼻血）或因充血而引發浮腫（鼻塞）。

鼻子是透過位於總鼻道後方頂部的**嗅區**來感知氣味。形成此區域的**嗅上皮**內含**嗅覺細胞**，接受氣味刺激的同時，也作為**一級神經元**將嗅覺的訊號傳至大腦。嗅覺細胞具備纖毛，外露於黏膜表面的黏液層。當纖毛捕捉到隨著吸氣進入的氣味物質時，嗅覺細胞便會產生電流訊號，不經過視丘而直接傳遞至**嗅覺中樞**（顳葉內側部）。

關鍵字

鼻腔
發揮鼻子原始功能的區域，因此有時又稱為固有鼻腔。

嗅區
該區域位於鼻腔的總鼻道後方頂部，大約一張郵票的大小。此處的黏膜上皮又稱為嗅上皮，內部具有約500萬個嗅覺細胞。

筆記

嗅覺中樞
感知氣味的區域，位於大腦的顳葉內側部。其他刺激訊號都會經由視丘來傳遞，但是氣味的訊號會直接傳遞至此處。此外，嗅覺中樞與額葉、海馬迴、視丘等相通，與氣味的識別和記憶密切相關。人類可以區分約1萬種氣味。

鼻子的構造與嗅神經

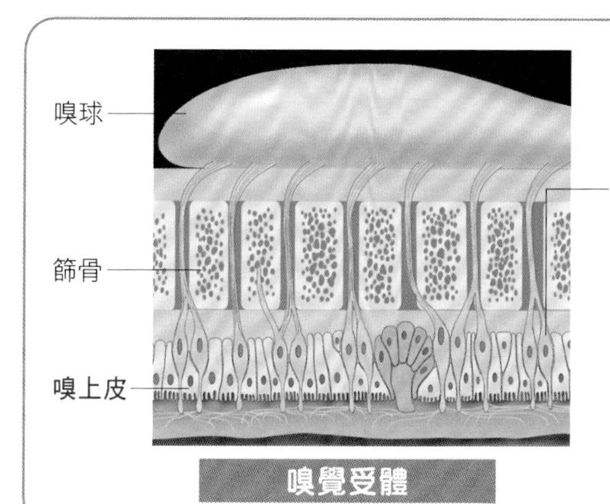

嗅覺細胞

從鼻子吸氣會接觸到鼻腔的頂部。位於頂部約一張郵票大小的空間即為嗅區，上面覆蓋著約有500萬個嗅覺細胞密集排列的黏膜上皮（嗅上皮）。鼻子便是在這個地方接受氣味物質的刺激。嗅覺細胞為雙極神經元，鼻腔另一側的突起貫穿篩骨，延伸至顱腔內的嗅球。於此處與二級神經元相連，並將刺激訊號送往顳葉內側部的初級嗅覺中樞。訊息會進一步傳遞至大腦皮質與下視丘等，判斷是什麼樣的氣味，同時喚起與記憶或感情相關的反應與認知。

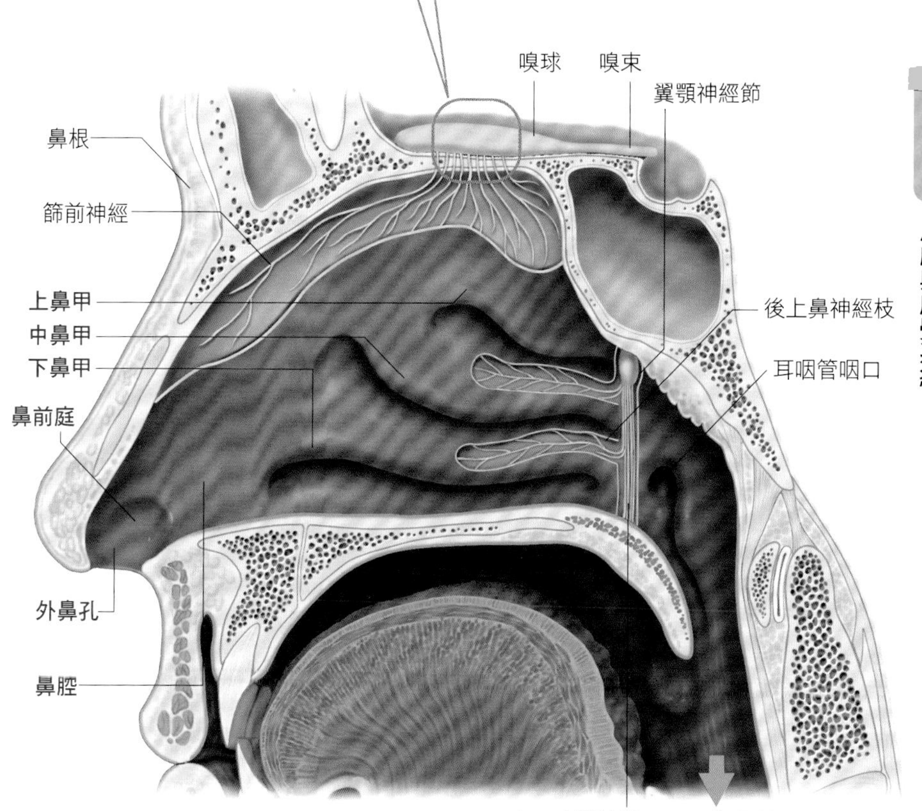

舌頭

重點

- ●味覺是靠味蕾來感知。
- ●味蕾多分布於舌頭，但也存在於口腔黏膜。
- ●舌頭的前方與後方將味覺訊號傳至大腦的路徑各異。

好吃、難吃都是靠整張嘴來感受

舌頭為味覺的感覺器官。味覺主要分為甜味、苦味、鹹味、酸味與鮮味，這些取決於施加刺激的**呈味物質**。**味蕾**是呈味物質的受器，約有5000個味蕾分布於舌頭上。不光是舌頭，還存在於口腔黏膜（約2500個）。主體為**味覺細胞**（味覺受體），與支持細胞、基底細胞等共同形成「花蕾狀」的構造。本體埋於黏膜的內部，透過開於表面的**味孔**暴露於口腔之中。

味覺細胞中有指狀突起，可接受口腔內的呈味物質。刺激會經由與味覺細胞相聯繫的**味覺神經細胞**（**一級神經元**）傳遞至延髓中名為**孤束核**的範圍，但是通往該處的路徑會因味蕾所在的舌部區域而異。來自**舌體**（舌頭前方3分之2）的一級神經元會通過顏面神經，來自**舌根**（舌頭後方3分之1）與咽頭的神經元會通過舌咽神經，來自會厭附近的神經元則是通過迷走神經。**二級神經元**會從孤束核出發往視丘延伸，再透過**三級神經元**傳遞至位於島蓋部附近（43區）的**大腦皮質味覺中樞**，化為可識別的味道形式。

考試重點名詞

味蕾
味覺細胞等若干種細胞匯集而成的構造，作為味覺的感知器發揮作用。本體埋於黏膜的內部，但透過味孔與口腔內相通。多位於舌體的表面，也有分布於口腔黏膜。

關鍵字

舌頭
區分為前3分之2的舌體與後3分之1的舌根。舌體上可見無數乳頭類（絲狀乳頭、蕈狀乳頭、葉狀乳頭與輪廓乳頭）。此外，舌根上還有舌繫帶（舌扁桃體）。功能不僅限於作為味覺的感知器，其運動也和咀嚼、吞嚥與發聲密切相關。

味覺細胞
味蕾的主體細胞，具有指狀突起，藉此感知溶於口腔內水分中的呈味物質。

COLUMN

大錯特錯的「味覺分布」

直到近幾年一般人都深信所謂的「味覺分布」，也就是「人所感受到的味覺會因舌頭的區域而異」（例：舌尖感受甜味，舌根感受苦味）。然而，如今已經證明這是徹頭徹尾的誤解（味覺的感受度並不會因區域而異）。20世紀初，德國首次提出味覺分布理論並廣為流傳，還不疑有他地搭配圖解刊載於專業書籍中。明明可以輕易驗證，為什麼長達百年來都未能修正呢？這完全是個謎。

舌頭的構造

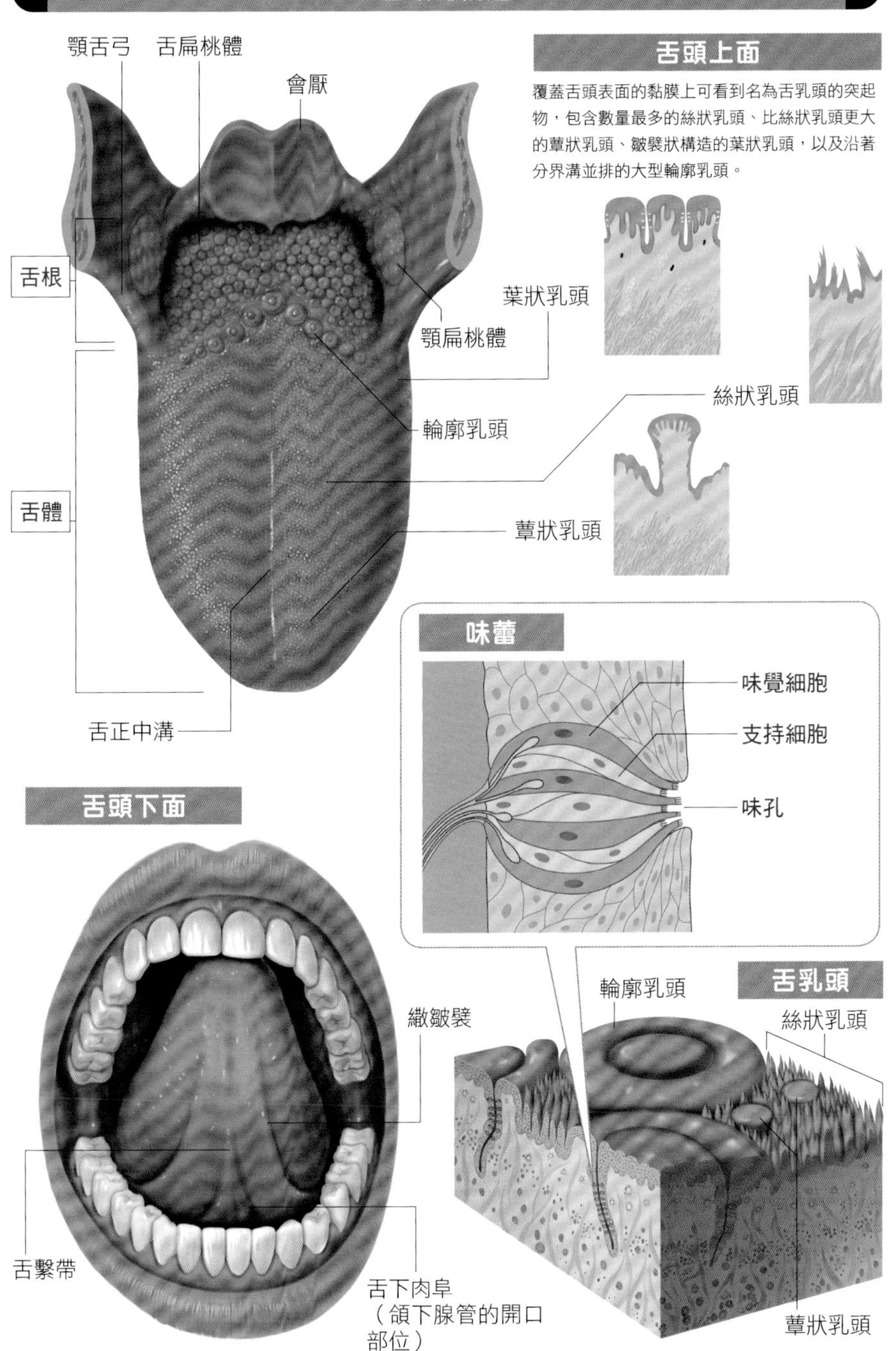

第9章 皮膚與感覺系統

行政解剖與司法解剖

假如有人倒在路旁身亡，就必須釐清為什麼這個人會死在這個地方。這種時候地方政府有責任進行解剖，此為「行政解剖」，原則上是由都道府縣知事（縣市首長）所任命的法醫執刀。然而，日本目前只有東京都、大阪市、名古屋市、橫濱市與神戶市有地方政府任命的法醫，其他地區大多是委託當地大學的法醫學教室。根據法律，法醫進行屍檢無須遺屬同意，其他情況下則必須取得遺屬的同意，因此有時會花不少時間才進行解剖。

倘若倒臥的屍體上有穿刺傷，死因肯定有「他殺嫌疑」。這種情況下，便會在警察或檢察官的指示下進行「司法解剖」（在行政解剖的過程中若認定有他殺嫌疑，則會變更程序轉為司法解剖）。執刀者若是當地大學的法醫學者等，只要有法院的許可就不需要遺屬的同意，但實際上大多都是取得同意之後才執行。

無論是行政解剖還是司法解剖，執行的範圍與程序在《大體解剖保存法》中都有規定。此外，《食品衛生法》與《檢疫法》中也有行政解剖的規定，《刑事訴訟法》中則有司法解剖的相關規定。

第 10 章

內分泌系統

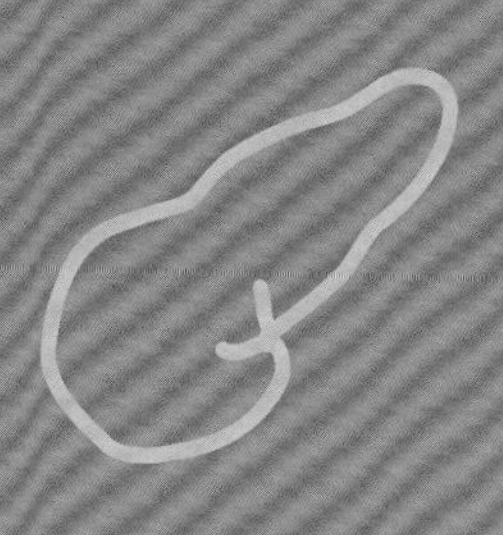

內分泌系統概要

腦下垂體

甲狀腺與甲狀旁腺

腎上腺

胰臟與蘭氏小島

內分泌系統概要

重點
- ●內分泌腺會分泌調整身體功能的荷爾蒙至血液之中。
- ●下視丘與腦下垂體為內分泌系統的中樞。
- ●內分泌系統與自律神經系統合力維持著身體的內在環境恆定。

下視丘與腦下垂體為內分泌系統的中樞

所謂的內分泌腺是指分泌荷爾蒙的器官。荷爾蒙會從分泌的細胞直接進入血中，並乘著血液送至標的器官。在大多情況下，內分泌腺與標的器官的所在位置均有段距離，特定荷爾蒙只會作用於固定的臟器或細胞，此為內分泌系統的特色。內分泌系統會與自律神經系統合作，維持身體的內在環境恆定（恆定性）。

主要的內分泌腺如右圖所示。腦部的下視丘與垂掛於其下方的**腦下垂體**會分泌刺激其他內分泌腺的荷爾蒙，為內分泌系統的中樞。

位於喉嚨的**甲狀腺**會分泌荷爾蒙，參與全身的代謝與血中鈣含量的調整。有個名為**甲狀旁腺**的小型內分泌腺附著於甲狀腺的背側，也會參與調整血液中的鈣含量。

位於腎臟上方的**腎上腺**會分泌**腎上腺皮質激素**與**腎上腺髓質激素**，前者參與醣類的代謝與體液量的調整，後者則具有與交感神經一樣的作用。

胰臟是會分泌胰液（一種強勁的消化液）的外分泌器官，同時也是分泌荷爾蒙來調整血糖值的內分泌腺。

女性的**卵巢**與男性的**精巢**會分泌性荷爾蒙，兩者皆參與性功能的成熟與懷孕。

除此之外，位於間腦後方的松果體，還有胃、小腸、心臟等都會分泌荷爾蒙。

考試重點名詞

內分泌
指細胞所分泌的荷爾蒙直接進入血中並送至標的器官。相對於此，所謂的外分泌則是透過導管來運送分泌的消化液與淚液等。

關鍵字

標的器官
指受荷爾蒙作用的臟器、器官或細胞。特定荷爾蒙只會作用於特定的標的細胞。

內在環境恆定
又稱為恆定性。意指讓身體功能與體內環境維持穩定的作用，或指該穩定狀態。內分泌系統與自律神經系統在內在環境恆定的維持上發揮著格外重要的作用。

筆記

荷爾蒙的作用
荷爾蒙只需微量便能產生作用。血中濃度極低，是以奈克／mℓ或皮克／mℓ為單位。

荷爾蒙的產生器官

內分泌腺直接分泌的荷爾蒙大多是透過血液循環運至特定器官，發揮其作用。

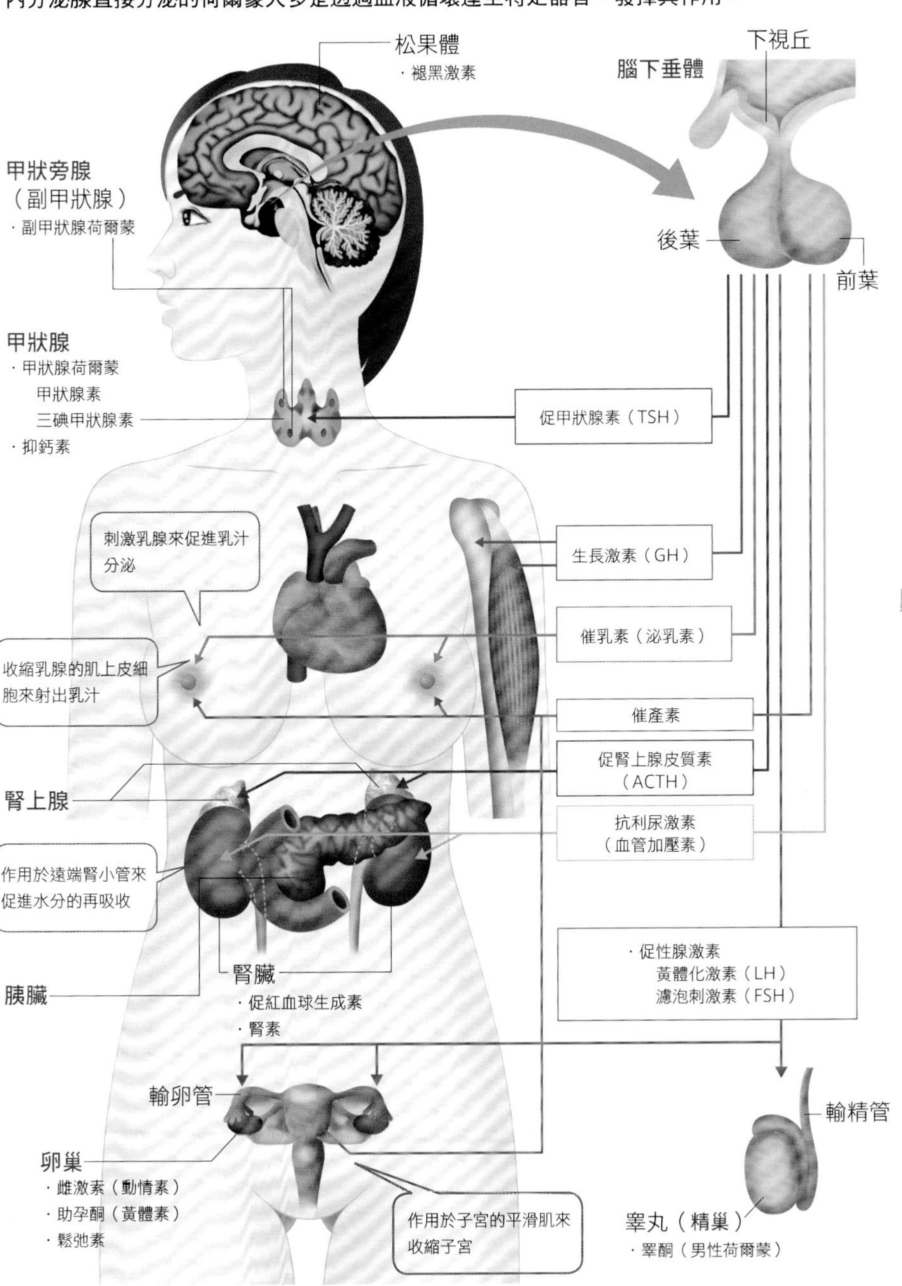

腦下垂體

重點

- ●腦下垂體和下視丘都是作為內分泌器官的中樞來發揮作用。
- ●腦下垂體前葉中有套稱為腦下垂體門靜脈系統的血管。
- ●腦下垂體後葉會釋放出下視丘所製造的荷爾蒙。

腦下垂體的前葉與後葉的組織各異

腦下垂體約為小指尖的大小，垂掛於下視丘的漏斗處，收納於顱骨中名為腦下腺窩（蝶鞍）的凹陷中。腦下垂體主要分為**前葉**與**後葉**。以胚胎學來看，前葉與後葉是由全然不同的組織所構成。下視丘的漏斗部位與腦下垂體後葉是在胚胎期以間腦部位為基礎所形成的部位，稱為**神經性腦垂體**。相對於此，腦下垂體前葉則是由腺體組織所構成，因此稱之為**腺體性腦垂腺**，此腺體於胚胎期便環繞漏斗與後葉，形成一個腦下垂體。

腦下垂體前葉中充滿分泌荷爾蒙的細胞，除了生長激素之外，還會分泌刺激甲狀腺、腎上腺皮質、**性腺**等的荷爾蒙。腦下垂體具備作為中樞的功能，與下視丘共同調整其他的內分泌腺。

腦下垂體前葉中有套特殊的血管構造，稱為**腦下垂體門靜脈系統**。上腦垂體動脈從上方進入，於漏斗部位形成微血管網，一度匯流至靜脈後，於前葉再次形成微血管網。曾經成為靜脈的血管又再次形成微血管網，這樣的構造即稱為**門靜脈**。在腦下垂體前葉分泌的荷爾蒙會先進入前葉的微血管中，再送至全身。

腦下垂體後葉中沒有會分泌荷爾蒙的細胞，是在下視丘的神經核製造荷爾蒙，透過神經元送入腦下垂體後葉，再以**垂體後葉素**的形式分泌出來。

考試重點名詞

腦下垂體前葉
又稱為腺體性腦垂腺，會分泌生長激素、泌乳素，以及刺激甲狀腺、腎上腺、性腺等的荷爾蒙。具備腦下垂體門靜脈系統的構造。

腦下垂體後葉
接收並釋放在下視丘的神經核製造的荷爾蒙。垂體後葉素中含有血管加壓素（抗利尿激素）與催產素。

關鍵字

腦下垂體門靜脈系統
位於腦下垂體前葉的特殊血管構造。曾經成為靜脈的血管又再次形成微血管網，這種門靜脈的構造亦可見於肝臟中。

筆記

下視丘的作用
下視丘中有許多神經核，當中有一些會分泌出刺激腦下垂體的荷爾蒙，另有一些則是透過神經纖維將產生的荷爾蒙送進腦下垂體（神經分泌）。下視丘為內分泌系統的中樞。

下視丘與腦下垂體的構造

腦下垂體是一種直徑約1cm、重約0.6g的器官，在內分泌系統中肩負著核心作用。

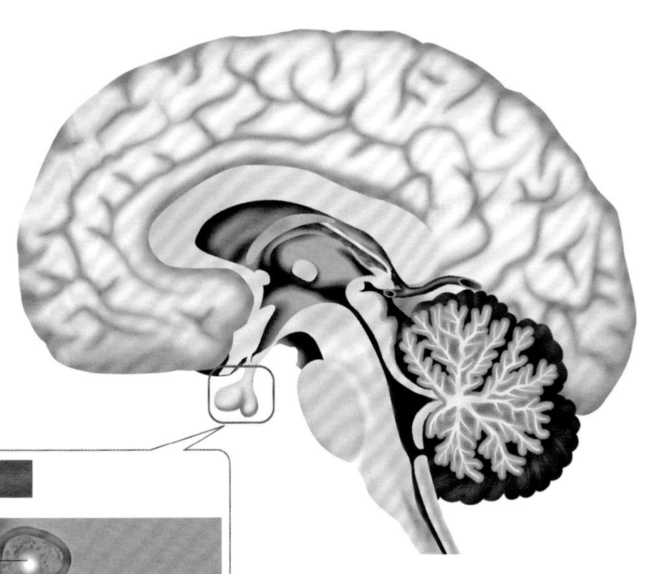

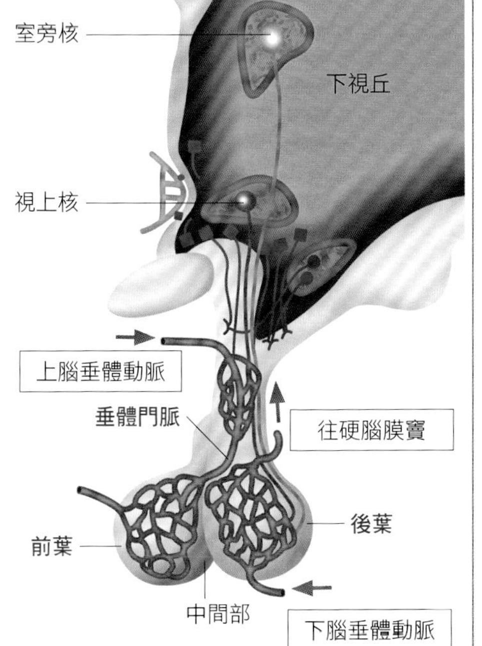

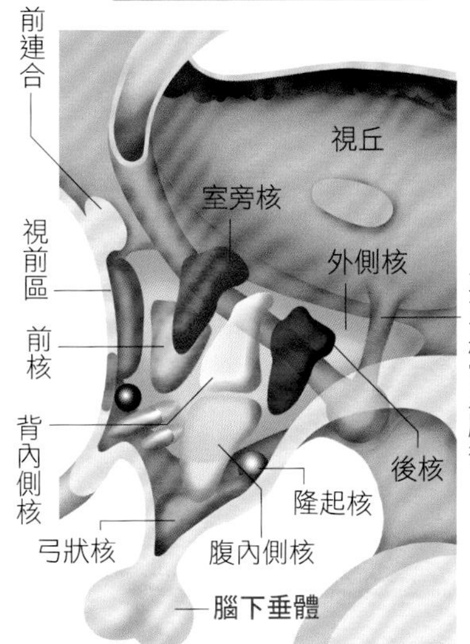

甲狀腺與甲狀旁腺

重點

- 甲狀腺位於喉嚨的前面，環繞著甲狀軟骨下部。
- 甲狀腺是由名為濾泡的囊袋集結而成。
- 甲狀旁腺又稱為副甲狀腺，附著於甲狀腺的背面。

環繞喉嚨的甲狀腺

甲狀腺位於喉嚨的前面，環繞著甲狀軟骨下部，是約15g的內分泌腺，男性的稍大。

中間變細的部位稱為峽部，左右如翅膀般展開的部位為右葉與左葉。峽部上方變細延伸出去的部位則稱為錐體葉。

甲狀腺所分泌的甲狀腺素是含碘的荷爾蒙，有提升代謝的作用。甲狀腺素並非作用於特定的臟器，而是幾乎全身的組織皆為標的器官。甲狀腺功能亢進的巴西多氏病患者，全身的代謝會變得很激烈，陷入即便靜止也像全速衝刺般的狀態。此外，甲狀腺會腫大，所以喉嚨部位會腫起來。

甲狀腺中也有一些零星分布的細胞，與分泌甲狀腺素的細胞有所不同，會分泌降低血鈣濃度的抑鈣素。

附著在甲狀腺背面的甲狀旁腺

甲狀腺的背側有4個甲狀旁腺附著，亦稱為副甲狀腺，看似為甲狀腺的輔助組織，但其作用與甲狀腺並無直接關係。大小和米粒或麥粒差不多，每個的重量僅0.1g左右。

甲狀旁腺所分泌出的甲狀旁腺素會作用於骨頭、腎臟、腸子等，發揮提高血鈣濃度的作用。

考試重點名詞

甲狀腺
位於喉嚨，約15g的內分泌腺，會分泌出甲狀腺素與抑鈣素。

甲狀旁腺
附著於甲狀腺背面的4個小型內分泌腺，又稱為副甲狀腺。然而，甲狀旁腺與甲狀腺在功能上並無關係。會分泌甲狀旁腺素。

關鍵字

甲狀腺素
甲狀腺素是由名為濾泡的組織所分泌。所謂的濾泡是一層濾泡細胞所形成的囊袋，內有膠體物質。

抑鈣素
由不同於濾泡的濾泡旁細胞（亦稱為C細胞）所分泌。

筆記

甲狀腺素與碘
碘是產生甲狀腺素的必備原料，因此甲狀腺會經常從血液中攝取碘。

甲狀腺與甲狀旁腺的構造

甲狀腺是最大的內分泌器官，呈蝶狀。甲狀旁腺是附著於甲狀腺左右兩葉背側的內分泌器官，又稱為副甲狀腺。

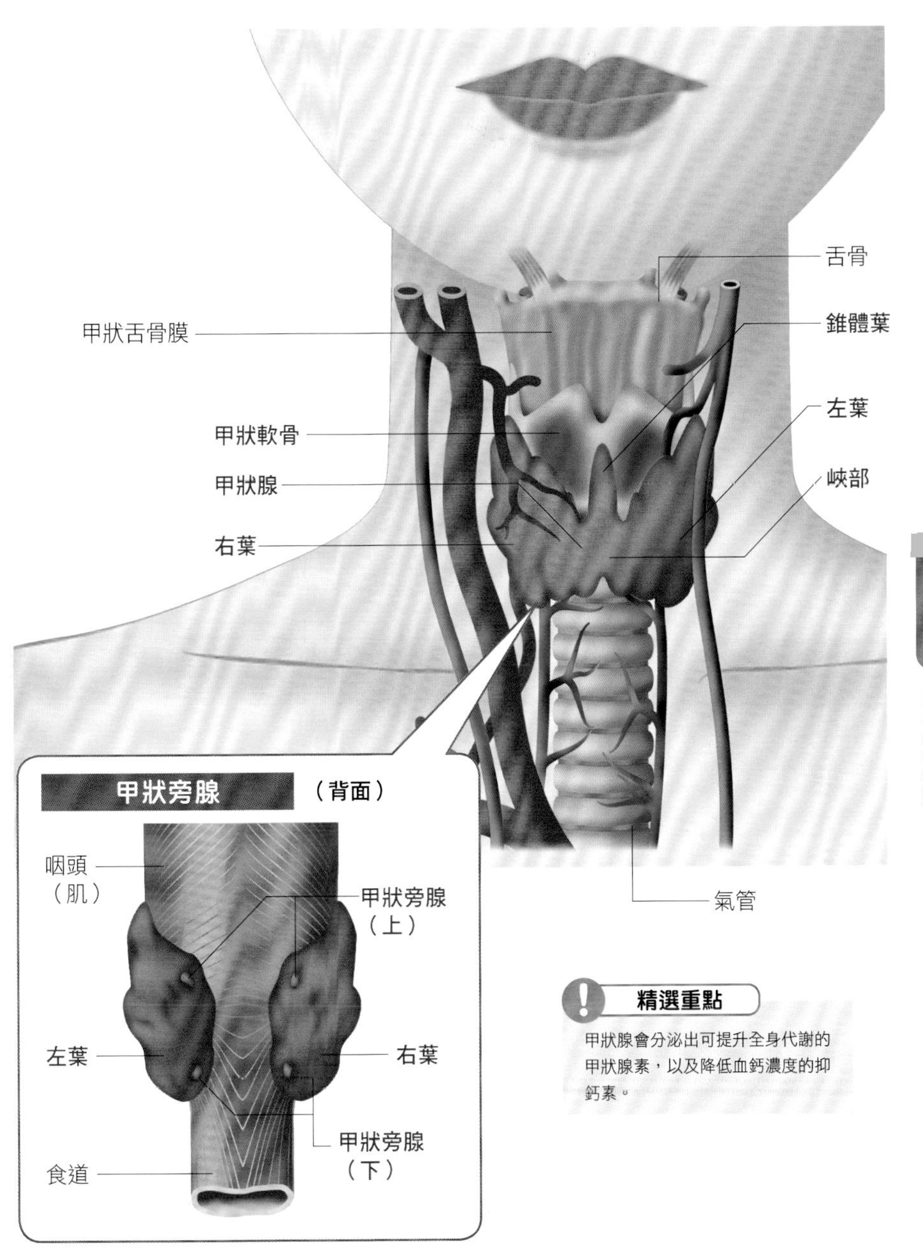

精選重點

甲狀腺會分泌出可提升全身代謝的甲狀腺素，以及降低血鈣濃度的抑鈣素。

腎上腺

重點

- 腎上腺位於腎臟的上方，但與腎臟無關。
- 腎上腺皮質可分為球狀帶、束狀帶與網狀帶。
- 腎上腺髓質是受交感神經的支配。

分為3層的皮質與中心部位的髓質

腎上腺如三角帽一般位於左右的腎臟之上，是橫向長度5cm、重約5～6g的內分泌腺。從名稱來看似乎是腎臟的輔助裝置，但是和腎臟並無關係。

腎上腺有**皮質**與**髓質**之分，無論從胚胎學還是功能面來看，兩者都是不同的組織。

皮質占了腎上腺的80～90%。可分為3層，從表層依序為**球狀帶**、**束狀帶**與**網狀帶**。皮質會分泌類固醇激素，但是3層所含的酵素各異，因此各自製造並分泌具備不同構造與作用的荷爾蒙。

球狀帶的表面較薄，是由細胞形成的球狀團塊，故以此命名。此層會分泌**礦物皮質素**促進腎小管對Na^+的再吸收，藉以維持體液量。

第2層的束狀帶是皮質中最厚的，細胞打造出縱向的柱狀構造，微血管則運行於細胞間。此層會分泌**糖皮質素**，可提高血糖值，具有抗炎與利尿作用。

網狀帶為最內側層，由不規則狀的細胞團塊交錯形成網狀構造。此層會分泌男性荷爾蒙**雄激素**。

腎上腺的中心部位稱為**髓質**。髓質的細胞與自律神經系統的交感神經打造出**突觸**，接受交感神經的刺激，分泌名為**兒茶酚胺**的**腎上腺素**與**正腎上腺素**。

考試重點名詞

腎上腺皮質素
又稱為皮質類固醇，自腎上腺皮質分泌出來的類固醇激素之總稱。

兒茶酚胺
這是由一種名為酪胺酸的胺基酸所製造。兒茶酚胺包含了正腎上腺素、腎上腺素與多巴胺等。

關鍵字

雄激素
這是一種男性荷爾蒙。分泌自腎上腺皮質的網狀帶，因此女性的體內也會分泌男性荷爾蒙。

交感神經
調整身體功能的自律神經系統之一，具有讓身體處於興奮狀態的作用。

筆記

腎上腺髓質的細胞
腎上腺髓質的細胞可謂不具軸索的神經元。會受到交感神經的節前纖維刺激，因此可說是交感神經的節後纖維的神經元。

腎上腺的構造

腎上腺位於左右的腎臟之上，由皮質與髓質所組成。

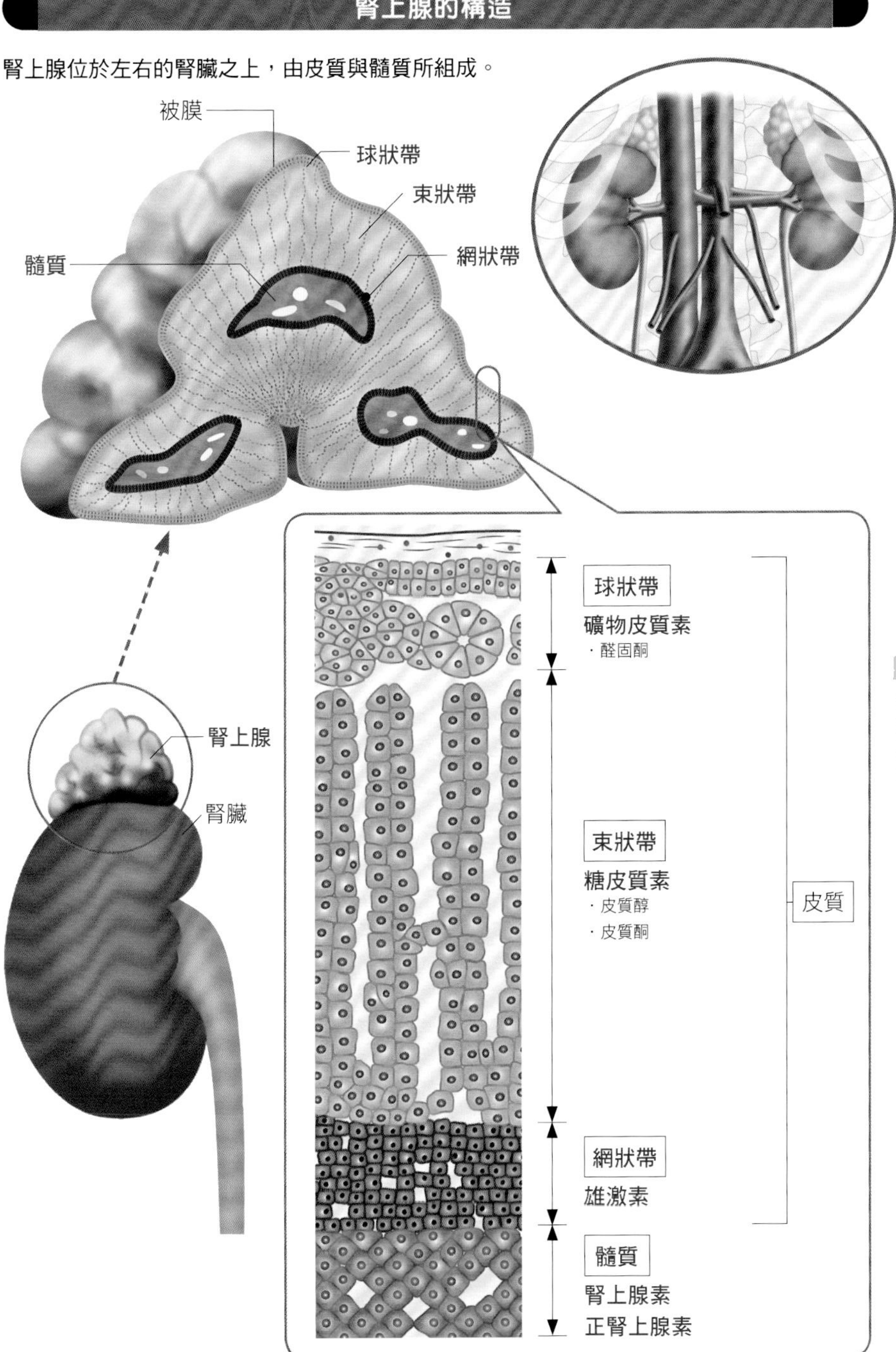

胰臟與蘭氏小島

重點
- 胰臟位於胃的背側，兼具外分泌與內分泌的功能。
- 由腺泡分泌的胰液會經由胰管注入十二指腸。
- 蘭氏小島會分泌荷爾蒙來調整血糖值。

胰臟會分泌消化液與荷爾蒙

胰臟是位於胃部背側的細長型臟器。往左延長變細的尖端稱為**胰尾**，右方宛如被十二指腸抱住、稍粗的部位稱為**胰頭**，中央的部位則稱為**胰體**。長約15cm、重約100g。

胰臟為外分泌器官，會分泌強勁的消化液**胰液**，同時也是內分泌器官，會分泌調整血糖值的荷爾蒙。

身兼外分泌與內分泌器官的胰臟所具備的構造與功能

胰臟有90％被名為**腺泡**的組織所占據。腺泡是由分泌胰液的腺泡細胞匯聚而成，呈圓形，由細胞分泌的胰液會釋放至中心部位的空間。胰液會通過導管，由逐漸匯流的胰管收集，再從主胰管注入十二指腸。來自膽囊的總膽管匯流於主胰管，這些在十二指腸上的開口處稱為**十二指腸大乳頭（乏特氏乳頭）**。

此外，腺泡之間處處可見分泌荷爾蒙的細胞團塊，即**蘭氏小島**，胰體部與胰尾部特別多，主要是由A（α）細胞與B（β）細胞所構成。

A細胞會分泌提升血糖值的**升糖素**，B細胞則是分泌降低血糖值的**胰島素**。分泌出來的荷爾蒙會進入圍繞在蘭氏小島周圍的微血管中，再送至全身。

考試重點名詞

十二指腸大乳頭（乏特氏乳頭）
主胰管與來自膽囊的總膽管匯流後，注入十二指腸的開口部位。在十二指腸上會稍微隆起，故稱為乳頭。

蘭氏小島
散布在胰臟中的內分泌細胞團塊。A（α）細胞會分泌升糖素，B（β）細胞則是分泌胰島素。

關鍵字

胰液
由胰臟的腺泡製造、分泌。含有所有分解醣類、蛋白質與脂質的消化酵素，是一種強勁的消化液，會注入十二指腸。

主胰管
自整個胰臟的腺泡收集胰液並注入十二指腸的管道。有些情況下會另有副胰管。

筆記

蘭氏小島的細胞
蘭氏小島除了A（α）細胞與B（β）細胞之外，還有D（δ，delta）細胞與PP細胞，負責調整來自胰臟的胰液與荷爾蒙的分泌。

胰臟與蘭氏小島的構造

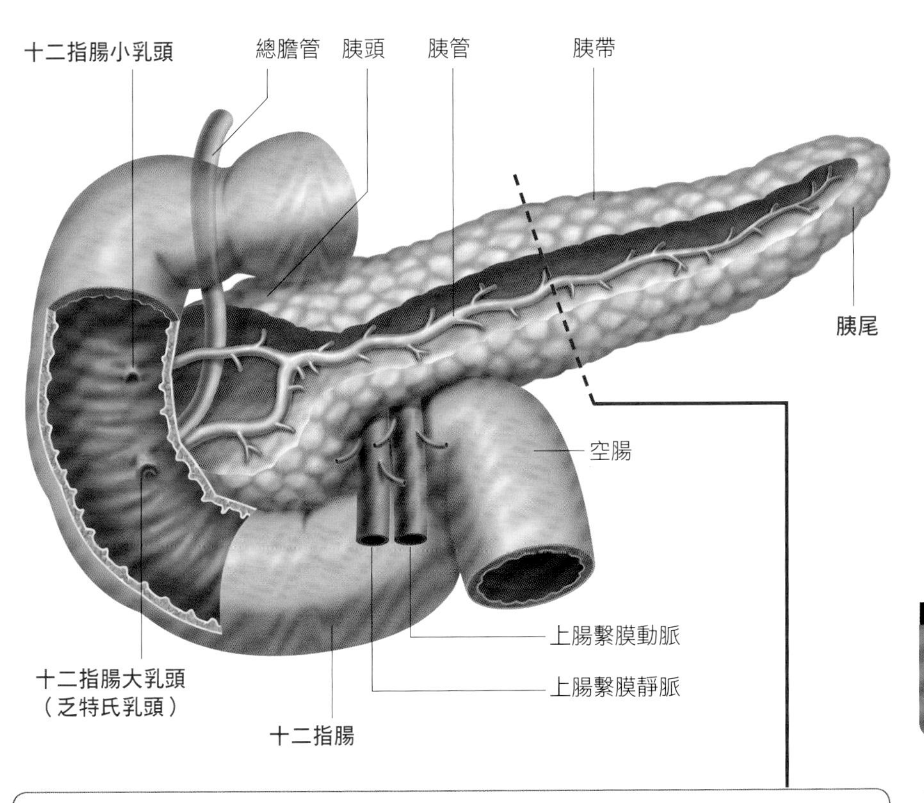

蘭氏小島

胰臟的內分泌細胞群稱之為胰島（蘭氏小島）。整個胰臟中含有約100萬個。

- **A（α）細胞（分泌升糖素）**
  約占細胞的15%
- **B（β）細胞（分泌胰島素）**
  約占細胞的75%
- **D（δ，delta）細胞（分泌體抑素）**
  約占細胞的10%

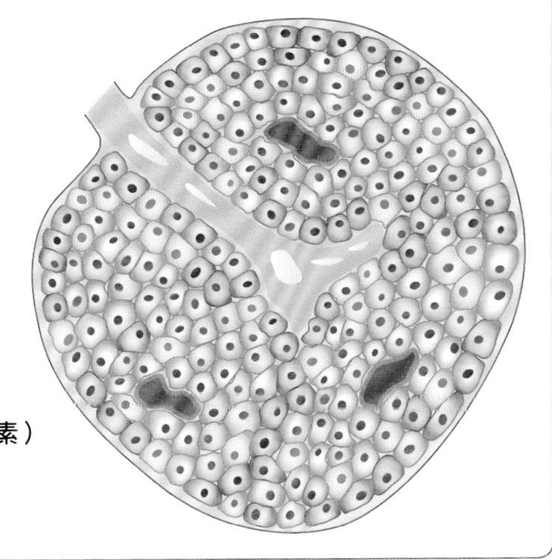

開刀解剖與不開刀解剖

一聽到「解剖」這個詞，往往會想像手術刀劃開身體的畫面。當然，直到現在這仍是基本中的基本。在醫學教育（醫學院的醫學系與牙醫學系）中，人體解剖是必修課。畢竟不曾親眼看過身體內部的人根本無法動手術，而且也太危險，難以交付此任。

醫學教育的解剖中所使用的屍體是根據本人遺願所提供的（有些組織會接受善意的登錄）。然而不可否認的是，如果是高齡、病死或意外死亡，解剖時就會產生「偏差」。解剖年輕且全身完美無缺的人體，這類事情根本是不可能的吧？從醫學教育的觀點來看，既然無法解剖活體，不夠完善自然是在所難免的事。

然而，如今各式各樣的圖像資料補足了上述這些不完善的部分。X光照片自不待言，以CT拍攝的斷層掃描影像、超音波回聲、MRI等，皆可清楚顯示出活人的體內，對應用解剖學教育有所貢獻。影像的3D化也已實現。「不開刀解剖」或許不再是癡人說夢。

話說回來，以前曾經流傳過一則「都市傳說」，指稱醫學院解剖用的屍體都「以福馬林浸泡在地下水池裡」。這完全是無稽之談，有一種說法認為，該傳說是起源於大江健三郎的處女作《死者的傲氣（死者の奢り）》（文藝春秋出版）當中的描寫。

索引

英數字

1～5劃

6～10劃

11~15劃

16~20劃

21~25劃

26劃

【參考文獻】

《イラストでまなぶ解剖学》〈第2版〉　松村譲兒著（醫學書院）
《カラー図解　人体解剖の基本がわかる事典》　竹内修二監修（西東社）
《消っして忘れない解剖学要点整理ノート》　井上馨・松村譲兒編輯（羊土社）
《人体解剖ビジュアル　～からだの仕組みと病気～》　松村譲兒著（醫學藝術社）
《ぜんぶわかる人体解剖図—系統別・部位別にわかりやすくビジュアル解説》　坂井建雄・橋本尚詞著（成美堂出版）
《ブリタニカ国際大百科事典》（TBS大英百科）
《みるみる解剖生理》〈第3版〉　松村譲兒編著（醫學評論社）

【監修者介紹】

松村讓兒（George Matsumura）

1953年出生。1984年修完北海道大學研究所醫學研究科的課程。醫學博士。杏林大學醫學系教授。專攻大體解剖學與組織學。為日本解剖學會與日本醫史學會的成員。任白菊會聯合會會長與篤志獻體協會理事。著作無數，近期的著作有《圖解臨床實用解剖學》（暫譯，羊土社）、《近觀解剖生理學 人體的構造與機能》（暫譯，醫學評論社）等。

【日文版STAFF】

編輯	有限会社ヴュー企画
內文設計	佐野裕美子、中尾剛
執筆協力	清水一哉、鈴木泰子
插畫	今﨑和広、池田聡男、青木宣人、小佐野 咲

超圖解解剖學

完整了解身體構造與各器官功能

2021年4月 1 日初版第一刷發行
2023年5月15日初版第三刷發行

監　　修　松村讓兒
譯　　者　童小芳
副 主 編　陳正芳
發 行 人　若森稔雄
發 行 所　台灣東販股份有限公司
<地址>台北市南京東路4段130號2F-1
<電話>(02)2577-8878
<傳真>(02)2577-8896
<網址>http://www.tohan.com.tw
郵撥帳號　1405049-4
法律顧問　蕭雄淋律師
總 經 銷　聯合發行股份有限公司
<電話>(02)2917-8022

國家圖書館出版品預行編目資料

超圖解解剖學：完整了解身體構造與各器官功能 / 松村讓兒監修；童小芳譯. -- 初版. -- 臺北市：臺灣東販股份有限公司, 2021.04
240面；14.8×21公分
ISBN 978-986-511-636-1(平裝)

1.人體解剖學

394　　110001394